T0220299

Dortmunder Beiträge zur Entwicklung und Erforschung des Mathematikunterrichts

Band 47

Reihe herausgegeben von

Stephan Hußmann, Fakultät für Mathematik, Technische Universität Dortmund, Dortmund, Deutschland

Marcus Nührenbörger, Fakultät für Mathematik, Technische Universität Dortmund, Dortmund, Deutschland

Susanne Prediger, Fakultät für Mathematik, IEEM, Technische Universität Dortmund, Dortmund, Deutschland

Christoph Selter, Fakultät für Mathematik, IEEM, Technische Universität Dortmund, Dortmund, Deutschland

Eines der zentralen Anliegen der Entwicklung und Erforschung des Mathematikunterrichts stellt die Verbindung von konstruktiven Entwicklungsarbeiten und rekonstruktiven empirischen Analysen der Besonderheiten, Voraussetzungen und Strukturen von Lehr- und Lernprozessen dar. Dieses Wechselspiel findet Ausdruck in der sorgsamen Konzeption von mathematischen Aufgabenformaten und Unterrichtsszenarien und der genauen Analyse dadurch initiierter Lernprozesse. Die Reihe „Dortmunder Beiträge zur Entwicklung und Erforschung des Mathematikunterrichts" trägt dazu bei, ausgewählte Themen und Charakteristika des Lehrens und Lernens von Mathematik – von der Kita bis zur Hochschule – unter theoretisch vielfältigen Perspektiven besser zu verstehen.

Reihe herausgegeben von
Prof. Dr. Stephan Hußmann
Prof. Dr. Marcus Nührenbörger
Prof. Dr. Susanne Prediger
Prof. Dr. Christoph Selter
Technische Universität Dortmund, Deutschland

Weitere Bände in der Reihe https://link.springer.com/bookseries/12458

Kim-Alexandra Rösike

Expertise von Lehrkräften zur mathematischen Potenzialförderung

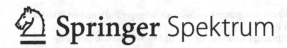
Springer Spektrum

Kim-Alexandra Rösike
Technische Universität Dortmund
Dortmund, Nordrhein-Westfalen, Deutschland

Dissertation Technische Universität Dortmund, 2021

Dortmunder Beiträge zur Entwicklung und Erforschung des Mathematikunterrichts
ISBN 978-3-658-36076-4   ISBN 978-3-658-36077-1   (eBook)
https://doi.org/10.1007/978-3-658-36077-1

Die Deutsche Nationalbibliothek verzeichnet diese Publikation in der Deutschen Nationalbibliografie; detaillierte bibliografische Daten sind im Internet über http://dnb.d-nb.de abrufbar.

Planung/Lektorat: Marija Kojic
Springer Spektrum ist ein Imprint der eingetragenen Gesellschaft Springer Fachmedien Wiesbaden GmbH und ist ein Teil von Springer Nature.
Die Anschrift der Gesellschaft ist: Abraham-Lincoln-Str. 46, 65189 Wiesbaden, Germany

Geleitwort zur Dissertation von Kim-Alexandra Rösike

Expertise von Lehrkräften zur mathematischen Potenzialförderung – Ein gegenstandsspezifisches Design-Research-Projekt

Diese Dissertation ist die erste aus einem neuen und dynamischen Arbeitsfeld des IEEM, der Professionalisierungsforschung, für die der inzwischen gut etablierte Forschungszugang des Design-Research von der Unterrichtsebene auf die Fortbildungsebene gehoben wurde (Prediger, Schnell & Rösike 2016). Das Arbeitsfeld ist verbunden mit dem Forschungskontext des Deutschen Zentrums für Lehrerbildung Mathematik, in dem dafür die theoretischen und methodologischen Grundlagen entwickelt wurden. Sie werden in dieser Arbeit erstmalig in einer Dissertation genutzt und in der Breite durchgearbeitet.

Der spezifische Fortbildungsgegenstand im Fokus des Dissertationsprojekts ist die Förderung mathematischer Potenziale. In einem *dynamischen Potenzialverständnis* wird angenommen, dass diese Potenziale sich nicht immer als stabile Begabungen mit hohen Leistungen zeigen, sondern auch noch latent sein können und nur situativ aufflackern (Sheffield 2003). Während insbesondere Jungen aus bildungsnahen Elternhäusern oft von außerunterrichtlichen Begabtenförderungsprogrammen profitieren, werden Mädchen und generell Jugendliche aus bildungsferneren Elternhäusern besser im Rahmen des Regelunterrichts adressiert (Schnell & Prediger 2017). Potenziale nutzen wir im Plural, denn es geht nicht um DIE mathematische Begabung, sondern eine große Vielfalt, die neben kognitiven Facetten auch z. B. metakognitive, kommunikativ-sprachliche oder affektive Facetten umfassen können. In diesem dynamischen und partizipativen Potenzialverständnis ergeben sich drei zentrale Jobs für Lehrkräfte (im gegenstandsbezogenen Expertisemodell, vgl. Prediger 2019): durch mathematisch reichhaltige und selbstdifferenzierende Aufgaben bei den Schülerinnen und Schülern mathematische Potenziale überhaupt erst zu *aktivieren*, dann das Aufflammende zu *diagnostizieren* und zu *fördern*.

Die vorliegende Dissertation hat nun im Forschungsformat Design-Research auf Professionalisierungsebene Fortbildungen für Lehrkräfte entwickelt und erforscht, um die Expertise zur Bewältigung dieser Jobs weiter auszubilden. Dazu wurden die initiierten Diagnose- und Förderpraktiken der Lehrkräfte qualitativ untersucht, um einerseits zu identifizieren, welche Orientierungen und Kategorien Lehrkräfte brauchen, um die Jobs gut zu bewältigen und andererseits Designelemente für videobasierte Fortbildungen zu finden und zu optimieren, um die Professionalisierungsgelegenheiten möglichst wirkungsvoll zu gestalten.

Insgesamt liegt damit eine Arbeit vor, die Teil war eines kollektiven Pionierprozesses der Etablierung gegenstandsbezogener Design-Research auf Professionalisierungsebene. Insbesondere auf Entwicklungsebene hat sie dabei wichtige Beiträge für den konkreten Gegenstandsbereich der Potenzialförderung geliefert. Auf Forschungsebene hat sie interessante Einsichten generiert zum komplexen Zusammenspiel von Jobs und zugehörigen Praktiken sowie den zugrundeliegenden Orientierungen und Kategorien. Ihre Kenntnis kann die inhaltliche Treffsicherheit von Fortbildungsangeboten erhöhen und für die Theoriebildung zur gegenstandsbezogenen Expertisemodellen ein wichtiges Puzzleteil liefern.

Ich wünsche ihr daher viele Leserinnen und Leser und Adaptionen auf andere mathematische Gegenstandsbereiche der fachdidaktischen Professionalisierungsforschung.

Susanne Prediger

Susanne Prediger

Danksagung

An dieser Stelle möchte ich mich bei denjenigen Menschen bedanken, die mich in vielfältiger Weise bei der Fertigstellung dieser Arbeit unterstützt haben.

Ganz besonderer Dank gilt an erster Stelle Prof. Dr. Susanne Prediger, die mich während der Betreuungszeit stets durch ihre Expertise und ihre kreativen Denkanstöße herausgefordert und dadurch weiterentwickelt hat. Ihr unheimlich breit gefächertes fach- und fortbildungsdidaktisches Wissen haben mir immer wieder den Weg gezeigt, aber auch ihr Gespür für die unterschiedlichen Bedarfe und Bedürfnisse ihrer Doktorandinnen und Doktoranden während der Promotionszeit haben mir während des gesamten Prozesses unheimlich geholfen. Die Zusammenarbeit hat mich nicht nur professionell, sondern auch persönlich geprägt, und mir in vielerlei Hinsicht dabei geholfen, Perspektiven zu erkennen und meinen Weg zu finden.

Außerdem möchte ich Prof. Dr. Susanne Schnell danken, die mich ganz zu Beginn meiner Tätigkeit am IEEM mit ihrer Begeisterung ansteckte, immer die spannenden Fragen stellte und mir fortlaufend hilfreiche Rückmeldungen und Anregungen gab.

Einen weiteren großen Dank möchte ich meinen Kolleginnen und Kollegen der Arbeitsgruppe Prediger aussprechen. Die inspirierende, anspruchsvolle und stets konstruktive Arbeitsweise, die wir in AG-Sitzungen, Forschungsseminaren und gemeinsamer Projektarbeit pflegen, waren immer und immer wieder Anlass zum tieferen Denken und somit zur Fortentwicklung meines Projekts. Ganz besonderer Dank gilt an der Stelle Prof. Dr. Lena Wessel, Jun. Prof. Dr. Birte Pöhler, Sarah Buró, Prof. Dr. Karina Höveler und Prof. Dr. Kirstin Erath, die über den gesamten Prozess stets Zeit und Muße fanden, Teile der Arbeit zu lesen, gemeinsam über die schwierigen Fragen nachzudenken und neue Impulse zu setzen. Auch meinen ehemaligen Bürokolleginnen Dr. Jennifer Dröse, Dr. Lara Sprenger und Corinna Mosandl möchte ich für viele lustige und vertrauliche Momente danken.

Ein besonderer Dank gilt zudem dem gesamten, über die Jahre hinweg mit großer Zuverlässigkeit arbeitenden Team aus studentischen Hilfskräften (insbesondere Lena Jütting und Silvin Zanke), ohne die eine so breit angelegte empirische Studie nicht möglich gewesen wäre.

Ausdrücklich bedanken möchte ich mich außerdem bei den vielen Lehrkräften und Lernenden, die durch ihre Mitarbeit erst die Forschung ermöglicht haben.

Ein riesiger Dank gilt außerdem meinen Eltern, meiner Familie und meinen Freunden. Das Gefühl, immer auf euch zählen zu können, trägt mich jeden Tag und ganz besonders in den anstrengenden Phasen der Promotion, hat mir das unheimlich viel bedeutet. Danke für all die Tage und Abende mit lautem Lachen, guten Gesprächen und viel viel Spaß!

Ganz besonders möchte ich hier noch einmal Lena und Steffen danken, die vor allem in der Endphase mit viel Nachsicht, einigen Nachtschichten und mit unerschöpflichen Kaffeevorräten an meiner Seite waren! Ohne Euch wäre das letzte Kapitel wahrscheinlich immer noch „in Arbeit".

Inhaltsverzeichnis

Abbildungsverzeichnis

Tabellenverzeichnis

Einleitung

„In Mathe bin ich Deko." Ein mit diesem Spruch bedrucktes Shirt ist bei einem großen deutschen Versandhandel in der Rubrik „Bekleidung für Mädchen" erwerblich. Es ist ein alltäglicher Hinweis darauf, wie es um das Image des Fachs Mathematik steht bzw. wie gängig es ist sich seiner mittleren bis schwachen Leistungen in diesem Fach zu rühmen. Dies gilt insbesondere für die Mädchen, deren Anteil in der MINT-Branche noch immer unterdurchschnittlich ist (Institut der Deutschen Wirtschaft 2020, S. 64 f.).

Gleichzeitig konstatiert der Bildungsbericht 2020, dass im Jahr 2018 fast 38 % der Studienanfängerinnen und Studienanfänger ein MINT-Fach wählten, also ein ingenieurswissenschaftliches, mathematisches oder naturwissenschaftliches Studienfach. Im internationalen Vergleich ist dies zwar ein sehr hoher Anteil (Autorengruppe Bildungsberichterstattung 2020, S. 191; OECD 2019, S. 240) doch gleichzeitig ist zu festzustellen, dass der Fachkräftemangel in den MINT-Branchen noch immer hoch ist. Die MINT-Arbeitskräftelücke ist laut Institut der deutschen Wirtschaft (2020) insbesondere für Spezialisten- und Expertentätigkeiten (Meister und Techniker bzw. Akademiker) noch immer so groß, dass es Handlungsbedarf gibt.

Im MINT-Frühjahrsreport des Instituts der deutschen Wirtschaft beurteilten fast 90 % der befragten Unternehmen der Branche staatliche Investitionen in die Bildung im MINT-Bereich als relevanten Faktor für das notwendige Wachstum (59,8 % als sehr wichtig, 29,3 % als wichtig) (Institut der Deutschen Wirtschaft 2020).

Wo lässt sich also eine solche Investition ansetzen? Auf die Biografie der Lernenden bezogen ist insbesondere die Sekundarstufenzeit als sensibel für

© Der/die Autor(en), exklusiv lizenziert durch Springer Fachmedien Wiesbaden GmbH, ein Teil von Springer Nature 2022
K.-A. Rösike, *Expertise von Lehrkräften zur mathematischen Potenzialförderung*, Dortmunder Beiträge zur Entwicklung und Erforschung des Mathematikunterrichts 47, https://doi.org/10.1007/978-3-658-36077-1_1

die Entwicklung und Festigung des Interesses am Fach Mathematik zu iden-tifizieren. Das Interesse (Bikner-Ahsbahs 2005) ist nämlich kein biografisch stabiles Persönlichkeitsmerkmal, sondern sinkt bei vielen Jugendlichen während der Sekundarstufenzeit (Pekrun et al. 2014; Krapp und Prenzel 2011). Gleichzeitig sind gerade Interesse und Erfolgserlebnisse in den mathematisch-naturwissenschaftlichen Fächern die Faktoren, die die anschließende bzw. spätere Wahl für einen Beruf im MINT-Bereich maßgeblich beeinflussen (Taskinen 2010). So liegt eine Maßnahme zur Förderung mathematischer Interessen und Potenziale innerhalb der Sekundarstufen nahe.

Genau dort setzt das Design-Research-Projekt „DoMath – Dortmunder Schul-projekte zum Heben mathematischer Interessen und Potenziale", welches von 2014 bis 2020 am Institut für die Entwicklung und Erforschung des Mathema-tikunterrichts an der TU Dortmund mit finanzieller Förderung der Dortmund-Stiftung unter Leitung von Susanne Prediger durchgeführt wurde. Das Ziel des Projekts ist die breite Förderung der mathematischen Potenziale aller Lernen-den, um mittel- und langfristig auch die Zahlen derjenigen zu erhöhen, die sich für eine berufliche Laufbahn im MINT-Bereich entscheiden. Das heißt konkret, dass es nicht nur um als begabt identifizierte Lernende geht, die sich ohnehin schon durch stabil sehr gute Leistungen. Vielmehr gilt es eine Förderung von allen Lernenden zu implementieren, die insbesondere diejenigen Schülerinnen und Schüler anspricht, deren Potenziale ggf. noch latent sind und dabei auch typische soziale und genderbezogene Schranken (Benölken 2014) überwindet. Es wird also dem Projekt ein partizipativer und dynamischer Potenzialbegriff zugrunde gelegt (Leikin 2009a, Schnell & Prediger 2017).

Durch die Realisierung potenzialförderlicher, ansprechender Lernarrangements und der begleitenden Förderung durch die Lehrkraft soll daran gearbeitet werden, einer Vielzahl von Lernenden die Möglichkeit zur Entwicklung und Stabilisierung ihrer mathematischen Potenziale zu geben. Dabei kommt es entscheidend auf die Expertise der Lehrkräfte an, die ggf. noch latenten Potenziale der Lernenden zu diagnostizieren und zu fördern (Sheffield 1999).

Das Projekt DoMath setzte daher sowohl auf Unterrichtsebene als auch Fort-bildungsebene an. Auf Unterrichtsebene wurden Konzepte zur mathematischen Potenzialförderung entwickelt, erprobt und beforscht (Schnell & Prediger 2017). Auf Fortbildungsebene wurde in drei Designexperiment-Zyklen eine Fortbildung zur Potenzialförderung entwickelt. Auf dieser Ebene ist auch die vorliegende Dissertation zu verorten.

Ziele der Arbeit

Die Entwicklung und Beforschung einer gegenstandsspezifischen Fortbildung zur Förderung mathematischen Potenzials steht im Zentrum der vorliegenden Forschungsarbeit. Dieses Vorhaben wird im Rahmen des Forschungsprogramms der gegenstandsspezifischen Design-Research umgesetzt (Prediger 2019a, Prediger und Rösike 2019).

Die theoretisch und empirisch fundierten Erkenntnisse zu den Bedarfen von Lernenden mit mathematischen Potenzialen flossen bereits in die Entwicklung der Unterrichtskonzepte und Lernarrangements ein. Gleichzeitig adressieren die Forschungsstände zu Bedarfen der *Lernenden* und deren Begegnung durch Ausgestaltung des mathematischen *Gegenstands* erst zwei von drei relevanten Ecken des didaktischen Dreiecks (Reusser 2006; Leuchter 2009). Was also genau kennzeichnet die Expertise von Lehrkräften für potenzialförderliches Unterrichten?

Allein die Identifikation eines groben Fortbildungsthemas wie *mathematischer Potenzialförderung* reicht nicht aus, um Lehrkräfte nachhaltig und wirksam durch Fortbildungen zu professionalisieren. Es bedarf darüber hinaus einer gegenstandsbezogenen, fortbildungsdidaktischen Restrukturierung des Gegenstands (Prediger et al. 2015b). Diese Restrukturierung des Fortbildungsgegenstands bedarf der Beantwortung zweier Fragen:

- Was genau zeichnet Expertise für potenzialförderliches Unterrichten aus?
- Wie kann die Expertise durch Fortbildungen ausgebaut werden?

Um diese groben Fragen genauer auszugestalten und zu bearbeiten, wird auf das Forschungsformat der Design-Research auf Fortbildungsebene zurückgreifen (Prediger, Schnell & Rösike 2016), dessen Arbeitsbereiche in Abb. 1.1 aufgeführt sind.

Die Spezifizierung, was Expertise von Lehrkräften ausmacht, erfolgt gemäß dem gegenstandsspezifischen Expertisemodell von Prediger (2019) in Anlehnung an Bromme (1992), indem zunächst aus der Aufarbeitung des Forschungsstands zum potenzialförderlichen Unterricht (in Kapitel 2) die wichtigsten didaktischen Anforderungssituationen identifiziert werden: *Potenziale aktivieren, Potenziale diagnostizieren* und *Potenziale fördern* (letzteres eingeengt auf die Interaktion). Dies ermöglicht, die Praktiken von Lehrkräften zur Bewältigung dieser Anforderungssituationen darauf zu untersuchen, welche konkreten Denk- und Wahrnehmungskategorien, didaktischen Werkzeuge und Orientierungen dafür die Realisierung potenzialförderlichen Unterrichts produktiv sind.

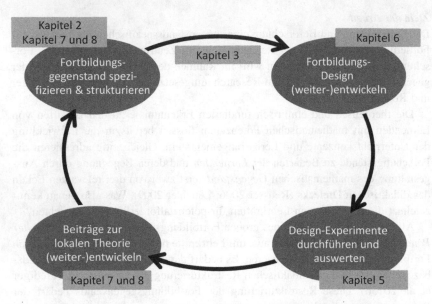

Abb. 1.1 Überblick zu den Arbeitsbereichen des Design-Research-Projekts und zum Aufbau der Arbeit (adaptiert nach Prediger et al. 2016)

Die Entwicklung des gegenstandsbezogenen Fortbildungsdesigns sowie die Generierung lokaler Theoriebeiträge erfolgte dabei stets gemeinsam bzw. im Wechsel. Die in den Fortbildungen dokumentierten Aktivitäten der Lehrkräfte gaben dabei Aufschluss über die Kernelemente des Fortbildungsgegenstands, wodurch dieser für die folgenden Fortbildungsreihen adaptiert und fortbildungsdidaktisch und –methodisch gestützt in die Weiterentwicklung des Folgedesigns einfloss. So entstand durch die iterative Entwicklung und Forschung ein konkretes Verständnis für die Herausforderungen bei der Diagnose und Förderung mathematischer Potenziale.

Überblick über die gesamte Arbeit
Zunächst wird in Kapitel 2 eine Konzeptualisierung mathematischer Potenziale im Sinne eines partizipativen und dynamischen Potenzialbegriffs dargelegt. Aus diesem werden Implikationen für den Unterricht und die Ausgestaltung von Lernarrangements in Form konkreter Designprinzipien abgeleitet. Das Konzept mathematischer Potenziale, die Kenntnis der Bedarfe von Lernenden mit mathematischen Potenzialen sowie die daraus resultierenden Designprinzipien für den potenzialförderlichen Unterricht stellen den Fortbildungsgegenstand dar.

In Kapitel 3 folgt die Darlegung der Konzeptualisierung professioneller Expertise von Lehrkräften, sowohl in allgemeiner als auch in gegenstandsspezifischer Form. Letztere greift die Erkenntnisse aus Kapitel 2 zu mathematischen Potenzialen auf und leistet einen theorieangebundenen Entwurf für das gegenstandsspezifische Expertisemodell.

Nachdem in Kapitel 4 die Forschungslücke definiert und die daraus resultierenden Forschungsfragen bzw. das Entwicklungsinteresse formuliert werden, wird in Kapitel 5 der methodische Rahmen des Forschungsprojekts dargestellt.

Das Entwicklungsprodukt, also die gegenstandsspezifische Fortbildung zur mathematischen Potenzialförderung, wird in Kapitel 6 vorgestellt. Entlang der drei beforschten Design-Research-Zyklen werden die iterative Weiterentwicklung skizziert, sowie die finalen gegenstandsübergreifenden Designprinzipien und gegenstandsspezifischen Designelemente erläutert. Das finale Design der Fortbildung wird aus den Erkenntnissen der drei Design-Research-Zyklen entwickelt und dargelegt.

Kapitel 7 und 8 widmen sich den empirischen Analysen der Praktiken von Lehrkräften beim Diagnostizieren und Fördern mathematischer Potenziale. Kapitel 7 zeigt die ersten Analysen von Diagnosepraktiken, bei denen zusätzliche Denk- und Wahrnehmungskategorien sowie Orientierungen identifiziert werden, die für die Ausbildung der Expertise zur Potenzialförderung relevant erscheinen. Auf dieser Basis wurde ein Designelement zur Unterstützung des kategorialen, prozessbezogenen Diagnostizierens entwickelt werden, dessen Wirkungen aufgezeigt werden.

Kapitel 8 zeigt die qualitative Rekonstruktion dreier Leitkategorien für Diagnose- und Förderpraktiken auf, die auch die Wechselwirkungen zwischen den Praktiken verdeutlichen. Die Professionalisierungsprozesse werden in typischen Verläufen und Hürden vorgestellt, die einerseits die Wirkungen des Fortbildungsdesigns qualitativ zeigen, andererseits auch seine Grenzen.

In Kapitel 9 werden die Entwicklungs- und Forschungsprodukte noch einmal zusammengefasst und ein Ausblick auf mögliche Anschlussforschung gegeben.

Mathematische Potenziale von Lernenden – Konzeptualisierungen und Implikationen für den Unterricht

Seit vielen Jahren versuchen Mathematikdidaktik und Unterrichtspraxis, mathematische Potenziale, Begabungen und Talente zu identifizieren und zu fördern. Dabei werden unterschiedliche Konzeptualisierungen und Begrifflichkeiten genutzt, häufig nicht ganz trennscharf. Frühe Konzeptualisierungen von Begabung und Talent haben sich zuweilen missverständlich herausgestellt, wenn sie gedeutet werden als rein statisch und unbeeinflussbar. Eine Verlagerung vom Begabungs- zum Potenzialbegriff und die damit verbundene Ausschärfung der Annahmen werden daher im Folgenden dargestellt. Die dadurch erfolgende Konzeptualisierung eines dynamischen Potenzialbegriffs ist bereits ein erster Schritt in der Klärung des Fortbildungsgegenstands für das Fortbildungsforschungsprojekt, in das die vorliegende Dissertation eingebettet ist.

Zunächst wird dargelegt, wie sich der Begriff der mathematischen Potenziale ausgehend von der Konzeptualisierung mathematischer Begabung entwickelt hat (Abschnitt 2.1 und Abschnitt 2.2). Wie werden individuelle Begabung bzw. mathematische Potenziale konzeptualisiert? In diesen beiden Kapiteln geht es besonders um die Charakterisierung der mathematischen Potenziale an sich bzw. einen individuellen, den Lernenden fokussierenden Blick. In einer Zusammenführung der unterschiedlichen theoretischen Ansätze wird das *Modell der Fünf Facetten mathematischer Potenziale* von Schnell & Prediger (2017) dargelegt und sein Mehrwert für die ganzheitliche Konzeptualisierung der mathematischen Potenziale unterstrichen. Im Anschluss werden die Implikationen für den Unterricht, die mit den unterschiedlichen Konzeptualisierungen einhergehen, thematisiert und in Form konkreter Designprinzipien für den potenzialförderlichen Unterricht herausgearbeitet. Dabei geht es insbesondere darum, theoriegestützt handlungsleitende Prinzipien herauszuarbeiten.

K.-A. Rösike, *Expertise von Lehrkräften zur mathematischen Potenzialförderung*, Dortmunder Beiträge zur Entwicklung und Erforschung des Mathematikunterrichts 47, https://doi.org/10.1007/978-3-658-36077-1_2

2.1 Frühe Konzeptualisierungen mathematischer Begabung

Im Rahmen der nationalen und internationalen Begabungsforschung zeigt sich eine heterogene Verwendung verschiedener Begriffe und Konzepte von Begabung und Potenzialen. Diese werden hier nicht im Einzelnen vorgestellt, doch werden verschiedene Facetten zusammengestellt, durch die Lernende mit Begabung und mathematische Potenziale jeweils charakterisiert wurden. Zur Systematisierung der unübersichtlichen Befundlage wird das Modell der Fünf Facetten mathematischer Potenziale von Schnell & Prediger (2017) genutzt, das folgende Facetten umfasst: kognitive, metakognitive, persönlich-affektive Facette mathematischer Potenziale sowie die kommunikativ-sprachliche und soziale Facette, die in den frühesten Konzeptualisierungen weitgehend fehlten.

Die mathematikspezifische und fachübergreifende Begabungsforschung hat unterschiedliche Abgrenzungen genutzt, z. B. zwischen Begabung, Hochbegabung und Intelligenz. Eine explizite Unterscheidung zwischen Hochbegabung und Begabung wird für die vorliegende Arbeit nicht vorgenommen; der Begriff der Begabung wird lediglich zur Abgrenzung genutzt wird, um die Konzeptualisierung mathematischer Potenziale zu entwickeln.

Van de Meer (1985), eine der Pionierinnen im Feld der mathematisch-naturwissenschaftlichen Begabung, wies bereits auf die uneinheitliche Nutzung von Begriffen wie Begabung und Intelligenz hin und schlug folgende Unterscheidung vor: „Intelligenz [zeigt sich allgemein…] im Wirkungsgrad kognitiver Prozesse bei der Bewältigung von Problemen sowie in der Adaptivität an neue Situationen" (van der Meer 1985, S. 229). Im Gegensatz zu einer solchen allgemeinen, beobachtbaren oder messbaren Leistungsfähigkeit bei grundsätzlicher Problembewältigung beschreibt sie Begabung im Zusammenspiel von „subjektiven Denkstrukturen und objektiv gegebenen Problemstrukturen" (van der Meer 1985, S. 233), dabei spielt z. B. auch die Motivation zur Aufgabenauswahl und –bewältigung eine entscheidende Rolle. Diese führt u. a. zu einer höheren Beharrlichkeit bei der Bearbeitung und somit – vereinfacht dargestellt – zu besseren Leistungen (ebd.). Damit fokussiert van der Meer (1985) vor allem die affektive Facette, wenn sie die Bedeutung von Beharrlichkeit und Motivation herausstellt.

Auf den Begriff der allgemeinen Begabung (eine passendere Übersetzung für *giftedness* liegt nicht vor) wird in der Mathematikdidaktik meist in der frühen Konzeptualisierung von Renzulli (1978) Bezug genommen:

> „Giftedness consists of an interaction among three basic clusters of human traits – these clusters being above-average general abilities, high levels of task commitment,

and high levels of creativity. Gifted and talented children are those possessing or capable of developing this composite set of traits and applying them to any potentially valuable area of human performance" (Renzulli 1978, S. 261) (Abb. 2.1).

Abb. 2.1 Drei-Ringe-Modell mit Bestandteilen von Begabung (Renzulli 1978, S. 182)

Renzulli (1978) betont ebenfalls die hohe Relevanz der Beharrlichkeit (Task Commitment) sowie der grundsätzlich überdurchschnittlichen kognitiven Fähigkeiten (Above Average Abilities), zieht jedoch noch den Faktor der Kreativität (Creativity) konstitutiv hinzu. Wenn eine Person diese drei Bereiche besonders ausgeprägt aufweist, ergibt sich als Interaktionspunkt dieser drei eine Form der Hochbegabung (vgl. Käpnick 1998, 2013). Bereits in dieser sehr frühen und fachübergreifenden Konzeptualisierung von Begabung sind also sowohl kognitive als auch affektive und persönliche Facetten angesprochen.

Sternberg (1986) bringt in seiner *Triarchic Theory of Intellectual Giftedness* Begabung mit Intelligenz in Verbindung. Im ersten Schritt Subtheorie identifiziert Sternberg verschiedene Komponenten der Metakognition, welche bei Lernenden mit überdurchschnittlicher, bereichsübergreifender Begabung qualitativ stärker ausgeprägt sind, als bei anderen. Diese metakognitiven Prozessschritte erhöhen die Qualität des Lösungsprozesses und führen somit zu einem höheren Maß an beobachtbarer Begabung:

a) Entscheidung darüber, welche Probleme gelöst werden müssen bzw. worin eigentlich das Problem besteht,
b) Planung zweckmäßiger Lösungsschritte
c) Auswahl geeigneter Handlungsschritte
d) Wahl der Repräsentationsebene (sprachlich, symbolisch, bildhaft)
e) Aufmerksamkeitszuwendung
f) Kontrolle sämtlicher Problemlöseaktivitäten

(Sternberg 1986, S. 226, im Deutschen zitiert nach Käpnick 1998, S. 77).

Die metakognitive Facette in Form von Auswahl, Planung und Kontrolle von Problemlöseprozessen ist nach Sternberg ein konstitutiver Bestandteil von Begabung und erhöht maßgeblich die Qualität von Lösungsprozessen. Im zweiten Schritt seiner dreischrittigen Theorie fokussiert er die kognitive Facette und hier insbesondere die kognitive Informationsverarbeitung: „behavior either adjustment to novelty or automatization of information processing, or both" (ebd., S. 240). Der dritte Schritt definiert intelligentes Verhalten als absichtsvolle Adaption: „intelligent behavior as that involving purposive adaptation to, selection of, and shaping of real-world environments relevant to one's life" (ebd., S. 240), auch dieser Schritt fokussiert metakognitive und kognitive Anteile.

Die dargestellten frühen Konzeptualisierungen sind jeweils nicht mathematikspezifisch angelegt. Sie fokussieren dabei vorwiegend die kognitive Facette sowie die persönlich-affektive bzw. die metakognitive. Die fachspezifischen, auf Mathematik bezogenen Begriffsverständnisse von Begabung werden im Folgenden dargelegt.

Mathematische Begabung bzw. der international genutzte Terminus der *mathematical giftedness* wurde erstmals in breit anerkannter Form von Krutetskii konzeptualisiert. Er beschrieb sie 1976 als Aggregat verschiedener Fähigkeiten: „unique aggregate of mathematical abilities that opens up the possibility of successful performance in mathematical activity" (Krutetskii 1976, S. 77). In seiner Studie untersuchte er mit verschiedenen Forschungsmethoden die Problemlösefähigkeiten von Sechst- und Siebtklässlerinnen und -klässlern im Hinblick auf unterschiedlich angelegte Aufgaben. Er fasst die identifizierten mathematischen Fähigkeiten in drei grundlegende Bereiche zusammen:

1. Gewinnen mathematischer Informationen
   • Fähigkeiten zum formalisierten Wahrnehmen mathematischen Stoffes, zum Erfassen der formalen Aufgabenstruktur

2. Verarbeitung mathematischer Informationen
- Fähigkeit zu logischem Denken im Bereich quantitativer und räumlicher Beziehungen und der Zahl- und Zeichensymbolik
- Fähigkeit zum Denken mit mathematischen Symbolen
- Fähigkeit zum schnellen und weiten Verallgemeinern mathematischer Objekte, Beziehungen und Handlungen
- Fähigkeit zum Reduzieren der mathematischen Überlegungen und Handlungssysteme
- Fähigkeit zum Denken in reduzierten Strukturen
- Beweglichkeit der Denkprozesse im mathematischen Bereich
- Streben nach Klarheit, Einfachheit, Ökonomie und Rationalität der Lösungen
- Fähigkeit zu schneller und leichter Veränderung der Richtung von Denkprozessen, zum Umschalten vom direkten auf den umgekehrten Gedankengang (Umkehrbarkeit des Denkprozesses bei mathematischen Überlegungen)

3. Speicherung mathematischer Informationen
- Mathematisches Gedächtnis (verallgemeinertes Behalten mathematischer Beziehungen, typenhafter Charakteristika, Denk- und Beweisschemata, Lösungsmethoden und Prinzipien des Herangehens an Aufgaben)

(Krutetskii 1976, deutsche Übersetzung zitiert
nach Lompscher und Gullasch 1977)

Damit adressiert auch Krutetskii (1976) vor allem die kognitive und metakognitive Facette und betont ihr Zusammenspiel: „[These] structural components are closely interrelated, forming a single system, an integral formation: the mathematical cast of mind" (ebd., S. 352).

Neben den für Kruteskii (1976) notwendigen, die Begabung konstituierenden Elementen benannte er auch eine Reihe von weiteren kognitiven und metakognitiven Komponenten, die sich als günstig und stützend, jedoch nicht zwangsläufig notwendig für mathematische Begabung erwiesen: räumliches Vorstellungsvermögen, Rechenfertigkeiten, Geschwindigkeit der Denkprozesse sowie die Fähigkeit, sich abstrakte mathematische Zusammenhänge und Abhängigkeiten anschaulich vorzustellen (Krutetskii 1976). So kann es durchaus sein, dass besonders mathematisch begabte Schülerinnen und Schüler gerade in Problemlöseprozessen kreative und geschickte Lösungswege einschlagen, ihre Kopfrechenfähigkeiten jedoch unterdurchschnittlich ausgeprägt sind. Ähnliches gilt für die Schnelligkeit der Bearbeitung komplexer Aufgaben: ein schneller Zugriff auf die

Zusammenhänge kann als möglicher Indikator für eine mathematische Begabung herangezogen werden, nicht jedoch als unabdingbares Kriterium.

Käpnick (1998) entwickelte aufbauend auf den Begabungskriterien von Krutetskii (1976) ein weiteres Modell, spricht dabei allerdings von einem „spezifischen Merkmalssystem für Dritt- und Viertklässler mit einer potentiellen mathematischen Begabung" (Käpnick 1998, 97 f.). Die konkret genannten mathematischen Aktivitäten sind daher auf diese Altersgruppe bezogen und für jugendliche Schülerinnen und Schüler auszuweiten. Käpnick (1998) behält die Struktur der notwendigen und begabungsstützenden Merkmalsgruppen bei und führt auf (ebd., S. 119):

1. Mathematikspezifische Begabungsmerkmale
   • Mathematische Sensibilität (Gefühl für Zahlen und geometrische Figuren, für mathematische Operationen und andere strukturelle Zusammenhänge sowie für ästhetische Aspekte der Mathematik)
   • Originalität und Phantasie bei mathematischen Aktivitäten
   • Gedächtnisfähigkeit für mathematische Sachverhalte
   • Fähigkeit zum Wechseln der Repräsentationsebenen
   • Fähigkeit zur Reversibilität und zum Transfer
   • Räumliches Vorstellungsvermögen

2. Begabungsstützende allgemeine Persönlichkeitseigenschaften
   • Hohe geistige Aktivität
   • Intellektuelle Neugier
   • Anstrengungsbereitschaft, Leistungsmotivation
   • Freude am Problemlösen
   • Konzentrationsfähigkeit
   • Beharrlichkeit
   • Selbstständigkeit
   • Kooperationsfähigkeit

Unter den begabungsstützenden Merkmalen zählt Käpnick (1998) auch Kooperationsfähigkeit auf, die im Modell dieser Arbeit in die kommunikativ-sprachliche und soziale Facette ausdifferenziert wird. Kreativität wird hier als Originalität und Phantasie beschrieben. Ansonsten sind sowohl kognitive, metakognitive als auch affektive Facetten aufgeführt.

Die exemplarisch dargestellten frühen Konzeptualisierungen von allgemeiner und mathematischer Begabung legen also jeweils einen Fähigkeitskatalog zugrunde, mit dem Begabung charakterisiert und auch identifiziert werden kann.

Diese Fähigkeiten sind gemäß den Forschungsbefunden in der einen oder anderen Ausprägung beobachtbar, ggf. messbar, zumindest aber in einem relevanten Ausmaß vorhanden oder nicht. Weitere Persönlichkeitseigenschaften können diese Fähigkeiten stützen, sind selbst jedoch nicht konstituierender Bestandteil der Begabung.

Generell wurde in den frühen Konzeptualisierungen kaum explizit darüber reflektiert, inwiefern die Fähigkeiten und Persönlichkeitseigenschaften als stabil oder sogar angeboren anzunehmen sind. Dieses sogenannte Anlage-Umwelt-Problem wurde erst seit den 1920er Jahre genauer thematisiert. Wird Begabung jedoch (unhinterfragt) als angeboren angenommen (was etwa Käpnick 1998 nicht tut, jedoch so missverstanden werden kann), sind die Implikationen eines solchen Begabungsbegriffs einschränkend: Lehrkräfte, Eltern und auch die Lernenden selbst haben wenig Handlungsspielraum im Hinblick auf den Ausbau der Begabung und sind vielmehr mit einem bestehenden Umstand konfrontiert, als mit kontinuierlich entwickelbaren Facetten. Im Wortstamm von Begabung steckt etwa, dass etwas „gegeben" wurde (von der Natur?), wohingegen der Begriff des Potenzials begrifflich auf das „Vermögen" (lat. Potenzialis = nach Vermögen) und die Möglichkeit (der Entwicklung) beinhaltet, doch ist diese Position nicht automatisch mit der Wahl der Bezeichnung verbunden. Erst mit der später einsetzenden Debatte um das Anlage-Umwelt-Problem wurde das diesbezügliche Verständnis des Begabungs- bzw. Potenzialbegriffs explizit und der damit einhergehende Umgang im Schulunterricht problematisiert.

In der Forschung im Hinblick auf mathematische Begabung hat dieser Umstand zu einer Explizierung eines dynamischen Verständnisses geführt, das im Folgenden dargestellt werden soll.

2.2 Neueres Verständnis mathematischer Potenziale

2.2.1 Mathematische Potenziale und der Einfluss der affektiven Faktoren

Die Forschung im Bereich der mathematischen Begabung hat sich – um Missverständnissen über „angeborene" Begabungen vorzubeugen – in den letzten Jahren einem neuen Begriff zugewandt, welcher gleichzeitig auch andere Implikationen und Annahmen mit sich bringt. Der US-amerikanische National Council of Teachers of Mathematics (NCTM) hat 1995 eine Task Force für Lernende mit *mathematischen Potenzialen* ins Leben gerufen, die damit beauftragt wurde, die traditionelle Definition mathematisch begabter Lernender zu überarbeiten.

Sie wurde dazu in eine breitere, inklusivere Konzeptualisierung von „students with *mathematical promises*" weiter entwickelt (National Council of Teachers of Mathematics (NCTM) 1995).

Die NCTM Task Force on the Mathematically Promising nutzt den Terminus *Mathematical Promise* und definiert ihn als komplexe Funktion von Fähigkeit, Motivation, Belief und Erfahrung oder Gelegenheit (National Council of Teachers of Mathematics (NCTM) 1995). Explizit werden im Modell des *Mathematical Promise* die kognitive (*Ability*) und die affektive Facette (*Motivation, Belief*) adressiert und als konstitutive Elemente identifiziert.

Mathematische *Fähigkeiten (Abilities)*, also die kognitive Facette mathematischer Potenziale, wird im Rahmen des Mathematical Promise-Modells als entwickelbar verstanden, und nicht als etwas, das man hat oder nicht (Sheffield 2003). Dieses Verständnis trägt dem Umstand Rechnung, dass sich Fähigkeiten und kognitive Kapazitäten in Abhängigkeit von den dargebotenen *Möglichkeiten* (*Opportunities*) und Erfahrungen entwickeln. Hier kann von einem *dynamischen* Potenzialverständnis gesprochen werden.

> „The development of mathematical potential, like any other valued ability, is some-thing that takes dedication and hard work on the part of teachers, parents, and the students themselves." (Sheffield 2003, S. 1)

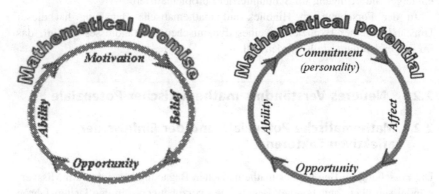

Abb. 2.2 Bestandteile von Mathematical Promise bzw. Mathematical Potential (Leikin 2009a, S. 388 ff.)

Im Rahmen der Konzeptualisierungen des Begriffs der mathematischen Bega-bung wurden neben den (messbaren) Fähigkeiten, die als konstitutiv für die

Begabung angenommen wurden, auch stützende Persönlichkeitseigenschaften identifiziert, die neben den notwendigen Kriterien ebenfalls positive Auswirkungen auf die mathematische Begabung haben sollten (vgl. Abschnitt 2.1). Leikin (2009a) entwickelt den Begriff des *Mathematical Promise* zu *Mathematical Potential* (siehe Abb. 2.2) weiter und trägt darin den stützenden Persönlichkeitseigenschaften stärker Rechnung. *Belief* und *Motivation* werden im neueren Modell allgemein zu *Affect* zusammengefasst, der Persönlichkeit des Lernenden (*Personality*), insbesondere seiner Beharrlichkeit und Engagement (*Commitment*) kommt nun eine prominentere Rolle zu (darin zeigen sich Analogien zu Renzulli 1978):

> „Based on these observations, I suggest replacing motivation and belief in the definition of mathematical promise with "affect," which includes these two constructs but adds a range of other characteristics." (Leikin 2009a, S. 389)

Für die Ausprägung bzw. die Weiterentwicklung der mathematischen Potenziale sind die affektiven Faktoren maßgeblich entscheidend, die durch die Lehr-Lernprozesse beeinflusst werden. Auf die (Leistungs-) *Motivation* wirken neben dem Fähigkeitsselbstkonzept auch weitere Eigenschaften der Lehr-Lernprozesse ein. Ryan und Deci (2002) betonen die Relevanz der Grundbedürfnisse Autonomieerleben, Kompetenzerleben und fachliche Eingebundenheit als stark förderlich für die intrinsische Motivation. Wenngleich die Selbstbestimmungstheorie von Ryan und Deci (2002) für alle Lernenden unabhängig von ihren mathematischen Potenzialen gilt, so bietet ihre Berücksichtigung für die Konzeption potenzialförderlicher Lernarrangements zur Erhöhung der Motivation mögliche Ansatzpunkte. Alle Lernenden können gleichermaßen von einem motivierenden Lernarrangement profitieren; Leikin (2009) stellt allerdings in ihrem Modell des mathematischen Potenzial explizit heraus, welche Relevanz die affektiven Faktoren und darin auch die Motivation der Lernenden zur Fortentwicklung ihrer mathematischen Potenziale darstellt (Weitere Ausführungen zur Möglichkeit der Unterstützung der individuellen Motivation, vgl. Abschnitt 2.4).

Im überarbeiteten Modell des *Mathematischen Potenzials* (siehe Abb. 2.2) werden die stützenden Persönlichkeitsfaktoren, mit Betonung des *Commitments*, also dem Engagement bzw. der Beharrlichkeit bei der Bearbeitung besonders hervorgehoben. Die Relevanz von Beharrlichkeit und Commitment betonen bspw. auch Subotnik et al. (2009). In jeglichen Stadien der Entwicklung der Potenziale der Lernenden benennen sie die Beharrlichkeit bei der Bearbeitung mathematischer Aufgaben als relevanten Faktor für die erfolgreiche Absolvierung des jeweiligen

Entwicklungsstadiums. Beharrlichkeit kann sich insbesondere bei der Bearbeitung komplexer, reichhaltiger Aufgaben zeigen, bspw. bei herausfordernden Problemlöseaufgaben (vgl. Abschnitt 2.4.3). Die Relevanz guter Möglichkeiten (*Opportunities*) zur Potenzialentfaltung, in Form reichhaltiger und potenzialförderlicher Lernarrangements (vgl. Abschnitt 2.4) wird hier durch das Modell verdeutlicht.

Anders als bspw. Krutetskii (1976) und Käpnick (1998) schließt Leikin Persönlichkeitsfaktoren konstitutiv mit in ihre Konzeptualisierung ein und rechnet ihnen nicht nur hinreichende, stützende Funktion zu.

> „The attention given here to the affective and personal characteristics of mathematically promising students explain why the initial definition of mathematical promise can benefit from its modification. Both factors are critical and must be taken into consideration when working with mathematically promising students and helping them to realize their intellectual potential." (Leikin 2009a, S. 390)

Die explizite Betonung der affektiven Facette mathematischer Potenziale und dessen Relevanz sowohl für das mathematische Potenzial, selbst als auch dessen Fortentwicklung, fließt explizit in das *Modell der fünf Facetten mathematischer Potenziale* (vgl. Abschnitt 2.2.2) ein, ebenso wie die historisch weiter zurückliegenden Konzeptualisierungen von Begabung und Potenzialen. Die Ausdifferenzierung in fünf unterschiedliche Facetten ermöglicht, Potenziale differenziert zu erfassen, diagnostizieren und fördern.

2.2.2 Ausdifferenzierung mathematischer Potenziale in fünf Facetten

Die dargestellten Konzeptualisierungen werden im Folgenden synthetisiert und anders strukturiert, um herauszustellen, welche Elemente die unterschiedlichen nachgezeichneten Theorien verbindet bzw. worin ihre Unterschiede liegen. Gleichzeitig werden Lücken in den Konzeptualisierungen und ihre notwendigen Ergänzungen aufgezeigt und es wird dargestellt, wie sich das Modell der fünf Facetten mathematischer Potenziale daraus entwickelte.

Die hier dargestellte historische Entwicklung des Begriffs der mathematischen Potenziale zeigt, dass sich das Verständnis der unterschiedlichen Konzeptualisierungen über die Zeit verändert hat. Von den eher globalen Verständnissen von allgemeiner Begabung (*Giftedness*), entwickelten sich bereichsspezifische Konzeptualisierungen der mathematischen Begabung. Allen Ansätzen ist gemein, dass sie sich bei der Beschreibung der integralen Elemente insbesondere auf die *kognitive Facette* mathematischer Potenziale beziehen. In den fachspezifischen Ausdifferenzierungen findet auch die *metakognitive Facette* stärkere Berücksichtigung, insbesondere im Hinblick auf die Planung und Kontrolle komplexer Aufgabenformate. Im später aufkommenden Zugang zum Begabungsbegriff in Form der mathematischen Potenziale werden neben den kognitiven weitere Facetten als konstitutiv expliziert, nämlich insbesondere *die persönlich-affektive Facette.*

In den unterschiedlichen Konzeptualisierungen sind es also die kognitive, die metakognitive und die persönlich-affektive Facette, die mathematische Potenziale ausmachen. Schnell und Prediger (2017) fügen außerdem die soziale und kommunikativ-sprachliche Facette hinzu, die beide eng miteinander verbunden sind.

Die *soziale Facette* trägt in erster Linie dem Umstand Rechnung, dass sich mathematische Erkenntnis nicht individuell-isoliert und ohne den Austausch mit anderen einstellt.

„Der einsam intern konstruierende Lerner entwickelt sich nicht ohne 'die Anderen'. Von der Sprache bis zum Ich-Konzept, vom richtigen (= im Ergebnis gesellschaftlich akzeptierten) Denken bis zum Ethos ist der Lernende auf die Aushandlungsprozesse der sozialen Interaktion angewiesen" (Bauersfeld 1993, S. 246).

Kooperation stellt daher in der wissenschaftlichen Disziplin der Mathematik und im schulischen Mathematikunterricht eine wichtige Arbeitsform dar, die dem mathematischen Erkenntnisgewinn als solchem zuträglich ist (Tabelle 2.1).

Gleichzeitig betonen Diezmann und Watters (2001), dass die Güte der Interaktion bzw. die Zuträglichkeit zum Erkenntnisgewinn für die Lernenden mit mathematischen Potenzialen stark vom Grad der Herausforderung der zu behandelnden Aufgabe abhängt (vgl. Abschnitt 2.4.4). Gerade für diejenigen Lernenden, deren mathematische Potenziale noch nicht gänzlich entfaltet sind, sind zwei Formen der unterrichtlichen Interaktion förderlich, mit ihren Mitschülerinnen und Mitschülern ebenso wie mit der Lehrkraft. Beide können den Erkenntnisgewinn in kognitiver Perspektive begünstigen, gleichzeitig aber auch zur Fortentwicklung der potenzialförderlichen affektiven Faktoren beitragen, wie dem Fähigkeitsselbstkonzept. Die Herangehensweisen an kooperativen Arbeitsformen im Unterricht ist daher ein wichtiger Bestandteil und bei der Diagnose ggf. Indikator für (schlummernde) mathematische Potenziale.

In gemeinsamen Bearbeitungsprozessen, aber auch für individuelle mathematische Gedankengänge und die Auseinandersetzung mit diesen z. B. in von

Tabelle 2.1 Facetten mathematischer Potenziale – Literaturübersicht angelehnt und erweitert nach Schnell und Prediger (2017)

Facetten	Auswahl möglicher Kategorien	Auswahl relevanter Literatur
Kognitive Facette	• Konzeptuelles Verständnis • Prozedurale Flexibilität • Strategiekompetenz • Adaptives (logisches) • Schlussfolgern • …	Krutetskii 1976; Renzulli 1978; NCTM 1995; Käpnick 1998; Sheffield 1999 2003; Fuchs 2006; Leikin 2009, 2015;
Meta-kognitive Facette	• Planung • Monitoring • Evaluation • …	Schoenfeld 1992; Cheng 1993;
Persönlich- affektive Facette	• Mathematisches Selbstkonzept, • Selbstwirksamkeit und Selbstbewusstsein • Interesse an Mathematik • Motivation • Engagement & Beharrlichkeit • Kreativität • …	Renzulli 1978; Leikin 2009; Benölken 2011, 2014; Bauersfeld 2002; Leikin 2009; Leikin, Berman, & Koichu 2009;
Kommunikativ-sprachliche Facette	• Komplexe Argumentation • Diskursive Involviertheit • …	Bauersfeld 1993; Vygotskij 1996; Maier und Schweiger 1999;
Soziale Facette	• Kooperationsfähigkeit • Soziale Involviertheit • …	Bauersfeld 1993; Diezmann & Watters 2001; Bikner-Ahsbahs 2005, 2013; Leikin, Berman & Koichu 2009;

Klassengesprächen ist außerdem die *kommunikativ-sprachliche Facette* entscheidend für die (Fort-)Entwicklung mathematischer Potenziale. Maier und Schweiger (1999) explizieren, dass der Sprache an sich im Rahmen des Mathematikbetreibens zwei Funktionen zukommen, eine kommunikative und eine kognitive (ebd., S. 11 ff.). Während die kommunikative Funktion dann relevant wird, wenn sich die Beteiligten über unterschiedliche Ideen oder Gedanken verständigen, zielt die kognitive Funktion auf die Rolle der Sprache als Denkwerkzeug.

Beide Funktionen sind eng miteinander verbunden und häufig gleichzeitig relevant. Eine elaborierte, insbesondere bedeutungsbezogene Sprache (Wessel 2015) ermöglicht es Lernenden, komplexe und sinnhafte Gedankengänge zu entwickeln und sie gemeinsam zu besprechen. „Gemeinsame Sprache und gemeinsamer gesellschaftlich-kultureller Hintergrund ermöglichen die Entwicklung von gemeinschaftlichem, 'geteilt geltendem' Wissen" (Bauersfeld 1993, S. 246): der kollektive Erkenntnisgewinn wird also entscheidend von der Ausprägung der kommunikativ-sprachlichen Facette beeinflusst. Gleichzeitig betont Bauersfeld (2002), dass eine nicht hinreichend entwickelte Fähigkeit, die eigenen Gedankengänge zu verbalisieren, nicht als Indiz für mangelnde mathematische Potenziale missverstanden werden sollte. Vielmehr gibt es durchaus auch kognitiv sehr weit entwickelten Lernenden mit erheblichen sprachlichen Schwächen (ebd., S. 12).

Sprachkompetenz umfasst nicht nur Wortschatz und grammatische Konstruktionen, sondern zeigt sich vor allem an der diskursiven Qualität der Sprachhandlungen: Wer das Erklären von Bedeutungen und Argumentieren beherrscht, hat ein kraftvolleres Denkwerkzeug für die Erarbeitung tiefen konzeptuellen Wissens, als wer nur Rechenwege erläutern kann (Prediger 2020b), daher sind die diskursiven reichhaltigen Sprachhandlungen wiederum ein Faktor, der mathematische Potenziale unterstützt.

Diese beiden zusätzlich aufgeführten Facetten mathematischer Potenziale, also die *soziale* sowie die *kommunikativ-sprachliche Facette*, sind demnach für mathematische Potenziale nicht allein entscheidend, aber spielen eine stützende Rolle. Für eine schulische Förderung mathematischer Potenziale können sie damit ein wichtiger Ansatzpunkt sein. Für Lehrkräfte lassen sich sowohl Implikationen für die Gestaltung von Lernarrangements ableiten (vgl. Abschnitt 2.4), als auch Indikatoren für die situative Diagnose ausmachen, wenn es um die Identifikation und Förderung situativ gebundener mathematischer Potenziale geht (vgl. Abschnitt 2.3 und 3.2.2).

2.3 Annahmen und Konsequenzen dynamischer und partizipativer Konzeptualisierungen von Potenzialen

Während sich viele Konzeptualisierungen mathematischer Begabung insbesondere auf leistungsbezogen weit überdurchschnittliche Lernende bezogen (z. B. klassisch bei Renzulli 1978) und im deutschsprachigen Raum auch immer noch beziehen (z. B.Benölken 2014; Fuchs 2006), wird in dem hier dokumentierten Projekt ähnlich wie bei (Leikin 2009a) und (Sheffield 2003) mathematischen

Potenzialen eine *dynamische Natur* zugeschrieben. Die dynamische und partizipative Konzeptualisierung soll in diesem Abschnitt bzgl. ihrer Annahmen und Implikationen genauer ausgeleuchtet werden.

Einer dynamischen Konzeptualisierung zugrunde liegt das Verständnis, dass einzelne Facetten der mathematischen Potenziale, unabhängig vom derzeitigen Leistungsstand der Lernenden, „entwickelbar" sind (Leikin 2009a, S. 388). Die Zielgruppe, der mathematische Potenziale zugeschrieben werden, kann damit erweitert und somit partizipativ konzeptualisiert werden: Die Möglichkeit der Fortentwicklung der einzelnen Facetten wird für alle Schülerinnen und Schüler angenommen, ihre Fähigkeiten werden also auf dem Kontinuum mathematischer Potenziale verortet. Werden anspruchsvolle, reichhaltige und komplexe Fragestellungen und Aufgaben an viele Lernende herangetragen, besteht die Möglichkeit, mathematische Potenziale bei vielen der Schülerinnen und Schüler längerfristig zu entwickeln.

Diese partizipative Konzeptualisierung mathematischer Potenziale visiert also eine größere Gruppe von Lernenden an. Statt den oberen 5–10 % der Leistungsstarken einer Lerngruppe lässt er vielmehr das obere Leistungsdrittel in den Fokus rücken (Schnell und Prediger 2017; Leikin 2009a). Den Zusammenhang von dynamischer und partizipativer Konzeptualisierung mathematischer Potenziale erläutert Sheffield (2003), der Teil der Task Force des NCTM war, wie folgt:

> „The intent was to go beyond the concept of mathematically gifted students, who traditionally had been defined as the top 3 to 5 % of students based upon some standardized mathematics test. This outdated notion of mathematical giftedness frequently unnecessarily restricts access to interesting, challenging mathematics to a very small portion of the population." (Sheffield 2003, S. 2)

Der Gedanke, einer Vielzahl – bzw. ganzen Klassen – mathematisch reichhaltige, herausfordernde und interessante Mathematik im Unterricht zukommen zu lassen, steht häufig bei der außerunterrichtlichen Bestenförderung nicht im Vordergrund. Dafür gibt es individuell und organisatorisch viele gute Gründe, doch kann eine ausschließlich außerunterrichtliche Fördern Bildungsgerechtigkeit schlechter herstellen (Suh und Fulginiti 2011; Schnell und Prediger 2017).

Häufig wird Bildungsgerechtigkeit vor allem mit Bezug auf leistungsschwächere Schülerinnen und Schüler berücksichtigt. So geht es in der diesbezüglichen bildungspolitischen Diskussion zumeist um die Inklusions- und Fördermöglichkeiten im Hinblick auf diejenigen Schülerinnen und Schüler, die sozial benachteiligt bzw. lern- und leistungsschwach sind (DIME – Diversity in Mathematics Education Group 2007). Der Gedanke der Bildungsgerechtigkeit bezieht sich jedoch nicht ausschließlich auf leistungsschwache Lernende, sondern fordert eine individuelle Förderung aller Lernenden entsprechend ihrer Potenziale, unabhängig von ihren sozioökonomischen, kulturellen, geschlechtlichen, persönlichen oder physischen Voraussetzungen. Dies schließt explizit auch die Förderung der Leistungsstarken mit ein:

> „Excellence in mathematics education requires equity – high expectations and strong support for all students. All students, regardless of their personal characteristics, backgrounds, or physical challenges, can learn mathematics when they have access to high-quality mathematics instruction. Equity does not mean that every student should receive identical instruction. Rather, it demands that reasonable and appropriate accommodations be made and appropriately challenging content be included to promote access and attainment for all students." (National Council of Teachers of Mathematics (NCTM) 2000, S. 2)

In den außerunterrichtlichen Bestenförderprogrammen gibt es allerdings entgegen diesen Anspruchs eine stark ausgeprägte unterdurchschnittliche Teilhabe von Mädchen und Lernenden mit niedrigem sozio-ökonomischen Status, die sich nicht durch die tatsächliche Ausprägung mathematischer Potenziale in diesen Zielgruppen erklärt (Lubinski und Humphreys 1990), sondern eher durch familiärer und schulbezogene Selektionsmechanismen für die außerunterrichtliche Bestenförderung (Suh und Fulginiti 2011; Schnell und Prediger 2017). Die Unterrepräsentanz von Mädchen und Lernenden mit niedrigem sozio-ökonomischen Status führen Milgram und Hong (2009) zudem als Grund an für einen Mangel an geförderten Talenten. Die für die USA besser dokumentierten Zahlen der Unterrepräsentanz bestätigen sich auch in Deutschland in Bezug auf Mädchen (Benölken 2011) und sind auch für sozioökonomischen Status zu vermuten, wann man die Ergebnisse des IQB-Bildungstrends berücksichtigt (Stanat et al. 2019).

Als einen Ansatz, die fehlende Bildungsgerechtigkeit der außerunterrichtlichen Bestenförderung zu reduzieren, schlagen Suh und Fulginiti (2011) und Schnell und Prediger (2017) daher vor, die Förderung mathematischer Potenziale auch in den Regelunterricht stärker zu integrieren. Dies ermöglicht eine Aufweichung der Homogenisierung der Bestenförderung und somit eine Erweiterung des Zugangs.

Die gleichen Lerngelegenheiten für alle Schülerinnen und Schüler zur Entfaltung ihrer mathematischen Potenziale zu ermöglichen, beinhaltet auch eine Berücksichtigung der individuellen Ausgangslagen der Lernenden, gerade in der affektiven Facette: Insbesondere diejenigen, bisher im Hinblick auf die mathematische Potenzialförderung unterrepräsentierten Lernenden bedürfen hier besonderer Aufmerksamkeit. Denn viele von ihnen haben sich selbst noch nicht als Lernende mit mathematischen Potenzialen wahrgenommen und verfügen daher noch nicht über ein ausgeprägt positives Fähigkeitsselbstkonzept im Fach Mathematik. Moschner und Dickhäuser (2010) beschreiben das *Fähigkeitsselbstkonzept* als den „Teilbereich des Selbstkonzepts, der sich auf die Einschätzung von Fähigkeiten bezieht" (Moschner und Dickhäuser 2010, S. 750). Sein Zusammenhang mit der Ausprägung der Lernmotivation im Rahmen schulischer Lernprozesse konnte etwa Helmke (1998) zeigen. Er erklärte, dass Fähigkeitsselbstkonzepte „eine Schlüsselrolle für die subjektive Bewältigung und Bewertung schulischer Lern- und Leistungsanforderungen" spielen (Helmke 1998, S. 117). Eine Unterschätzung der eigenen Fähigkeiten stellt somit eine Hürde im Lernprozess von Schülerinnen und Schülern dar. Dies gilt insbesondere für Mädchen und Lernende mit niedrigem sozio-ökonomischen Status (Sheffield 2003), da diese Gruppen sehr häufig über ein schwach ausgeprägtes mathematisches Selbstkonzept verfügen, für Mädchen mit Begabung analysiert bei (Benölken 2014).

Für die Förderung von mathematischen Potenzialen von bislang unterrepräsentierten Gruppen wird das Fähigkeitsselbstkonzept somit oft zur doppelten Hürde: zum einen empfinden diese Lernenden ihre eigenen Fähigkeiten als nicht bedeutsam genug, um einen Anspruch auf eine spezielle Förderung zu erheben, zum anderen kann das mangelnde Fähigkeitsselbstkonzept dazu führen, dass die Leistungen tatsächlich unter den Möglichkeiten bleiben und somit die Identifikation mathematischer Potenziale durch die Lehrkräfte behindern. Diesen Umstand beleuchteten bereits Lubinski und Humphreys (1990) und betonten, dass „a search for talent must cast a wide net. And this fact is not emphasized nearly enough in contemporary investigations" (ebd., S. 340). Auch Benölken (2011) zeigt diesen Zusammenhang insbesondere für Mädchen im Schulalter auf und unterstreicht ebenfalls ihre daraus resultierende Unterrepräsentation in Förderprogrammen und Begabtenkursen.

> „Dysfunktionale Ausprägungen des mathematischen Selbstkonzepts könnten daher eine Ursache dafür sein, dass Mädchen seltener als mathematisch begabt identifiziert werden, etwa weil ihre Begabung womöglich dem sozialen Umfeld weniger auffällt oder sie sich selbst keine überdurchschnittlichen mathematischen Fähigkeiten zuschreiben." (Benölken 2014, S. 134)

Eine Vorauswahl von Lernenden zur mathematischen Potenzialförderung für außerunterrichtliche Bestenförderprogramme wird jedoch meist auf Basis der faktischen Performanz im Unterricht durchgeführt. Dadurch werden wichtige Potenziale übersehen und somit Talente verloren und die Unterrepräsentanz reproduziert. Bildungsgerechtigkeit zu stärken, wurde in den 1980er Jahren zum Teil missinterpretiert als Forderung, jedem Lernenden die gleichen Lerngelegenheiten und Impulse zu bieten (historisch aufgearbeitet von Leikin 2010, 2011). Stattdessen soll es darum gehen, jedem Lernenden entsprechend seiner Potenziale adaptive Lerngelegenheiten zu bieten, so dass nicht falsch verstandene Bildungs*gleichheit,* sondern tatsächlich Bildungs*gerechtigkeit* gestärkt wird, und zwar auch für die Potenzialförderung.

Beide Gedanken, sowohl die Vermeidung von Talentverlusten (Milgram und Hong 2009), als auch der Leitgedanke der Bildungsgerechtigkeit (Suh und Fulginiti 2011; Schnell & Prediger 2017), stützen den deutlich breiteren, partizipativeren Grundgedanken der mathematischen Potenziale, der weg von außerunterrichtlichen Bestenförderprogrammen hin zu einem unterrichtsintegrierten Angebot führt, mit dem vielen Lernenden ermöglicht wird, ihr Potenziale zu entfalten.

Die Empfehlungen des National Council of Teachers of Mathematics (2000), nämlich „hohe Erwartungen und starke Unterstützung für alle Lernenden [also auch die Leistungsstarken]" (National Council of Teachers of Mathematics 2000, 2), lassen sich problemlos auch auf das deutsche Schulsystem beziehen. Ein recht auf individuelle Förderung ist auch in vielen Schulgesetz verankert, hier zitiert für das Land Nordrhein-Westfalen:

> „Jeder junge Mensch hat ohne Rücksicht auf seine wirtschaftliche Lage und Herkunft und sein Geschlecht ein Recht auf schulische Bildung, Erziehung und individuelle Förderung." (Schulgesetz für das Land Nordrhein-Westfalen (Schulgesetz NRW – SchulG), §1, Absatz 1)

Somit kann festgehalten werden: es geht bei dem Gedanken von Bildungsgerechtigkeit nicht darum, jegliche Leistungsunterschiede zu nivellieren, sondern um zugängliche Lerngelegenheiten und individuelle Förderung für alle Lernenden, auch – und für die vorliegende Arbeit besonders – der potenziell leistungsstarken Lernenden.

Eine Förderung aller Lernenden gemäß ihrer jeweiligen Leistungsvermögen, insbesondere im Hinblick auf ein breiteres Verständnis der Förderung von Lernenden mit mathematischem Potenzial, ist auch über die Schullaufbahn von besonderer Bedeutung, da Mathematik in vielen Fächern der sekundären und tertiären Bildung zentral ist, insbesondere für MINT-Berufe (Schnell und Prediger 2017) (vgl., Kapitel 1).

„For mathematics learning to be equitable and accessible, all students, regardless of
social and cultural background, gender, religious beliefs, ethnicity, geographical loca-
tion, and family financial circumstances, should have the same 'opportunity to learn'."
(Pateman und Lim 2013, S. 244)

Die Kritik an einer selektiven Förderung bzw. des selektiven Angebots von
Lerngelegenheiten wird also durch eine partizipative Konzeptualisierung mathe-
matischer Potenziale fundiert. Die Selektion zu vermeiden, könnte zu einer
Verringerung des Ressourcenverlusts innerhalb einer Kohorte führen, so die
Hoffnung von Milgram und Hong (2009).

Milgram und Hong (2009) heben den Zusammenhang zwischen partizipativem und dynamischen Konzeptualisierungen hervor, wenn sie betonen, dass
ein statisches und unflexibles, auf akademischen mathematischen Fähigkeiten
und Fertigkeiten beruhendes Verständnis von Potenzialen zu einer zu begrenzten
Identifikation führt:

"The lack of the recognition of creative thinking in mathematics as well as in other
domains may be attributed to the narrow conceptualizations of giftedness and talent
that dominated the field for many years. These conceptualizations affect the process
of identification as well as efforts to develop and enhance talent and have resulted in
considerable talent loss." (Milgram und Hong 2009, S. 151)

Ein breiteres und dynamischeres Verständnis des Potenzialbegriffs öffnet also
auch rein quantitativ die Anzahl derjenigen Lernenden, bei denen Potenziale
zugeschrieben und gefördert werden können. Dem liegt die Annahme zugrunde,
dass Lernende mit mathematischen Potenzialen nicht ausschließlich diejenigen
sind, deren schulische Leistung bereits stabil stark ist; vielmehr ist hier ein breiteres Verständnis gemeint, das auch diejenigen Lernenden mit einbezieht, deren
Potenziale noch latent ist, d. h. weder ausgeschöpft noch bereits stabil zeigbar
(Schnell und Prediger 2017). Es geht also um diejenigen Lernenden, die im
Zuge bestmöglicher Förderung in der Lage sind bzw. wären, (besonders) hohe
mathematische Leistungen zu erbringen (Leikin 2009a).

Aus dieser Annahme latenter Potenziale ergibt sich eine Konsequenz für
den Unterricht (siehe Abb. 2.3): Latente Potenziale können sich nur entfalten
und gefördert werden, wenn es wiederkehrend dargebotene, reichhaltige und
potenzialförderliche Lerngelegenheiten durch mathematisch reichhaltige Lernarrangements gibt (vgl. Abschnitt 2.4). Bei guter Förderung können die situativ
auftretenden Potenziale sich dann verstetigen und stabilisieren.

Abb. 2.3 Verstetigung situativen Potenzials (Visualisierung in Anlehnung an Leikin 2009a)

Dieser Aspekt der dynamischen Konzeptualisierung hat entscheidende unterrichtspraktische Relevanz: Wenn die kognitiven und affektiven Facetten mathematischer Potenziale als *entwickelbar* begriffen werden (Leikin 2009a), kommt den Lehrkräften im schulischem Mathematikunterricht eine wichtige Aufgabe zu. Wird angenommen, dass das angemessene Lerngelegenheiten eine Fortentwicklung mathematischer Potenziale der Schülerinnen und Schüler ermöglichen, so hat die Lehrkraft mehr Aufgaben als unter der Annahme, dass eine Begabung besteht oder nicht. Eine statische Konzeptualisierung von Talent und Begabung schreibt Lehrkräften geringere Einflussmöglichkeiten zu. Wenn dagegen Potenziale eine noch latente Natur aufweisen können, ist es Aufgabe der Lehrkraft, die Potenziale situativ zu aktivieren und zu fördern. Zu ihren Aufgaben gehört es dann,

- reichhaltige Lernarrangements zu schaffen, um die Potenziale zu aktivieren (vgl. Abschnitt 2.5),
- Facetten mathematischer Potenziale bei ihren Lernenden kategoriengeleitet und prozessbezogen zu diagnostizieren (vgl. Abschnitt 3.2.2) und
- die Bearbeitungs- und Erkenntnisprozesse potenzialförderlich zu moderieren (vgl. Abschnitt 3.2.3)

Diese Aufgaben (später genannt *Jobs*) werden in den genannten Kapiteln jeweils auf theoretischer Grundlage ausführlich dargelegt.

2.4   Designprinzipien für potenzialförderlichen Unterricht bei einem partizipativen und dynamischem Potenzialbegriff

Die in Abschnitt 2.3 ausgeführten Annahmen zu mathematischen Potenzialen lassen sich also wie folgt zusammenfassen:

- Mathematische Potenziale weisen eine *dynamische* Natur auf, das heißt, sie können sich auf einem Kontinuum weiterentwickeln.
- Mathematische Potenziale können ungeachtet von Herkunft und Geschlecht auftreten, ein *partizipativer* Potenzialbegriff bezieht daher systematisch alle Gruppen mit ein.
- Mathematische Potenziale können vorhanden sein und sich dennoch noch nicht in stabiler Performanz äußern. Diese *latenten Potenziale* lassen sich durch entsprechende Angebote freilegen, auch wenn sie zunächst nur situativ erscheinen.

Die konstituierenden Facetten mathematischer Potenziale (die kognitive und metakognitive, die persönliche & affektive, ebenso wie die kommunikativ-sprachliche und soziale Facette, vgl. Abschnitt 2.2.2) können durch die Auseinandersetzung mit herausfordernden, reichhaltigen Lerngelegenheiten gefördert werden (Leikin 2015). Wie muss aber eine potenzialförderliche, herausfordernde und mathematisch reichhaltige Lernarrangement aufgebaut sein, damit sie im Rahmen eines Enrichment-Settings für ganze Klassen umgesetzt werden kann? Mit welchen Designprinzipien lassen sich diese gestalten?

Mit der potenzialförderlichen Ausgestaltung von Lernarrangements im Sinne der im Folgenden dargestellten Designprinzipien können Potenziale zunächst aktiviert werden. Dies erfolgt insbesondere durch das Unterrichtsmaterial, wenn dieses mathematisch reichhaltige und motivierende Aufgaben enthält. Wie gut die Lerngelegenheiten aus dem Unterrichtsmaterial für die Potenzialförderung ausgeschöpft werden, hängt dann auch ab von der treffsicheren Diagnose der Lehrkräfte und der darauf basierenden potenzialförderlichen und langfristig ausgerichteten Moderation (vgl. Abschnitt 3.2.3).

Die im Folgenden vorgestellten Designprinzipien für potenzialförderliche Lernarrangements sind in ähnlicher Form bereits bei Schnell und Prediger (2017) sowie bei Prediger und Rösike (2019) dargestellt. In der vorliegenden Arbeit werden sie noch einmal ausführlicher mit den Konzeptualisierungen von Potenzialen verknüpft; auch gibt es leichte Abwandlungen in ihren Ausformulierungen.

Nach Darstellung der fünf Designprinzipien wird im anschließenden Kapitel exemplarisch ein Lernarrangement skizziert, die entsprechend der Designprinzipien entwickelt und im Rahmen des hier zugrundeliegenden Projekts „DoMath – Schulprojekte zum Heben mathematischer Interessen und Potenziale" umgesetzt wurde (vgl. Abschnitt 2.5).

2.4.1 Designprinzip 1: Curriculumsnahe Enrichment-Umgebungen für die ganze Klasse

Viele der außerunterrichtlichen Programme zur Förderung mathematisch begabter Schülerinnen und Schülern richten sich an diejenigen Lernenden, die bereits durch stabil herausragende Performanz im Mathematikunterricht auffallen. In Arbeitsgruppen nach Schulschluss oder Sonderkursen für besonders leistungsstarke Lernende werden sie in homogenen Lerngruppen gefördert und erhalten in der einen oder anderen Art eine gesonderte Beschulung (Leikin 2009a; Leikin 2011).

Auch ohne die Sinnhaftigkeit eines leistungshomogenen Kurssystems an weiterführenden Schulen in Deutschland kritisch zu hinterfragen, wurde im vorangehenden Kapitel ausgeführt, dass eine ausschließlich außerunterrichtliche Förderung für Lernende mit vermeintlich manifestierten mathematischen Potenzialen das Prinzip des gleichen Anspruchs *aller* Lernender auf Förderung verletzt (Schulministerium NRW 2018) und gerade unterrepräsentierte Gruppen durch seine Mechanismen der Vorauswahl ausschließt. Bildungsgerechtigkeit lässt sich dagegen eher stärken, indem ganzen (i. d. R. leistungsheterogenen) Klassen Gelegenheiten zur Entfaltung ihrer mathematischen Potenziale gegeben werden.

Als Konsequenz der Überlegungen in Abschnitt 2.3 wird der erste Teil des Designprinzips 1 formuliert: Potenzialförderliche Lernarrangements sollen *Enrichment-Umgebungen für heterogene Lerngruppen* sein – mit einer Umsetzung im „normalen" Klassensetting.

Enrichment bezieht sich dabei auch auf die Forderung nach Tiefe statt Breite oder Tempo: In vielen schulische Bestenförderprogrammen wird vor allem eine Beschleunigung des Lerntempos umgesetzt. Die Lernenden behandeln also genau die gleichen Inhalte, teilweise sogar die gleichen Aufgaben wie ihre Mitschülerinnen und Mitschüler in den anderen Klassen und Kursen, dies nur in kürzerer Zeit. Die dadurch gewonnen Stunden werden mit zusätzlichen Inhalten gefüllt, die aus späteren Klassen vorgezogen werden (Sheffield 1999). Schon 1999 wurde dies kritisiert (Sheffield 1999) – vor allem für das amerikanische Schulsystem – und das Prinzips des *Enrichment* formuliert, das einen Fokus auf die „Tiefe der Mathematik" statt auf gesteigertes Bearbeitungstempo am gleichen Material setzt.

Schülerinnen und Schüler mit mathematischen Potenzialen sollten dazu angehalten und ermutigt werden, in fachlich reichhaltigen Lernarrangements mathematisch tiefgehend tätig zu werden (vgl. auch Designprinzip 3), z. B. indem sie die Komplexität von Mustern und Problemen untersuchen und Zusammenhänge zwischen mathematischen Konzepten entdecken (Sheffield 1999, S. 45; Bauersfeld 1993) (vgl. Abb. 2.4).

Abb. 2.4
Herausforderungen anbieten
in drei Dimensionen des
Lernens (Sheffield 1999,
S. 45)

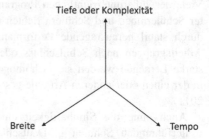

Im Gegensatz zu außerunterrichtlichen Potenzialförderprogrammen, die solche reichhaltigen Lernarrangements unabhängig vom Lehrplan anbieten können (und sogar sollten, um nicht zu viel vorweg zu nehmen), müssen unterrichtsintegrierte Lernarrangements möglichst curriculumsnahgestaltet sein, um nicht in Konkurrenz zum Lehrplan zu stehen. Die Lernarrangements sollten also die Thematiken und Gegenstände des existierenden Curriculums so anreichern und aufbereiten, dass sie den Enrichment-Ansprüchen genügen und für die Lehrkräfte im Rahmen des normalen Klassenunterrichts umzusetzen sind. Dies führt zum zweiten Prinzip.

2.4.2 Designprinzip 2: Selbstdifferenzierung durch Zugänglichkeit für alle und Rampen nach oben

Beim Entwickeln einer Enrichment-Umgebung für ganze Klassen muss die Heterogenität der Lerngruppe berücksichtigt werden: Die Tiefe mathematischer Probleme und Zusammenhänge zu thematisieren, soll leistungsschwächere oder durchschnittliche Lernende nicht überfordern, denn auch sie sollen gleichermaßen am gemeinsamen Gegenstand mitarbeiten können. Daher sollten die Lernarrangements nach dem Prinzip der *Selbstdifferenzierung* gestaltet sein: Selbstdifferenzierende Aufgaben sind so aufgebaut, „dass die Lernenden es auf unterschiedlichen Wegen und Niveaus bearbeiten können" (Leuders und Prediger 2012, S. 39). Entscheidend ist hierbei, dass das Material den Lerngegenstand so präsentiert, dass nicht nur unterschiedliche Zugangsweisen zur Bearbeitung ermöglicht werden, sondern eine Bearbeitungen auf unterschiedlichen Niveaustufen an demselben Gegenstand vollzogen werden können (Leuders und Prediger 2017). Wittmann (1996) beschreibt diesen Ansatz, die Differenzierung *vom Fach* bzw. vom Gegenstand aus zu denken, folgendermaßen:

> „Innerhalb fachlicher Rahmungen, die von den untersten Lernstufen aus „mitwachsen" können, lassen sich Problemstellungen und Aufgaben unterschiedlichster Schwierigkeitsgrade formulieren. Diese können von unterschiedlichen Voraussetzungen aus, mit verschiedenen Mitteln, auf unterschiedlichem Niveau und verschieden weit bearbeitet werden. So entsteht auf ganz natürliche Weise Spielraum für Eigeninitiative und Kreativität. Man kann gestellte Probleme abwandeln, sich selbst Probleme stellen oder in der Lebenswelt ausfindig machen. Die Lösungswege sind frei. Wie bestimmte Werkzeuge eingesetzt und die Ergebnisse dargestellt werden, bleibt in hohem Maße dem Problemlöser überlassen. Die mathematische Sprache kann dabei wie jede andere Sprache innerhalb allgemeiner Konventionen und Regeln flexibel benutzt werden." (Wittmann 1996, S. 5)

Für Enrichment-Umgebungen heißt dies, dass die Lernarrangements einen niedrigschwelligen Einstieg ermöglichen müssen, sodass zunächst alle Lernenden, die leistungsschwächeren wie auch die leistungsstärkeren, einen unmittelbaren Zugang zur Aufgabe finden und mit der Arbeit beginnen können. Gleichzeitig müssen die Aufgaben unterschiedlich tiefe und komplexe Bearbeitungen erlauben, so dass es auch Rampen nach oben gibt ("low-entrance–high-ceiling", Shade 1991).

Die Rampe nach oben wird z. B. ermöglicht, wenn die Aufgaben von beispielhaften Lösungen bis hin zur Offenlegung der inhärenten Strukturen und Zusammenhänge ermöglichen. Diese gestuften Bearbeitungs- und Lösungsstadien werden auch in den angemessenen gestuften Impulsen im Zuge der selbstdifferenzierten Aufgaben im Rahmen von Erkundungsphasen nach Prediger (2009) verdeutlicht, welche gleichermaßen als niveauspezifische Arbeitsaufträge oder Hinweise interpretiert werden können. Die Fragestellungen *(1) Findest du einen? (2) Findest du viele? (3) Findest du alle? (4) Wie kannst du dir sicher sein, dass du alle gefunden hast?* (Prediger 2009) repräsentieren unterschiedlich tiefe, komplexe und ganzheitliche Bearbeitungs- und Lösungsmöglichkeiten für die Schülerinnen und Schüler: Alle arbeiten am gleichen Material, an der gleichen Aufgabe, allerdings auf unterschiedlichen Niveaus. Dies führt außerdem zur Ausführung unterschiedlicher kognitiver Aktivitäten – entsprechend des Bearbeitungsniveaus, und trägt somit auch zu einer Differenzierung bei. Die Anreicherung bzw. das Enrichment von Lernarrangements findet hier eine mögliche Umsetzung für ganze Klassen.

Schelldorfer (2007) formuliert die Ansprüche an eine (selbst-) differenzierende Aufgaben wie folgt (Schelldorfer 2007, S. 27):

- einfach zu formulieren und darum gut verständlich
- bieten für alle einen möglichen Einstieg
- lassen verschiedene Vorgehensweisen zu
- lassen Teilerkenntnisse zu
- erlauben verschiedene Darstellungsmöglichkeiten der Erkenntnisse
- laden ein, über die Fragestellung hinaus weiterzudenken.

Diese Kriterien gelten für selbstdifferenzierende Aufgaben und wurden für die Konzeption der potenzialförderlichen Lernarrangement als Grundlage genutzt, jedoch um den expliziten Fokus auf nach oben geöffnete Entwicklungsmöglichkeiten für Lernende mit mathematischen Potenzialen erweitert:

Im Sinne der öffnenden Fragen (Prediger 2009, s. o.) müssen auch Muster, Strukturen und verbindende Zusammenhänge in den Blick genommen werden können. Das Lernarrangement bietet sodann aber auch die Möglichkeit für die Schülerinnen und Schüler mit mathematischem Potenzial, sich den dahinterliegenden Strukturen und Zusammenhängen zu widmen, also sowohl in der Tiefe als auch in der Breite zu explorieren (Sheffield 1999; vgl. Abschnitt 2.4.3) und somit den eigentlichen Ansprüchen, die das Postulat des Enrichments an den Unterricht stellt, nachzukommen. Gleichzeitig bieten größere Tiefe und Breite der Aufgaben eine kognitive Herausforderung, deren Relevanz für die Förderung von Lernenden mit mathematischen Potenzialen im folgenden Designprinzip noch einmal genauer erläutert wird.

2.4.3 Designprinzip 3: Mathematische Herausforderungen durch fachlich reichhaltige Lernarrangements schaffen

Eine mathematische Herausforderung ist in Anlehnung an Leikin (2011) (ebenso Leikin 2007) charakterisiert durch eine interessante und motivierende mathematische Schwierigkeit, die die bearbeitende Person bewältigen kann. Polya (1973) und Schoenfeld (1992) charakterisieren solche Aufgaben als Problemlöseaufgaben, die genügend kognitive Anforderungen für die bearbeitenden Lernenden beinhalten (vgl. auch Applebaum und Leikin 2007). Olkin und Schoenfeld (1994) betonen ebenfalls die affektive Kompetente des Kompetenzerlebens:

> „The joy of confronting a novel situation and trying to make sense of it – the joy of banging your head against the mathematical wall, and then discovering that there may be ways of either going around or over that wall." (Olkin und Schoenfeld 1994, S. 43)

In der Synthese heißt dies, dass eine Aufgabe zu einer Problemlöseaufgabe wird, wenn sie nach Leikin interessante und motivierende, gleichzeitig aber zu bewältigende Schwierigkeiten enthält. Konkretisieren kann sich dieser Anspruch an eine Aufgabe in unterschiedlicher Weise:

> „Mathematical challenge is a necessary condition for realization of mathematical potential. It can appear in different forms in mathematics classrooms. There can be proof tasks in which solvers must find a proof, defining tasks in which learners are required to define concepts, inquiry-based tasks, and multiple-solution tasks. Mathematical challenge depends on the type and conceptual characteristics of the task, for example, conceptual density, mathematical connections, the building of logical relationships, or the balance between known and unknown elements" (Leikin 2011, S. 180)

Die mathematische Herausforderung als Kriterium für potenzialförderliche Lernarrangements ebenso wie der Aufgabentyp der Problemlöseaufgabe hängen also – von der Theorie in unterschiedlicher Weise konzeptualisiert – miteinander zusammen. Wie sich dieser Zusammenhang genau darstellt und wie dies als Designprinzip für potenzialförderliche Lernarrangements formuliert werden kann, wird im Folgenden dargelegt.

Den meisten Studien, die sich mit der Ergründung mathematischer Begabung oder mathematischer Potenziale auseinandersetzten, ist gemein, dass sie Problemlöseaufgaben zur differenzierten Beobachtung mathematischer Fähigkeiten und komplexer Kompetenzen nutzen. Kruteskii (1976) und Käpnick (1998; 2013) legen ihren Begabungskonzeptionen bspw. jeweils Studien zugrunde, die

die Bearbeitung von Problemlöseaufgaben von Lernenden beobachteten und analysierten.

Leikin und Lev (2007) konstatieren, dass bestimmte Aufgabentypen erst die Möglichkeit für mathematisch kreative, „unkonventionelle" Lösungsprozesse, also zur Potenzialentfaltung bieten. In ihrer Untersuchung präsentierten sie drei Lernendengruppen (begabte Lernende, kompetente Lernende und durchschnittliche Lernende), zwei unterschiedliche Aufgabentypen, nämlich konventionelle Aufgaben, mit nur einer richtigen Lösungsmöglichkeit und offene, unkonventionelle Aufgaben, die ursprünglich bei einer Matheolympiade zum Einsatz kamen, und unterschiedliche und kreative Lösungsmöglichkeiten boten.

Oft betont wird die Relevanz multipler Lösungswege: Schülerinnen und Schüler, die sich auf mehreren Wegen mit einem Problem auseinandersetzen können, zeigen eine hohe kognitive Flexibilität und mathematische Kreativität (Krutetskii 1976; Polya 1973; Silver 1997; Leikin et al. 2009b; Leikin und Lev 2007). In der Untersuchung von Leikin und Lev (2007) zeigte sich, dass sich die Lösungen und Leistungsunterschiede bei den konventionellen, unkreativen Aufgabentypen zwischen den beiden oberen Lernendengruppen kaum unterschieden, während die Schülerinnen und Schüler mit hohen mathematischen Potenzialen in den unkonventionellen Aufgaben ein höheres Maß an kreativen und unterschiedlichen Lösungsansätzen sowie höhere Leistungen zeigen konnten (Leikin und Lev 2007).

Leikin (2015) konstatiert, dass Problemlösefähigkeiten in der Begabungsdiagnostik häufig als Indikator mathematischer Potenziale genutzt werden, problematisiert jedoch die Eignung dieses Indikators, wenn sich die Problemlöseaufgaben auf bekannte schulmathematische Inhalte beziehen (Leikin 2015, S. 249), und somit durch Vorwissen zu stark beeinflusst sein können. Wie Hadamard (1945) darstellte, ist der Lösungsprozess im Sinne der mathematischen „Erfindung", also im Hinblick auf unbekannte Probleme, der Kern der kreativen, professionellen Arbeit von Mathematikerinnen und Mathematikern. Die neu gewonnenen Erkenntnisse dieser Lösungsprozesse benennt auch Leikin (2015) als eigentlichen Indikator mathematischer Begabung bzw. mathematischer Potenziale von Schülerinnen und Schülern. Somit sind es vor allem diejenigen Problemlöseaufgaben, die unbekannte Thematiken und Probleme behandeln und den Lernenden kreative und innovative Lösungen abverlangen, die als Indikator für mathematische Potenziale dienen können (vgl. ebd.).

Leikin et al. (2009c) gehen strukturell noch einen Schritt weiter und charakterisieren und quantifizieren individuelle mathematische Potenziale in Abhängigkeit der *Qualität eines vollzogenen Problemlöseprozesses*. In ihrem Modell konzeptualisieren sie mathematische Potenziale, indem sie die unterschiedliche Güte des Problemlöseprozesses, von der *Lösung eines Problems*, über die *Lösung mit multiplen Lösungswegen* bis hin zur *Formulierung analoger Probleme*, als Grad der Ausprägung nutzen (Leikin et al. 2009b). Neben diesen drei Ausprägungen der Qualität des Problemlöseprozesses sind mathematische Kreativität, die Effektivität des Problemlöseprozesses sowie die Beharrlichkeit im Löseprozess konstituierende Elemente der Potenziale.

Für das Design potenzialförderlicher Lernarrangements kann dies heißen, dass eine Problemlöseaufgabe als Teil einer mathematischen Herausforderung idealerweise die Möglichkeit zur Entwicklung aller drei Ausprägungen ermöglicht. Eine Aufgabe muss dementsprechend *mit einer Lösung lösbar sein*, gleichzeitig aber auch die *Möglichkeit multipler Lösungswege bieten* und sich strukturell an ähnliche Problemstellungen angliedern lassen bzw. auf andere übertragbar sein. Diese drei unterschiedlichen Qualitäten und Abstraktionslevel der Aufgabenlösungen unterstreichen den Aspekt der individuellen Schwierigkeit, die die Aufgabe darstellen kann. Dies gilt nicht nur für Problemlöseaufgaben, sondern auch für Explorationsprozesse, wie sie etwa Philipp (2013) untersucht, und die ebenfalls geeignete mathematische Herausforderungen enthalten.

Leikin (2004) expliziert den individuellen Anspruch, den eine Aufgabe an die Lernenden in unterschiedlicher Weise stellen kann wie folgt: Eine mathematisch reichhaltige Aufgabe sollte (a) motivierend sein, (b) nicht ausschließlich bereits bekannte prozedurale Kenntnisse erfordern, (c) das Anstellen von Versuchen erfordern und (d) unterschiedliche Lösungswege bieten. Diese Kriterien sind selbstverständlich als relativ und subjektiv in Abhängigkeit der individuellen Problemlöseexpertise in dem betreffenden Inhaltsbereich zu betrachten (Leikin 2004, 209, übersetzt von der Verfasserin; siehe auch (Applebaum und Leikin 2007)) und auch zu verschiedenen Zeitpunkten in der Biographie der Lernenden im Wandel (Holton et al. 2009).

2.4.4 Designprinzip 4: Erfahrungen von Autonomie- und Kompetenz- erleben sowie fachlicher Eingebundenheit ermöglichen

Für die erfolgreiche Bearbeitung mathematischer Herausforderungen im Rahmen der dargebotenen Lernarrangements sollten Schülerinnen und Schüler zur Entfaltung ihres Potenzials intrinsische Motivation entwickeln. Intrinsisch motivierte Lernende benötigen keine von der Lehrkraft in Aussicht gestellte Belohnung bzw. negativ auslegbare Konsequenz (typische Elemente extrinsischer Motivation), um sich mit gestellten Aufgaben auseinanderzusetzen, sondern empfinden inneren

Antrieb, sich mit dem Gegenstand auseinanderzusetzen. Die präskriptive Rolle intrinsischer Motivation als Gelingens- bzw. Entwicklungsfaktor für erfolgreiche Lernprozesse und die Ausprägung mathematischer Fähigkeiten wurde auch durch Subotnik et al. (2009) herausgestellt und wurde daher als Teil der affektiven Facette berücksichtigt (vgl. Abschnitt 2.2.2).

Für die Gestaltung von Lernarrangements stellt sich somit die Frage, wie die Entwicklung und Aufrechterhaltung von intrinsischer Motivation unterstützt werden kann. Ryan und Deci (2002) haben theoretisch und empirisch herausgearbeitet, dass alle Menschen, unabhängig von kultureller und sozialer Zugehörigkeit, Alter und Geschlecht, analog zu physiologischen Grundbedürfnissen (wie Schlaf und Hydration) auch psychologische Grundbedürfnisse haben, deren Befriedigung bzw. Aufrechterhaltung relevant für die gesunde Psyche sind (Ryan und Deci 2002). Die Befriedigung der Grundbedürfnisse ist insbesondere förderlich für die Entwicklung und Aufrechterhaltung intrinsischer Motivation:

> „Intrinsisch motivierte Verhaltensweisen sind jene, deren Motivation auf inhärenter Befriedigung der Verhaltensweise als solche gründet, statt auf möglichen Ausgängen oder Verstärkungen, die sich operational von diesem Verhalten trennen ließen. "
> (Ryan und Deci 2002, S. 10, übersetzt durch die Verfasserin)

Anders als es die umgangssprachliche Verwendung des Wortes „Bedürfnis" suggeriert, handelt es sich bei den psychologischen Grundbedürfnissen jedoch nicht um reflektierte und formulierbare Desiderate, sondern vielmehr um basale und universelle Bedarfe der menschlichen Psyche. Die drei psychologischen Grundbedürfnisse erläutern Ryan und Deci (2002) wie folgt (und fügen hinzu, dass es sich Kondensate einer potenziell erweiterbaren Liste bilden, in Abhängigkeit von individuellen Konstitutionen, Alter, kultureller und sozialer Prädisposition):

- *Kompetenzerleben:* Das Gefühl, sich als leistungsfähig im Rahmen seiner derzeitigen Interaktionen mit seinem Umfeld zu fühlen und Möglichkeiten der Ausübung von Aufgaben zu erhalten, in denen man seine individuellen Kapazitäten darlegen kann, benennen die Autoren als erstes Grundbedürfnis. Dabei geht es explizit nicht um die faktische Ausübung erlernter Fähigkeiten, sondern vielmehr um das subjektive Empfinden, z. B. im Fähigkeitsselbstkonzept (Bandura 1993, 1977).
- *Autonomieerleben:* Mit dem Bedürfnis nach Erleben von Autonomie ist gemeint, dass sich das Individuum selbst als Ursprung des eigenen Verhaltens wahrnehmen möchte, also eigenverantwortlich und selbstbestimmt handeln

und Gestaltungsspielräume empfinden möchte. Gleichzeitig ist mit Autonomieerleben nicht gemeint, dass Abhängigkeiten des eigenen Handelns von äußeren Einflüssen als nicht legitim empfunden werden. So bedingt Abhängigkeit von anderen Menschen oder äußeren Umständen (im weitesten Sinne, hier kann auch die auferlegte Ausübung einer Aufgabe gemeint sein) nicht automatisch Einbußen im Hinblick auf das subjektive Autonomieerleben; vielmehr ist entscheidend, dass das sodann vollzogene Handeln wiederum ursprünglich auf die eigene Person bezogen werden kann und sich die oder der Handelnde als selbstwirksam und mit Gestaltungsspielräume ausgestattet erlebt (Ryan und Deci 2002).

- *Soziale Eingebundenheit:* Soziale Eingebundenheit ist definiert als die Wahrnehmung, mit anderen Menschen in Verbindung zu stehen, ein Gefühl der Zugehörigkeit zu empfinden, sowohl durch das Erkennen von Zuneigung des Gegenübers als auch diese selbst zu empfinden. Es wird als weiteres psychologisches Grundbedürfnis benannt. Für die intrinsische Motivation spielt es – anders als die beiden anderen Grundbedürfnisse Kompetenz- und Autonomieerleben – eine mittelbarere Rolle. Das Streben nach sozialer Eingebundenheit per se ist kein unmittelbarer Motor für die intrinsische Motivation, wohl aber führt das Erlebnis sozialer Eingebundenheit bei der Bewältigung gestellter Aufgaben zu einer höheren subjektiv empfundenen Zufriedenheit und somit zu höherem Kompetenz- und Autonomieerleben. Dieser Umstand begünstigt sodann die Aufrechterhaltung der Motivation (ebd., S. 14).

Im Rahmen des schulischen Unterrichts sind Situationen der sozialen Eingebundenheit für die Lernenden vor allem unmittelbar durch Arbeitskontexte zu schaffen, in denen sie mit ihren Mitschülerinnen und Mitschüler gemeinsam an Aufgaben und Problemstellungen arbeiten können.

Für die Gestaltung potenzialförderlicher Lernarrangements heißt dies in Anlehnung an die bereits dargelegten Designprinzipien und Ansprüche an entsprechende Aufgaben, dass eine kollaborative Bearbeitung einer selbstdifferenzierenden Aufgabe erfolgen sollte, die individuell (für die unterschiedlichen Kompetenzniveaus) als Herausforderung empfunden wird. Die Begünstigung von gemeinsamer Arbeit an einer Problemstellung für den Lernerfolg insbesondere von Lernenden mit mathematischen Potenzialen konnten auch Diezmann und Watters (2001) bestätigen. Bei hinreichend herausfordernden Aufgaben haben Lernende die gemeinsame Bearbeitung mit Mitschülerinnen und Mitschüler als förderlich empfunden, sie haben sich gegenseitig Hilfestellung gegeben, gemeinsam kritisch über ihre Ideen und Gedanken gesprochen und ihren Lösungsprozess metakognitiv gemonitored (Diezmann und Watters 2001). Die Vorzüge und positiven Effekte der gemeinsamen Arbeit hängen insbesondere für Lernende mit mathematischen Potenzialen jedoch klar vom Schwierigkeitsgrad der zu bearbeitenden Aufgabe ab – ein weiterer Implikator für die hohe Relevanz der mathematischen Herausforderung im Rahmen potenzialförderlicher Lernarrangements (Designprinzip 3).

Krapp (2005) bestätigt die Relevanz der Theorie der psychologischen Grundbedürfnisse auch für erfolgreiches Lernen und die darin ablaufenden komplexen kognitiven Entwicklungsprozesse. Er stellt darüber hinaus die Hypothese auf, dass ein Zusammenhang zwischen den Grundbedürfnissen und der Entwicklung von – im Rahmen von Lernprozessen hoch relevantem – gerichtetem Interesse besteht. Dabei kann Interesse als eine Ausprägung der intrinsischen Motivation verstanden werden: „Interesse als eine gegenstandsbezogene Form intrinsischer Motivation würde sich in den Stufen Introjektion, Identifikation, Integration, intrinsische Motivation mit einem zunehmenden Grad an Selbstbestimmung von einer extrinsischen zu einer intrinsischen Handlungsregulation entwickeln" (Bikner-Ahsbahs 2005, S. 19).

Obwohl Krapp (2005) einschränkend zu bedenken gibt, dass kein linearer bzw. messbarer Zusammenhang zwischen der gerichteten Entwicklung von individuellen Interessen und der grundsätzlichen Erfüllung der psychologischen Grundbedürfnisse im Rahmen von Lernerfahrungen nachzuweisen ist, kann ihre Korrelation auf Basis selbstreferentieller Erhebungsmethoden jedoch angenommen werden (Krapp 2005, S. 391 f).

Aufgrund dieser Hintergründe hat Bikner-Ahsbahs (2005) die Rolle der sozialen und fachlichen Eingebundenheit auch für das Wecken von Interesse konkret im Mathematikunterricht genauer untersucht. Der von ihr gewählte Begriff der positiven Involviertheit wird hier als *fachliche Eingebundenheit* beschrieben, um die Verwandtschaft zum fest etablierten Begriff soziale Eingebundenheit zu behalten und den fachlichen Fokus zu behalten.

Die Forschung von Bikner-Ahsbahs (2005) ist im Kontext dieser Arbeit insbesondere interessant, als sie stabiles persönliches Interesse und situativ aufflammendes Interesse zueinander in Beziehung setzt (siehe Abb. 2.5).

Beide Interessensformen beschreibt sie als Beziehung zwischen dem Lernenden (*Person*) und entweder der *Situation* oder dem mathematischen *Gegenstand*. Mit Situation sind alle Merkmale der Szenerie gemeint, die weder fachlich sind, d. h. den Gegenstand betreffen, noch alleinig die Lernenden; der Gegenstand meint eine „mathematische Sinn- und Bedeutungseinheit" (ebd.). Das situationale Interesse tritt im Mathematikunterricht in Form einer Aktivität als Ausdruck

Abb. 2.5 Perspektivendiagramm empirischer Interessensforschung (Bikner-Ahsbahs 2005, S. 40 ff.)

der Beziehung zwischen Lernenden und der Situation auf, wohingegen das persönliche Interesse als Aktivität in Erscheinung tritt, die Ausdruck der Beziehung zwischen Lernendem und dem Gegenstand ist. „Ist eine Person sowohl situational als auch persönlich interessiert, dann vermengen sich situationale und persönliche Interessensaktivität zu einer gemeinsamen Interessensaktivität" (ebd., S. 41).

Wenn nun in Gruppenarbeit oder Klassengesprächen an einer Aufgabe ein gemeinsames Engagement und Streben nach Lösung und Erkenntnisgewinn entwickelt wird, die Gruppe als solche mit besonderem Eifer an der Lösung arbeitet, so entsteht ein *situatives kollektives Interesse*. Person, Gegenstand und Situation sind durch hohe Aktivität verbunden – eine *interessendichte Situation* entsteht (ebd., S. 121). Das situative kollektive Interesse kann durch drei Faktoren charakterisiert werden:

1. Kollektives Involviertsein (im Kontext der Arbeit genannt fachliche Eingebundenheit)
2. Erkenntnisdynamik
3. Mathematische Wertigkeit der Unterrichtssituation

Ziel solcher Situationen ist immer die weitgehend autonome Produktion mathematisch gehaltvoller Ideen. Auch wenn Lernende kein persönliches Interesse im Rahmen solcher Situationen zeigen, erfordert eine gemeinsame Konstruktion mathematischer Bedeutung, dass sie fachlich involviert sind (ebd., S. 129).

Gerade für leistungsstarke Lernende bieten sich in den interessensdichten Situationen häufig Möglichkeiten für Erkenntnis produzierende Handlungen, entweder Verknüpfungshandlungen oder Struktursehen, welche durch Kompetenz- und Autonomieerfahrungen zur Interessensförderung beitragen können (Bikner-Ahsbahs 2005). Als Lehrkraft kann die Entstehung solch interessensdichter Situationen neben der Bereitstellung ansprechender und gehaltvoller Lernarrangements vor allem durch eine erwartungsrezessive Interaktionsstruktur unterstützt werden, das heißt, dass sich die Lehrkraft bemüht, Bedeutungskonstruktionen der Lernenden zu verstehen und durch zurückhaltende Moderation unterstützt, selbst wenn sie im ersten Moment als falsch oder ungerichtet erscheinen (Bikner-Ahsbahs 2005, S. 193). Der Beitrag entsprechender Moderationsstrategien zu potenzialförderlichen Lernarrangements, wird in Abschnitt 3.2.3 noch einmal tiefergehend aufgegriffen.

Gleichzeitig ist noch einmal auf die eingangs erwähnte Studie von Diezmann & Watters (2001) zu verweisen, die für den Nutzen von Gruppenarbeiten und für Schülerinnen und Schüler mit mathematischen Potenzialen zumindest einschränkende Bedingungen aufzeigt. In der Sprache des triadischen Perspektivdiagramms von Bikner-Ahsbahs (2005) lassen sich die Bedingungen so rephrasieren, dass sie sich nicht nur auf den Gegenstand beziehen (der hinreichende Herausforderung für leistungsstarke Lernende bieten muss, damit Gruppenarbeiten nutzenbringend erscheinen), sondern auch an die Situation selbst Bedingungen sich stellen: Nur bei angemessen komplexen Anforderungen favorisieren Lernende mit mathematischen Potenzialen die Gruppenarbeiten, wohingegen sie bei Aufgaben mit subjektiv-empfundenem leichten Schwierigkeitsgrad lieber allein arbeiten (Diezmann und Watters 2001). Die Kooperation bei herausfordernden Aufgaben zeigte jedoch positive kognitive, metakognitive und affektive Effekte.

"They received critical feedback on their own thinking and they built upon each other's thinking. Students also evaluated and argued about others' solutions, including the teacher's approach. Analyzing and discussing their own problem solving strategies and observing others solve problems contributed to the development of metacognition. Collaboration provided students with a supportive learning environment in which there was practical and affective support to assist them in overcoming obstacles within a task. Furthermore, the observation of peers overcoming difficulties facilitates the development of confidence and a sense of self-efficacy. Clearly, the students enjoyed the experience." (Diezmann & Watters 2001, S. 11)

Für die Charakteristika entsprechender Gruppenarbeiten und Klassengespräche im Rahmen der Umsetzung potenzialförderlicher Lernarrangements ergeben sich daher folgende Ansprüche, die eine fachliche Eingebundenheit und das Aufflammen situativen Interesses erhöhen können, insbesondere für Lernenden mit mathematischen Potenzialen:

- Explizite Arbeit am eigenen Denken und den Gedanken und Ideen von Mitschülerinnen und Mitschülern, inklusive dem Geben und Erhalten kritischen Feedbacks
- Gemeinsame Überwindung von Schwierigkeiten
- Anknüpfen an die Ideen anderer
- Metakognitive Evaluation der angewandten Strategie, sowie Erörterung und Diskussion des Erfolgs bzw. der Angemessenheit

Bikner-Ahsbahs (2005) argumentiert auf profunder, theoretischer Grundlage, dass eine häufige Entfaltung situativen Interesses sich langfristig auch als persönliches Interesse stabilisieren kann, es ist daher als langfristige Maßnahme zur Stärkung der affektiven Facette zu betrachten.

Im Hinblick auf die Konstruktion potenzialförderlicher Lernarrangements bieten diese Ansätze zur Befriedigung psychologischer Grundbedürfnisse wichtige Hinweise zu Gestaltungsprinzipien für die Entwicklung intrinsischer Motivation, als auch jene hinsichtlich des situativen bzw. persönlichen Interesses mit wichtigen Konsequenzen für den potenzialförderlichen Mathematikunterricht:

Potenzialförderliche Lernarrangements sollten aus affektiver Sicht Motivation bzw. Interesse fördern. Dazu gilt es die drei psychologischen Grundbedürfnisse zu befriedigen, den Lernenden also die Möglichkeit gegeben wird, sich als kompetent und autonom, sowie sozial und fachlich eingebunden zu erleben. Das Konzept der interessensdichten Situationen bietet einen theoretischen Zugang zu einer möglichen Umsetzung dieser Ansprüche in die Praxis. Gleichzeitig stellen insbesondere Lernende mit mathematischen Potenzialen besondere Ansprüche an die Gruppenarbeiten, deren Erfüllung insbesondere den subjektiv empfundenen Nutzen der gemeinsamen Arbeitsphase beeinträchtigen kann.

2.4.5 Designprinzip 5: Fokus auf kognitiv aktivierende Prozesse statt auf perfekte Produkte

Setzt man voraus, dass sich mathematische Potenziale aus vielfältigen Facetten zusammensetzen (vgl. Abschnitt 2.2) und eine dynamische Natur aufweisen, so folgt daraus auch, dass Lehrkräfte die Entwicklung dieser Potenziale unterstützen und die Lernenden fördern können (Sheffield 1999; Sheffield et al. 1995; Leikin

2009a). Wenn Potenziale also nicht im Sinne einer Ja-Nein-Entscheidung attribuiert werden, eröffnen sich Lehrkräften deutlich größere Möglichkeiten, aber auch mehr Verantwortung für ihre Förderung (vgl. Abschnitt 2.3).

Diese bereits dargestellten Zusammenhänge gelten auch in Bezug auf das fünfte Designprinzip *DP5: Fokus auf kognitiv aktivierende Prozesse*. Generell stellt *kognitive Aktivierung* ein zentrales Gestaltungsprinzip für lernwirksamen Unterricht dar (Henningsen und Stein 1997; Hiebert und Grouws 2007). Dies wird durch mathematisch reichhaltige Aufgabenstellungen ermöglicht, aber erst durch geeignete Moderation der Lehrkraft aufrechterhalten. Dazu müssen Lehrkräfte die kognitiven Aktivitäten ihrer Lernenden mit prozessorientiertem Fokus beobachten und dann gezielt unterstützen.

Die generelle Haltung von Lernenden bzgl. kognitiver Aktivierung und die damit verbundenen Rollen in mathematisch herausfordernden Situationen beschreibt Sheffield (1999) in einem Entwicklungskontinuum, entlang dessen eine mögliche Entwicklung im Rahmen des Mathematikunterrichts gefördert werden kann (siehe Abb. 2.6).

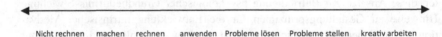

Nicht rechnen   machen   rechnen   anwenden Probleme lösen   Probleme stellen   kreativ arbeiten

Abb. 2.6 Kontinuum der potenziellen Entwicklung im Mathematikunterricht (Sheffield 1999, übersetzt durch die Verfasserin)

Während einige Lernende links zu Beginn ihrer Entwicklung *nicht rechnen*, oder lediglich Arbeitsaufträge ausführen (*machen*) bzw. berechnen (*rechnen*), so können sie durch Unterstützung und Förderung zum mündigen *Anwenden* befähigt werden, also die Mathematik auf Konsumenten-Probleme anwenden. Im nächsten Stadium sind sie in der Lage auch komplexere, neuartige *Probleme zu lösen*. Für Schülerinnen und Schüler mit mathematischen Potenzialen formuliert Sheffield (1999) darüber hinaus den Anspruch, dass sie auch neue *Probleme und –aufgaben stellen* und diese mit kreativen und unkonventionellen Lösungen bearbeiten können müssen (*kreativ arbeiten*) (Sheffield 1999, S. 43).

Die Annahme, dass die dynamische Natur mathematischer Potenziale eine Entwicklung auf einem solchen Kontinuum zulässt, verleiht der Lehrkraft eine produktive Orientierung für die Förderung. Diese Förderung individuell und adaptiv gestalten zu können, erfordert eine gute Verortung der Kompetenzen und Entwicklungsstadien einzelner Lernender entlang des Kontinuums. Insbesondere unter der Annahme, dass sich mathematische Potenziale häufig nicht in stabil

guten Leistungen zeigen, sondern vielmehr einzelne Facetten situativ hervor-
treten, ist es besonders wichtig eine sensible Aufmerksamkeit auf eben jene
situativ erscheinenden Potenziale zu richten (Schnell und Prediger 2017). Bei
entsprechender Sicht auf die aktuelle Entwicklung des Lernenden ist eine situativ-
angepasste Unterstützung der Lernenden durch adaptive Impulse die Kernaufgabe
der Lehrkraft (Sheffield 1999). Gleichzeitig bedingt eine solche Orientierung im
Hinblick auf die mathematische Potenzialförderung, dass nicht nur das perfekte
Produkt eines Lernenden nach der Bearbeitung einer Aufgabe als Indikator für
mathematische Potenziale betrachtet werden kann. Vielmehr gilt es die unterschiedlichen Facetten mathematischer Potenziale in prozessbezogener Weise zu
diagnostizieren und auch Zwischenergebnisse anzuerkennen. Auch hier können
die Lernenden kognitive Aktivitäten zeigen, an denen die adaptive Förderung
ansetzen kann.

Es wird ein entscheidender Teil des Empirieteils dieser Arbeit sein, aufzuzei-
gen, dass die Diagnose der kognitiven Aktivitäten sich nicht auf die generellen
Haltungen der Lernenden beschränken sollte, sondern auch tiefergehende Analysen der jeweiligen kognitiven Aktivitäten umfassen sollte, um die Prozesse selbst
zu fördern zu können (vgl. Kapitel 8).

2.4.6 Zusammenfassung der Design-Prinzipien für potenzialförderlichen Unterricht

Fünf Designprinzipien potenzialförderlichen Mathematikunterrichts wurden in
diesem Abschnitt 2.4 als präskriptive Konsequenzen eines partizipativen und
dynamischen Potenzialbegriffs vorgestellt, die sich nicht ausschließlich in stabil sehr guten Leistungen zeigt und viele Lernende einbezieht. Sie werden in
Tabelle 2.2 zusammengefasst.

Angestrebt werden (DP 1) *Curriculumsnahe Enrichment-Umgebungen für
die ganze Klasse*, sodass möglichst viele bzw. alle Lernenden die Möglichkeit
erhalten, in reichhaltigen Lernarrangements ihre mathematischen Potenziale zu
entfalten und weiterzuentwickeln. Dazu bedarf es der (DP2) *Selbstdifferenzierung
durch Zugänglichkeit für alle und Rampen nach oben*, also sowohl einen niedrigen
Einstieg für alle Lernenden, aber gleichzeitig die Möglichkeit aufweisen, komplexe und anspruchsvolle Erkenntnisse zu generieren. Ein besonderer Fokus sollte
hierbei auf (DP3) *mathematischen Herausforderungen durch fachlich reichhaltige
Lernarrangements* gelegt werden.

Tabelle 2.2 Designprinzipien zur Gestaltung von potenzialförderlichen Lernarrangements

Potenziale weniger privilegierter Lernender häufig verdeckt, daher Vorabselektion nicht geeignet	➔ (DP1) Curriculumsnahe Enrichment- Umgebungen für die ganze Klasse	Rahmen
Alle Lernenden müssen involviert werden können, jene mit ebenso mit jene ohne Potenziale	➔ (DP2) Selbstdifferenzierung durch Zugänglichkeit für alle und Rampen nach oben	Unterrichts- planung
Potenziale müssen herausgefordert werden	➔ (DP3) Mathematische Herausforderungen gestalten durch mathematisch reichhaltige (offene, komplexe) Problemstellungen	Unterrichts- planung
Interesse und Selbstkonzept von Lernenden mit (versteckten) mathematischen Potenzialen oft noch fragil	➔ (DP4) Erfahrungen von Autonomie und Kompetenz ermöglichen und positive Involviertheit erhöhen	Unterrichts- planung/ Unterrichts- gestaltung
Dynamische Natur von (versteckten) Potenzialen	➔ (DP5) Fokus auf kognitiv aktivierende und anspruchsvolle Prozesse statt auf perfekte Produkte	Unterrichts- gestaltung

Zur Aufrechterhaltung der Motivation der Lernenden sollten die Lehrkräfte (DP4) Erfahrungen von Autonomie und Kompetenzerleben zur Festigung von Interesse durch Erhöhung der positiven Involviertheit ermöglichen. Die interessensdichten Situationen nach Bikner-Ahsbahs (2005) bieten hierzu einen theoretisch fundierten Rahmen inkl. entsprechend zu berücksichtigender Kriterien. Um hierbei als Lehrkraft die Lernenden adaptiv begleiten und fördern zu können, bedarf es des (DP5) Fokus auf kognitiv aktivierende Prozesse. Dies gilt sowohl für die prozessbegleitende Diagnose, als auch die darauf aufbauenden Förderimpulse.

Wie sich sowohl die Ansprüche an eine prozessorientierte Diagnose und die dann anschließende potenzialförderliche Moderation konkretisieren, ist im Rahmen der Spezifizierung und Strukturierung des Fortbildungsgegenstands (vgl.

Kapitel 5 und 6) Thema dieser Arbeit und wird insbesondere durch die empirische Untersuchung zu klären sein (vgl. Kapitel 8–9).

Die in den vorherigen Unterkapiteln ausführlich dargestellten Designprinzipien für potenzialförderliche Lernarrangements sollen nun beispielhaft an einem Lernarrangement konkretisiert werden, das im Rahmen des der Arbeit zugrundeliegenden Forschungsprojekts *DoMath – Schulprojekte zum Heben mathematischer Interessen und Potenziale* (vgl. Kapitel 5 und 6) entwickelt und erprobt wurde.

2.5 Exemplarische Umsetzung der potenzialförderlichen Design-prinzipien in dem Lernarrangement Treppenaufgabe

Als Beispiel einem potenzialförderlichen Lernarrangement wird nun die *Treppenaufgabe* vorgestellt (siehe Abb. 2.7). In der Aufgabe explorieren Schülerinnen und Schüler ab Klasse 5, welche natürlichen Zahlen sich als Summe aufeinander folgender Zahlen darstellen lassen (Schwätzer & Selter 1998).

Abb. 2.7 Treppenaufgabe zu additiven Zerlegungen (nach Schwätzer und Selter 1998), entnommen Mathewerkstatt 6 (Prediger et al. 2013, S. 28)

2.5.1 Mathematische Analyse der eingesetzten Aufgabe

Die Aufgabe ermöglicht als Endprodukt die Entdeckung des Satz von Sylvester, der in Abb. 2.8 aufgeführt und am Beispiel erläutert ist.

Im Bearbeitungs*prozess* hin zu diesem Endprodukt ermöglicht die Aufgabe jedoch auch mehrere Zwischenerkenntnisse, d. h. Entdeckungen unterschiedlicher

Zusammenhänge, die zusammen die Aufgabe vollständig lösen. Die möglichen Zwischenerkenntnisse werden im Folgenden sukzessive dargelegt (Schwätzer und Selter 1998; PIK AS 2019; Philipp 2013):

- Jede Summe zweier aufeinanderfolgender Zahlen ist ungerade: $n + n + 1 = 2n + 1$, wobei $2n$ immer eine gerade Zahl ergibt, die sodann durch die Addition mit 1 zu einer ungeraden Zahl wird.
- Damit lässt sich umgekehrt jede ungerade Zahl als Summe zweier aufeinanderfolgender Zahlen darstellen: $2n + 1 = n + n + 1$
- Addiert man drei aufeinanderfolgende Zahlen, so lässt sich die Darstellung entlang der Teilbarkeit durch 3 erklären: $n + n + 1 + n + 2 = 3n + 3 = 3 \cdot (n + 1)$.
- Ist umgekehrt eine Zahl durch 3 teilbar, so ist der Quotient der Division durch drei automatisch die Mittelzahl der Summendarstellung. 15 lässt sich durch 3 Teilen, die Division ergibt das Ergebnis 5. Die Zahl 5 ist sodann die Mittelzahl der Summendarstellung mit drei Summanden, nämlich $4 + \underline{5} + 6 = 15$.
- Für alle anderen Summendarstellungen mit ungeraden Anzahlen an Summanden lässt sich feststellen, dass sie immer als Produkt der Anzahl mit der Mittelzahl zu erklären sind. $1 + 2 + 3 + \underline{4} + 5 + 6 + 7 = 28$, 28 wird hier als Summe von 7 aufeinander folgender Zahlen dargestellt, die Mittelzahl ist die 4, das heißt das Produkt $4 \cdot 7$ ist gleich der Summe. Analog lässt sich dies auf jede Summendarstellung mit einer ungeraden Anzahl an Summanden übertragen.
- Für Zahlen, die sich mit einer geraden Anzahl von Summanden als Summe darstellen lassen, gilt folgender Zusammenhang: wenn bei der Division einer Zahl x mit dem geraden Summanden g als Rest der Division g/2 übrigbleibt, so lässt sie sich als Summe mit der Anzahl aus g Summanden darstellen. Zwei Beispiele sollen diesen Zusammenhang verdeutlichen:
- Teilt man 14 durch 4, so erhält man als Ergebnis 3 mit Rest 2, wobei 2 die Hälfte des Quotienten 4 ist. Die 14 ist also als Summe von 4 Summanden darstellbar, nämlich $2 + 3 + 4 + 5 = 14$.
- Gleiches gilt für die Darstellung der Zahl 21 durch 6 Summanden. Die Division 21: 6 ergibt 3 mit Rest 3. Die Summendarstellung durch 6 Summanden ist also möglich, nämlich $1 + 2 + 3 + 4 + 5 + 6 = 21$.
- Die einzigen Zahlen, für die keine Summe aufeinanderfolgender Zahlen existiert, sind die Potenzen der Zahl 2. Es besteht weder die Möglichkeit, sie in zwei Summanden aufzuteilen, da es sich bei den Zweierpotenzen immer um gerade Zahlen handelt und die Summe aus zwei Summanden immer eine ungerade Zahl ergibt. Die Darstellung als Summe mit einer ungeraden Anzahl

an Summanden ist ebenfalls nicht möglich, da eine Division durch ungerade Teiler unmöglich ist, denn die Zweierpotenzen haben eben solche nicht. Auch lassen sie sich nicht als Summe einer geraden Anzahl von Summanden darstellen, da der hierzu zugrundeliegende Zusammenhang (Division durch g mit Rest g/2) nicht erfüllbar ist (Bsp.: $2^5 = 32$, gerader Teiler mit Rest ist 6, Rest ist aber dann nicht 3, sondern 2).

Satz von Sylvester:
„Jede natürliche Zahl n > 2 hat genau so viele Darstellungen als Summe aufeinanderfolgender natürlicher Zahlen, wie sie ungerade Teiler hat. Dabei wird die Zahl 1 nicht als Teiler gezählt, aber n selbst" (Sylvester 1882).

Erläuterung:
Am Beispiel der Zahl 15 lässt sich die Aussage des Satzes von Sylvester exemplifizieren: die Zahl besitzt drei echte ungerade Teiler: $T_{15} = \{3,5,15\}$. Es lassen sich also 3 Zerlegungen in aufeinanderfolgende Summanden finden:

$15 = 7 + 8$ $\qquad$ $15 = 1 + 2 + 3 + 4 + 5$ $\qquad$ $15 = 4 + 5 + 6$

Auch gerade Zahlen können ungerade Teiler aufweisen; so bspw. die Zahl 30: $T_{30} = \{2,\underline{3},\underline{5},6,10,\underline{15}\}$. Sie besitzt also drei ungerade Teiler und lässt sich dementsprechend auf drei Weisen als Summe aufeinanderfolgender Zahlen darstellen, nämlich:

$30 = 9 + 10 + 11$ $\qquad$ $30 = 6 + 7 + 8 + 9$ $\qquad$ $30 = 4 + 5 + 6 + 7 + 8$

Abb. 2.8 Satz von Sylvester als Lösung der Treppenaufgabe aus Abb. 2.7

Diese Zwischenerkenntnisse können Lernende erarbeiten im Sinne einer offen differenzierenden Explorationsaufgabe.

2.5.2 Umsetzung der Designprinzipien

Im Folgenden wird dargelegt, wie die Designprinzipien für potenzialförderlichen Unterricht (aus Tabelle 2.2) in einem Lernarrangement zur Treppenaufgabe umsetzbar sind.

Designprinzip 1: Curriculumsnahe Enrichment-Umgebungen für die ganze Klasse
Die dargestellte Aufgabe aus Abb. 2.8 kann im Regelunterrichts eingesetzt werden. In Klasse 5 bis 8 lässt sie sich jeweils an unterschiedliche Inhalte im inhaltsbezogenen Kompetenzbereich Algebra und Arithmetik angliedern (Ministerium für Schule und Weiterbildung des Landes Nordrhein-Westfalen 2007). Curricular relevant ist sie vor allem im Hinblick auf prozessbezogene Kompetenzen:

- Im Kompetenzbereich *Argumentieren und Kommunizieren* werden die Schülerinnen und Schüler durch die Aufgabe bei der Entwicklung unterstützt, da sie zu reichhaltigen Diskussionen auf unterschiedlichen Niveaus anregt. Von der Darstellung einzelner Zahlen, zu denen die Lernenden eine Summendarstellung gefunden haben, über die Offenlegung der Strukturen einzelner Anzahlen von Summanden bis hin zur allgemeinen Erkenntnis, dass nur ganz bestimmt zu charakterisierende Zahlen nicht als Summe aufeinanderfolgender Zahlen darstellbar sind, bietet die Aufgabe verschiedenste Gelegenheiten zur Kommunikation und vor allem zur Argumentation (vgl. Abschnitt 2.4.2). Besonders das „Erläutern mathematischer Einsichten und Lösungswege mit eigenen Worten" sowie das „Nutzen verschiedener Arten des Begründens und Überprüfens (Plausibilität, Beispiele, Argumentationsketten)" (Ministerium für Schule und Weiterbildung des Landes Nordrhein-Westfalen 2007, S. 14) sind Aktivitäten, zu denen die Bearbeitung der Aufgabe anregt.
- Der Kompetenzbereich *Problemlösen* wird zentral adressiert. Die Lernenden strukturieren eine innermathematische Exploration, in der der Lösungsweg nicht auf der Hand liegt, sie also nicht unmittelbar auf bekannte Verfahren zurückgreifen können, sondern sich durch Erkunden, Ausprobieren, Vermuten und Validieren der Lösung annähern müssen. Außerdem müssen sie ihre Lösungen strukturell untersuchen und auch die Möglichkeit mehrerer Lösungen in Betracht ziehen und überprüfen. Dabei ist sowohl eine konkrete Mehrfachlösung möglich, indem Summendarstellungen für mehrere Zahlen gefunden werden, als auch eine strukturelle Mehrfachlösung durch Identifikation der Struktur verschiedener Anzahlen von Summanden (ebd.).

Die in DP1 geforderte curriculumsnahe Umsetzung des Lernarrangements ist somit insbesondere im Hinblick auf die Schulung der prozessbezogenen, aber auch der inhaltsbezogenen Kompetenzen gewährleistet.

Das darüber hinaus in DP1 geforderte Enrichment wird ebenfalls durch die Aufgabe ermöglicht: Im Sinne von Sheffield (1999) kann hier sowohl von einer Anreicherung in der Tiefe als auch in der Breite gesprochen werden. Die Aufgabe an sich adressiert einen Teilbereich der Arithmetik, der häufig aufgrund von Zeitnot nicht eingehend behandelt wird, nämlich Zahlbeziehungen als Teilgebiet der Zahlentheorie. Die tiefergehende Bearbeitung von Inhalten wird durch die Aufgabe gestützt, indem vielfältige Zahlbeziehungen entdeckt werden können. Im Sinne der mathematischen Reichhaltigkeit bietet die Aufgabe nicht nur vielfältige Einzelentdeckungen, sondern eröffnet darüber hinaus die Möglichkeit, die dahinterliegende Struktur (vgl. Abschnitt 2.5.1) zu entdecken und verallgemeinert zu formulieren.

Designprinzip 2: Selbstdifferenzierung durch Zugänglichkeit für alle und Rampen nach oben
Die Treppenaufgabe bietet eine sehr niedrige Schwelle zum Einstieg, so dass alle Lernenden einen Zugang erhalten. Im Aufgabenbild sind bereits zwei Summendarstellungen der Zahl 9 mit Münzen (bzw. Wendeplättchen) gelegt, sowohl eine dreistufige, als auch eine zweistufige Zerlegung. Die ebenfalls abgebildeten Kinder unterhalten sich über ihre Darstellungen und geben somit zusätzlich eine verbal-schriftliche Erläuterung für ihre grafisch dargestellten Lösungen (für weitere Ausführungen über unterschiedliche bildliche und sprachliche Darstellungsformen vgl. z. B. Wessel 2015).

Den Schülerinnen und Schülern werden also grafische Darstellungen und Sprechweisen angeboten, die ihnen den Zugang zur Aufgabe erleichtern. Ihnen wurden neben dem Aufgabenblatt außerdem Wendeplättchen oder Flaschendeckel zur Verfügung gestellt, die sie ebenfalls zur unmittelbaren Bearbeitung bzw. zum exemplarischen Erstellen verschiedener Treppen nutzen konnten. Die Aufgabendarstellung selbst unterstützt den Anspruch der Zugänglichkeit, und die Rampe nach oben führt bis zum vollständigen Satz von Sylvester, der jedoch nicht erreicht werden muss.

Im Explorationsprozess selbst sind unterschiedlich anspruchsvolle Vorgehensweisen und Teilproblemstellungen möglich. Die relevanten kognitiven Aktivitäten im Explorationsprozess wurden von Schelldorfer (2007) für seine Schülerinnen und Schüler in einer *Entdeckungstreppe* zusammengefasst (siehe Abb. 2.9): Sie können von der Produktion einzelner Beispiele ausgehend erste *Vermutungen* über

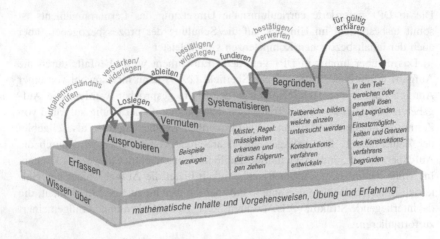

Abb. 2.9 Entdeckungstreppe: Gestufte kognitive Aktivitäten beim Entdecken (in Anlehnung an Schelldorfer 2007)

Muster und dahinterliegende Strukturen und Zahlbeziehungen anstellen und über ein *Systematisieren* zum *Begründen* von Zusammenhängen kommen.

Dabei sind die Entdeckungen zu Zahlbeziehungen in unterschiedlicher Schwierigkeit möglich: Dass Zweiertreppen immer eine ungerade Zahl darstellen, ist dabei eine eher niedrigschwellige Vermutung eines Zusammenhangs, die sich auch leicht begründen lässt, wohingegen die Strukturen mehrteiliger Treppen und ihrer inhärenten Beziehungen deutlich anspruchsvoller sind.

> „Bei dieser Aufgabe handelt es sich [...] um eine (selbst-)differenzierende Aufgabe, da unterschiedliche Vorgehensweisen möglich sind, nach Schwierigkeiten gestufte Teillösungen erarbeitet werden können und die Aufgabe so insgesamt auf unterschiedlichem Niveau befriedigend bearbeitet werden kann" (Schelldorfer 2007, S. 25).

Die Treppenaufgabe trägt also sowohl zur Aktivierung aller Lernender, auf unterschiedlichen Niveaustufen sowie durch unterschiedliche Zugangsmöglichkeiten, bei, und bietet den leistungsstarken Lernenden darüber hinaus die Möglichkeit, reichhaltige Entdeckungen im Sinne der innermathematischen Strukturen und Zusammenhänge zu machen (Philipp 2013).

Designprinzip 3: Mathematische Herausforderungen durch fachlich reichhaltige Lernarrangements schaffen
Herausforderungen und reichhaltige Problemstellungen stellen im Rahmen der Förderung von Lernenden mit mathematischen Potenzialen ein Kernelement dar. Vor allem die subjektiv empfundene Herausforderung ermöglicht es den Lernenden, ihre Kompetenzen weiterzuentwickeln und in eine selbstempfunden gewinnbringende Kooperation involviert zu sein. In Anlehnung an Leikin (2004) werden im Rahmen der dargestellten Lernarrangement die potenzialförderlichen Kriterien für Problemlöseaufgaben erfüllt (vgl. Abschnitt 2.4.3): sie ist (a) möglichst motivierend (vgl. Abschnitt 2.4.4), sie erfordert (b) nicht ausschließlich bekannte prozedurale Kenntnisse und (c) darüber hinaus das Anstellen von unterschiedlichen Versuchen und bietet (d) unterschiedliche Lösungsmöglichkeiten, sowohl hinsichtlich der Komplexität der Lösungen, als auch in Form von Lösungen zu unterschiedlichen Teilproblemen. Dass die Lernenden die Herausforderungen tatsächlich auch annehmen, erfordert zudem die förderliche Moderation durch die Lehrkraft.

Designprinzip 4: Erfahrungen von Autonomie- und Kompetenzerleben sowie fachlicher Eingebundenheit ermöglichen
Die Bearbeitung der Aufgabe erfolgte stets in Gruppen, wodurch sowohl das Entstehen von subjektiv empfundener, sozialer und fachlicher Eingebundenheit gefördert werden sollte. Durch die Explorationsmöglichkeiten der selbstdifferenzierenden Aufgabe wurde angestrebt, Autonomie- und Kompetenzerleben zu ermöglichen, sodass eine Erfüllung der psychologischen Grundbedürfnisse mit Blick auf die positive Unterstützung der Interessensförderung ermöglicht wurde.

Gleichzeitig ist jedoch hervorzuheben, dass DP4 die Erfahrungen immer nur ermöglichen kann, ob sich die Befriedigung der Grundbedürfnisse tatsächlich subjektiv einstellt, hängt von den einzelnen Lernenden ab. Wiederum kann die förderliche Moderation durch die Lehrkraft dazu substanziell beitragen.

Designprinzip 5: Fokus auf kognitiv aktivierende Prozesse statt auf perfekte Produkte
Das Designprinzip DP5 adressiert vorrangig die Aufgaben der betreuenden Lehrkraft und kann im alleinigen Bezug auf die materielle und konzeptionelle Seite des Lernarrangements nicht im Vorhinein beurteilt werden. Wie dem Anspruch auf eine prozessbezogene Diagnose und prozessförderliche Moderation im Rahmen der Fortbildung begegnet wurde und welche Auswirkungen diese hatte, wird im Kapitel 8–10 zu zeigen sein.

Das Lernarrangement an sich ermöglicht jedoch den benannten Fokus, indem sehr vielfältige Zwischenergebnisse wichtiger sind als das letztendliche Erreichen des Satzes von Sylvester als perfektes Produkt und die kognitiven Aktivitäten des Vermutens und Widerlegens von falschen Zwischenergebnissen ebenso interessant sein können wie die richtigen Zusammenhänge.

Die exemplarische Umsetzung der Designprinzipien für potenzialförderlichen Unterricht bei partizipativem und dynamischem Potenzialbegriff zeigt eine Möglichkeit, wie ein Lernarrangement unter Berücksichtigung der o. g. Designprinzipien ausgestaltet werden kann. Denkbar sind auch viele andere mathematische Gegenstände und Aufgaben, die ähnliche Umsetzungen erlauben.

Nach der Darstellung der dynamischen Konzeptualisierung mathematischer Potenziale, der daraus erwachsenden Implikationen und Designprinzipien für den Unterricht und eines beispielhaft umgesetzten Lernarrangements, folgen im nächsten Kapitel Ausführungen zur professionellen Expertise von Lehrkräften, im Besonderen in Bezug auf mathematische Potenzialförderung.

Professionelle Expertise von Lehrkräften und ihre gegenstandsbezogene Ausdifferenzierung

Wie konstituiert sich die professionelle Expertise von Lehrkräften? Dieser Frage sind seit mehr als 40 Jahren Forschende weltweit nachgegangen. Wie Ewald Terhart im Vorwort zum Reprint von Rainer Brommes 1992 veröffentlichter Habilitationsschrift „Der Lehrer als Experte" herausstellte, legte Bromme mit seiner Habilitationsschrift für Deutschland den Grundstein für ein neues Nachdenken über die Profession der Lehrkräfte, ihr Professionswissen und die Professionalisierung in Fort- und Weiterbildung (Terhart im Vorwort zum Reprint, 2014, Bromme 1992).

Die internationale Forschung zur Expertise von Lehrkräften hat sich der Thematik aus unterschiedlichen Perspektiven und mit verschiedenen Konzeptualisierungen genähert. Im Abschnitt 3.1 werden zentrale Konzeptualisierungen des aktuellen Forschungsstands zur Struktur von Lehrkräfte-Expertise dargestellt und ihre Relevanz für die hier vorliegende Arbeit herausgearbeitet. Ausgehend von rein wissens- und kompetenzbezogenen Konzeptualisierungen (vgl. Abschnitt 3.1.1) wird das Konstrukt der professionellen Expertise in seiner ursprünglichen allgemeinen Form bei Bromme (1992) vorgestellt (in Abschnitt 3.1.2) und in seiner gegenstandsbezogenen Adaption nach Prediger (2019) (in Abschnitt 3.1.3), die der vorliegenden Arbeit zugrunde liegt. Auf dieser begrifflichen Basis kann professionelle Expertise für mathematische Potenzialförderung gegenstandsbezogen ausdifferenziert werden (Abschnitt 3.2), um den Fortbildungsgegenstand auf Grundlage der derzeitigen Forschungslage zu spezifizieren und strukturieren.

K.-A. Rösike, *Expertise von Lehrkräften zur mathematischen Potenzialförderung*, Dortmunder Beiträge zur Entwicklung und Erforschung des Mathematikunterrichts 47, https://doi.org/10.1007/978-3-658-36077-1_3

3.1   Struktur von Lehrkräfteexpertise

3.1.1 Konzeptualisierungen von Wissen und Kompetenz von Lehrkräften

Eine über hundert Jahre alte Diskussion um das notwendige Wissen von Lehrkräften im Allgemeinen und Mathematiklehrkräften im Speziellen nahm zu Beginn des 20. Jahrhunderts in Deutschland im Zuge der Meraner Reform eine neue Richtung ein (Krüger 2000, 5 ff.). Durch die angestrebte Reform des Mathematikunterrichts in pädagogischer und inhaltlicher Hinsicht änderten sich auch die Ansprüche an Lehrkräfte, die diesen Unterricht gestalteten.

Heute bezieht sich der internationale Konsens im Hinblick auf die Struktur des professionellen Wissens oft auf Shulman (1986) mit seiner Einteilung in mehrere Wissensarten: *subject matter content knowledge*, dem Fachwissen, *pedagogical content knowledge*, dem fachdidaktischen Wissen und *curricular knowledge*, dem curricularen Wissen (ebd.) (aufgegriffen und erweitert z. B. von Baumert & Kunter 2006, s. u.). Shulman sprach von einer *Wissensbasis* von Lehrkräften, die mehr sein muss als persönlicher Stil, raffinierte Kommunikation und Kenntnis vom Lehrstoff oder das Adaptieren von Forschungsergebnissen zur Lehreffektivität (Shulman 1987). Insbesondere warb er dafür, fachdidaktisches Wissen (*pedagogical content knowledge*) als eigenständigen Teil der Wissensbasis genauer in den Blick zu nehmen. Die damals insbesondere von administrativer Seite vorherrschende Auffassung in den USA war, dass das notwendige Wissen für Lehrkräfte sich lediglich aus fachinhaltlichen und allgemeinpädagogischen Aspekten zusammensetzte, wobei ersteres klar im Fokus stand (ein Umstand, der sicherlich auch historischen Ursprungs ist; für eine umfassende Rekonstruktion der Geschichte der Lehrerbildung in Europa, siehe Németh und Skiera 2012). In Deutschland dagegen war fachdidaktisches Wissen bereits fest etabliert im Curriculum von Lehramtsstudiengängen und der fachdidaktischen Disziplin (z. B. Kirsch 1980; Wittmann 1974), als es Shulman in der US-amerikanischen Diskussion stark machte. Er entwickelte einen theoretischen Rahmen, der *Wissen* aus kognitiver Perspektive konzeptualisierte. Seine Strukturierung des Professionswissens ist bis heute Grundlage vieler weiterführender Forschung. Im Einzelnen erklärte Shulman (1986, 1987, 1991) die Wissensarten wie folgt:

- *Subject matter content knowledge* ist die Kenntnis von Fachinhalten, die allerdings über das reine inhaltliche Verständnis des Lehrgegenstands hinaus auch die dahinterliegenden Strukturen beinhalten muss. Für die Mathematik würde dies bedeuten, dass die Lehrkraft über die Kenntnis geltender Regeln hinaus auch erkennen kann, auf welchen Grundlagen diese Regeln gelten und mit welchen anderen Inhalten des Faches Verknüpfungen herzustellen sind (Shulman 1991). Am Beispiel der Bruchrechnung erläutert: die Erweiterung eines Bruches durchführen zu können und die Regeln dazu zu kennen, reicht als Fachwissen nicht aus; vielmehr muss die Lehrkraft wissen, weshalb eine Erweiterung des Bruches regelkonform ist und welche Beziehungen bspw. zwischen der Bruch- und der Prozentrechnung bestehen.

- Das *fachdidaktische Wissen* (pedagogical content knowledge) beinhaltet diejenigen Aspekte, die sich mit der Lehre des fachlichen Inhalts befassen. Für Shulman liegt hier der Kern der Lehrprofession: „Pedagogical content knowledge is the category most likely to distinguish the understanding of the content specialist from that of the pedagogue" (Shulman 1987, S. 8). "[…] It represents the blending of content and pedagogy into an understanding of how particular topics, problems, or issues are organized, represented, and adapted to the diverse interests and abilities of learners, and presented for instruction" (ebd.).

- Zu diesen beiden inhaltsbezogenen Wissenskomponenten des Lehrendenprofessionswissens kommt das *curriculare Wissen* hinzu, welches die administrative Komponente des Lehrberufs adressiert. So beinhaltet es die Kenntnis der Vorgaben, die in Lehrplänen und Curricula gemacht werden.

Diese drei Wissensarten wurden von vielen nachfolgenden Forschenden übernommen und ggf. ergänzt, z. B. um Organisations- und Beratungswissen (Baumert und Kunter 2006). Theoretisch für diese Arbeit relevanter als diese Ergänzungen war jedoch die Erweiterung der zugrundeliegenden Konzeptualisierung von *Professionswissen* auf *professionelle Kompetenz*:

In ihrem Modell professioneller Handlungskompetenz bedienen sich Baumert und Kunter (2006) einerseits der Einteilung in Wissensarten, erweitern jedoch das Konstrukt der Wissensbasis mithilfe des Kompetenzkonstrukts nach Weinert (2001a,), das Kompetenz definiert als

> „die bei Individuen verfügbaren oder durch sie erlernbaren kognitiven Fähigkeiten und Fertigkeiten, um bestimmte Probleme zu lösen, sowie die damit verbundenen motivationalen, volitionalen und sozialen Bereitschaften und Fähigkeiten, um die Problemlösungen in variablen Situationen erfolgreich und verantwortungsvoll nutzen zu können" (Weinert 2001b, S. 27).

Durch Rückgriff auf dieses Kompetenzkonstrukt erweitern Baumert und Kunter (2006) die rein kognitive Konzeptualisierung und fügen eine Handlungskomponente hinzu. Blömeke et al. (2015) benennen diesen zusätzlichen Handlungsanteil als Performanz (siehe. Abb. 3.2) und stellen den Zusammenhang zwischen Kognition und Handlung deutlich expliziter heraus.

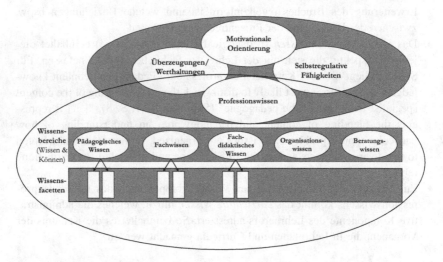

Abb. 3.1   Modell professioneller Handlungskompetenz (Baumert und Kunter 2006, S. 428)

Neben der Handlungskomponente, die sie explizit dem professionellen Wissen von Lehrkräften zuordnen, explizieren Baumert und Kunter (2006) auch die in Weinerts Kompetenzkonstrukt erwähnten affektiven und volitionalen Faktoren spezifisch für Lehrkräfte: *selbstregulative Fähigkeiten, motivationale Orientierung* und *Überzeugungen und Werthaltungen* (vgl. Abb. 3.1).

Deutlich wird hier, dass der Kompetenzbegriff also neben der Handlungskomponente, welche dem Wissen beigeordnet wird, auch Affekte und Volition eine konstituierende Rolle im Konzept der Kompetenz aufweisen. Darüber hinaus konkretisiert sich die Handlungskomponente hier in Form der Problemlösung in variablen Situationen. Die Ausschärfung des Kompetenzbegriffs im Sinne der professionellen Kompetenz beschreiben Baumert und Kunter (2011) als „individuelle Voraussetzungen für spezifische berufliche Situationen", sowie die darüber hinaus vorhandene „Bereitschaft zu handeln" (ebd., S. 47).

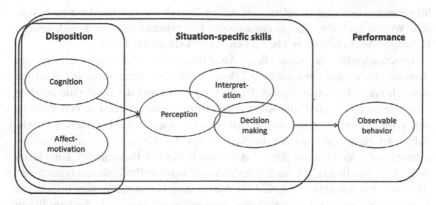

Abb. 3.2 Kompetenz als Kontinuum (Blömeke et al. 2015, S. 7)

3.1.2 Konstrukt der Expertise von Lehrkräften

Schon vor Baumert und Kunter (2006) griff Bromme (1992, 1997) Shulmans Rahmenkonzept auf und differenzierte die Wissensarten des Professionswissens weiter aus. Das curriculare Wissen beinhaltet für ihn auch, dass die Lehrkräfte ermessen können, in wie weit das fachliche Wissen (bei Shulman: content knowledge) für den Schulkontext adaptiert und ggf. reduziert werden muss. Die schulischen Lerngegenstände „bilden einen eigenen Kanon von Wissen" (Bromme 1997, S. 196), dessen innere Logik die Lehrkraft kennen und verstehen muss.

Daran anknüpfend nennt Bromme auch die *Philosophie des Schulfaches* als weitere Facette seines Rahmenkonzepts, welche subjektive Auffassungen über die Rolle des Fachs im Bezug zu anderen Disziplinen und dessen Nutzen für die Lernenden beinhaltet. „Mit dem Begriff der 'Philosophie' für diesen Teil des Lehrerwissens wird hervorgehoben, dass damit eine bewertende Perspektive auf den Inhalt des Unterrichtes gemeint ist" (Bromme 1997, S. 196). Shulmans pedagogical content knowledge ist sicherlich auch Teil von Brommes Facette des *fachspezifisch-pädagogischen Wissens*, allerdings bemängelt er, dass dies allein noch nicht ausreicht um bspw. geeignete Zugänge zum Lerngegenstand zu gestalten (ebd.). Dies bedarf vielmehr der zusätzlichen „kognitiven Integration von curricularem und pädagogischem Wissen" (Bromme 1995, S. 105). Bromme zählt darüber hinaus aber auch das allgemeine *pädagogische Wissen* in seinem Rahmenkonzept auf. Dieses betrifft allgemeine, vom Fach unabhängige pädagogische Aspekte der Lehrerprofessionalität wie z. B. das Classroom-Management. Auch hier merkt er an, dass es neben dem reinen Wissen um das relevante pädagogische Wissen auch eine eher philosophische Komponente gibt, die grundsätzliche Haltungen des Lehrkraft zu eben diesen betrifft (Bromme 1997).

Entscheidender als durch diese Ausdifferenzierung der Wissensarten hat Bromme die Professionsforschung jedoch durch eine neue Konzeptualisierung von Lehrkräfte-Expertise geprägt: Die mit der Profession der Lehrkräfte befasste Expertiseforschung greift die Konzeptualisierungen des professionellen Wissens auf, erweitert sie aber um den entscheidenden Aspekt der beruflichen Praxis, indem der Fokus (in einer der möglichen zwei Ausrichtungen der Expertiseforschung) auf „der Untersuchung von wissensbasiertem Handeln bei komplexen Anforderungen [liegt], wie es für ausbildungsintensive Professionen typisch ist" (Bromme und Rambow 2001, S. 541). Neben dem Fokus auf Wissen bezieht die Expertiseforschung also zusätzlich und noch systematischer die in der beruflichen Praxis wirksam werdenden Anforderungen ein, um Expertise zu beschreiben.

Eine Anforderung bezeichnet dabei „die Zielstellung, die Sachverhältnisse und die gegebenen Bedingungen ihrer Bearbeitung" (Bromme 1992, S. 110), das heißt, es müssen bestimmte Zwecke unter gegebenen Bedingungen und mit objektiv erfassbaren Charakteristika der Situation erfüllt werden. Im Umkehrschluss sind Expertinnen und Experten dann diejenigen Personen, die „komplexe berufliche Anforderungen bewältigen, für die sie sowohl theoretisches (wissenschaftsbasiertes und akademisch vermitteltes) Wissen als auch praktische Erfahrungen haben sammeln müssen" (Bromme und Rambow 2001, S. 542). Noch stärker als im Kompetenzbegriff nach Weinert (der auch die Bewältigung von Anforderungssituationen in seine Konzeptualisierung aufnimmt), wird bei Bromme eben jene Anforderungssituation deutlich stärker ausdifferenziert.

Bromme analysiert theoretisch das professionelle Handeln der Lehrkräfte, also die Performanz, um diejenigen Kategorien und Orientierungen zu rekonstruieren, die das Handeln implizit oder explizit leiten. Anders als Shulman (1987) und Baumert und Kunter (2006) bezieht er also neben der expliziten, professionellen Wissensbasis auch implizites Wissen und Orientierungen mit ein, die kategoriale (bewusste oder unbewusste) Einschätzung und Reaktion auf die beruflichen Anforderungssituationen leiten.

Diese systematische Untersuchung der Arten, wie Lehrkräfte Anforderungssituationen bewältigen (oder auch „Jobanalyse", vgl. Prediger und Buró 2020) beschreibt Bromme (1992) „als Heuristik bei der Suche nach den ‚natürlichen' Kategorien des Expertenwissens" (ebd., S. 88). Er betont dabei, dass der Rückgriff auf kategoriale Wahrnehmung und Orientierungen nicht immer auf expliziten Einschätzungen und Entscheidungen gründet, sondern auch auf implizite Kategorien und Orientierungen. Diese unmittelbare und unbewusste Handhabung situationaler Anforderungen nennt Bromme auch implizites Wissen (Bromme 1992, S. 133 ff.).

Während die Kompetenzforschung von Blömeke et al. (2015) dafür kritisiert wurde, zwar theoretisch von den Anforderungssituationen auszugehen, dann jedoch vorrangig die Dispositionen (Wissen und Haltungen) zu beforschen, liefert Brommes Expertisekonstrukt einen Ansatz, wie die Performanz und die Dispositionen systematisch in ihrem Zusammenspiel begriffen werden können.

3.1.3 Modell der gegenstandsbezogenen Expertise und Forschungsprogramm zu seiner Spezifizierung

Das Modell der gegenstandsbezogenen Expertise von Prediger (2019a) macht sich Brommes Konstrukt von Expertise zunutze, bezieht es jedoch nicht allgemein auf die Expertise für das Unterrichten als Ganzes, sondern spezifisch für bestimmte Professionalisierungsgegenstände, wie hier mathematische Potenzialförderung.

Durch das gegenstandsbezogene Expertisemodell hat Prediger (2019a) eine Beschreibungssprache für die Praktiken entwickelt, die Lehrkräfte nutzen bzw. nutzen sollen, um Anforderungssituationen in tatsächlichen oder simulierten Unterrichtssituationen zu bewältigen und bringt diese mit den anderen Komponenten in Verbindung (ebd.). Sie greift dabei auf die in Tabelle 3.1 aufgeführten Komponenten von Brommes Expertisekonstrukt zurück und ergänzt sie um Praktiken und didaktische Werkzeuge.

Die einzelnen Komponenten des Modells sind wie folgt definiert und genutzt (Prediger, 2019a):

Jobs
Als Jobs werden typische didaktische, situative Anforderungssituationen definiert, ebenso wie bei Weinert (2001) und Bromme (1992). Während Bromme (1992) übergreifende Jobs identifiziert wie „Organisation und Aufrechterhaltung einer Struktur von Lehrer- und Schüler-Aktivitäten", „Entwicklung des Stoffes im Unterricht" und „Organisation der Unterrichtszeit", definiert Prediger (2019a) in ihrem Projekt zum Fortbildungsgegenstand Sprachbildung im Mathematikunterricht Jobs wie „Sprache diagnostizieren", „Sprache unterstützen", „Sprache sukzessive aufbauen". Im nächsten Kapitel werden für das vorliegende Projekt die Jobs *Potenziale aktivieren, Potenziale diagnostizieren* und *Potenziale fördern* genauer betrachtet.

Tabelle 3.1 Komponenten des Modells gegenstandsbezogener Expertise nach Prediger (2019) und ihre Analogien

Komponenten	Kompetenz (Weinert 2001)	Lehrkräfte-Expertise (Bromme 1992)	Gegenstandsbezogene Expertise (Prediger 2019)
Jobs (Anforderungs-situationen)	Situative Anforderung(ssituation)en für Unterrichten allgemein	Situative Anforderung (ssituation)en für Unterrichten allgemein, z. B. Organisieren der Unterrichtszeit	Gegenstandsbezogene Jobs / Anforderungssituationen / Jobs, z. B. Potenziale diagnostizieren
Praktiken	-		Praktiken als wiederkehrende Handlungsmuster zur Bewältigung der Jobs
Didaktische Werkzeuge	-	-	Artefakte und Instrumente, mit denen Lehrkräfte Unterricht gestalten
Kategorien	Wissen Fähigkeiten	Kategoriale Wahrnehmung	Denk- und Wahrnehmungskategorien
Orientierungen	Beliefs Orientierungen	(Orientierungen in den impliziten Kategorien enthalten)	Gegenstandsbezogene Orientierungen

Praktiken
Praktiken sind definiert als „wiederkehrende Handlungsmuster zur Bewältigung didaktischer Anforderungssituationen. Sie sind charakterisierbar durch die dazu genutzten didaktischen Werkzeuge sowie die zugrundeliegenden Orientierungen und Kategorien" (Prediger & Buró 2021, S. 5 der Online-First-Version). Prediger (2019a) berichtet etwa für den Job „Sprache unterstützen", dass Lehrkräfte häufig die Praktik nutzen, schriftliche Formulierungshilfen mit formalen Vokabeln vorzugeben. Sie stellt dies der produktiveren Praktik gegenüber, mündliche, adaptive Formulierungshilfen für bedeutungsbezogenes Vokabular zu geben.

Didaktische Werkzeuge
Didaktische Werkzeuge umfassen „alle Artefakte und Instrumente, mit denen Lehrkräfte Unterricht gestalten, z. B. Aufgaben, Methoden, Gesprächsführungsimpulse oder Unterstützungsformate. Sie werden zu didaktischen oder pädagogischen Werkzeugen, wenn sie zu unterrichtlichen Zwecken eingesetzt werden." (Prediger & Buró 2021, S. 5 der Online-First-Version). Im Rahmen von Aus- und Fortbildungen sind dies anwendungsbezogene Inhalte, die an die teilnehmenden Lehrkräfte weitergegeben werden können, wie bspw. Aufgabenformate, die sie in ihrem Unterricht einsetzen können. Aber auch weniger greifbare Werkzeuge wie bspw. wiederkehrend einsetzbare Impulse oder vorformulierte Fragen können ein didaktisches Werkzeug darstellen. Im Beispiel der oben erwähnten Praktiken bilden die schriftlichen Formulierungshilfen und mündlichen Hilfen entsprechende Werkzeuge.

Denk- und Wahrnehmungskategorien
Kategorien sind konzeptuelle Wissenselemente, die die kategoriale Wahrnehmung sowie das Denken der Lehrkräfte filtern und fokussieren. Sie beziehen sich meist auf das inhaltliche und das fachdidaktische Wissen, sowie auf grundsätzliche didaktische Wissenselemente (Prediger 2019a). Im Beispiel der oben erwähnten Praktiken zeigt Prediger (2019), dass die Unterscheidung von formalem und bedeutungsbezogenem Vokabular das Wahrnehmen im Job „Sprache diagnostizieren" und das Denken und Planen im Job Sprache unterstützen maßgeblich beeinflussen kann. Kategoriale Wahrnehmung allgemein wird bei Bromme als die zentrale Komponente der Wissensbasis der Lehrkräfte beschrieben.

Für die vorliegende Arbeit wird das Konstrukt der Denk- und Wahrnehmungskategorien auch angeknüpft an das Konstrukt der *Professional Vision*, mit dem die Diagnosepraktiken von Lehrkräften untersucht wurden (Sherin 2006). Die Professional Vision wird aufgebaut und reflektiert, indem die Praktiken des

Kodierens (*Coding*), Herausstellens (*Highlighting*) und Produzierens materieller Repräsentationen (*Production and Articulation of Material Representations*) auf die Phänomene der Disziplin angewandt werden; Professional Vision besteht somit aus sozial organisierten Eigenarten, die zu behandelnden Ereignisse einer Disziplin zu inspizieren und zu verstehen (Goodwin 1994, S. 606). Goodwin (1994) fokussiert dabei zwei Anforderungen:

a) zu identifizieren, was in einer konkreten Situation als relevant und wichtig zu setzen ist, und
b) auf der Grundlage der individuellen professionellen Expertise über die Situation zu urteilen und zu entscheiden (Van Es und Sherin 2006).

Um a) die relevanten Aspekte einer Situation zu identifizieren, bedarf es der Kenntnis bzw. des Wissens über genau diese Aspekte. Erst das Wissen um ihre Relevanz lässt die Lehrkräfte diese identifizieren. Mit diesem speziellen Wissen, also den Denk- und Wahrnehmungskategorien, kann die Lehrkraft dann auch b) über die Situation urteilen und im Zusammenspiel mit ihren Orientierungen (s. u.) ein Urteil fällen und ins Handeln kommen.

„What is key, then, is for teachers to develop the ability to identify what is significant in a classroom situation and to have ways to effectively reason about those situations" (Van Es und Sherin 2006, S. 125).

Diesen Auswahl- und Beurteilungsprozess beschreibt Sherin (2011) als *Noticing*, also „the processes through which teachers manage the blooming, buzzing confusion of sensory data with which they are faced during instruction" (Sherin et al. 2011, S. 5). Die Denk- und Wahrnehmungskategorien als Repräsentanz des relevanten, professionellen Wissens stellen für die Lehrkräfte also einen aktiven Filter in der Wahrnehmung, Gewichtung und Beurteilung komplexer Situationen und ihrer Situationsfaktoren im unterrichtlichen Alltag dar.

Orientierungen
Orientierungen sind gegenstandsbezogene ebenso wie grundsätzlichere Beliefs, also „affektiv aufgeladene [...] [und] eine Bewertungskomponente beinhaltende Vorstellungen [...], welche für wahr oder wertvoll gehalten werden die explizit oder implizit die Wahrnehmung und die Priorisierung der Jobs beeinflussen" (Reusser und Pauli 2014, S. 642). Mit der Benennung *Orientierung* folgt Prediger (2019) Schoenfeld (2010), der diesen als Überbegriff für Beliefs, Überzeugungen etc. benutzt (siehe dazu auch Bosse 2017; Philipp 2007; Fives und Buehl 2012).

„I use the term *orientations* as an inclusive term encompassing a group of related terms such as *dispositions, beliefs, values, tastes,* and *preferences*. How people see things (their "worldviews" and their attitudes and beliefs about people and objects they interact with) shapes the very way they interpret and react to them" (Schoenfeld 2010, S. 29).

Die Orientierungen beeinflussen die Wahrnehmung von Situationen und die entsprechende (unbewusste) Beurteilung dieser Situationen. Im Sinne der Professional Vision sind sie die affektive Grundlage für Bewertungen und Fokussierungen einzelner Aspekte innerhalb dieser Situationen, ebenso wie ein entscheidender Einflussfaktor auf die Priorisierung der genutzten Denk- und Wahrnehmungskategorien (s. o.) (ebd.). Im Beispiel des Jobs Sprache unterstützen liegt der Fokus auf formalem Vokabular z. B. bei vielen Lehrkräften eine Kalkül- statt Verstehensorientierung zugrunde.

Zusammenspiel der Komponenten
Mit Hilfe dieser Komponenten erklärt Prediger (2019) also intendierte oder beobachtete Praktiken als Muster der Äußerungen und Handlungen der Lehrkräfte im Zuge der Anforderungsbewältigung, also der Bearbeitung spezifischer Jobs. Die Praktiken sind charakterisierbar und erklärbar durch die angewandten Kategorien, der genutzten pädagogischen Werkzeuge und Orientierungen, die im Zuge der Bewältigung der Jobs implizit oder explizit wirksam sind. Dabei sind es gerade die wiederkehrenden Muster, die die Wirksamkeit in der Unterrichtspraxis der Lehrkräfte ausmachen und die unterschiedlichen Elemente des Expertisemodells im Einzelnen notwendig machen (Bromme 1992).

Deskriptiver und präskriptiver Modus der Nutzung des Modells
Das Modell gegenstandsbezogener Expertise kann im deskriptiven und präskriptiven Modus genutzt werden, d. h. deskriptiv zur Beschreibung, was Lehrkräfte bereits tun und denken oder präskriptiv zur Spezifizierung, was sie tun und denken sollten. Wie im Kapitel 5 genauer erläutert wird, nutzt die gegenstandsspezifische Entwicklungsforschung auf Professionalisierungsebene (Prediger, Schnell und Rösike 2018; Prediger 2019) die Kombination des deskriptiven und präskriptiven Modus: Ausgehend vom Forschungsstand wird theoretisch spezifiziert, über welche Praktiken, Werkzeuge, Kategorien und Orientierungen für einen Fortbildungsgegenstand zur Bewältigung der gegenstandsbezogenen Jobs verfügen sollten. Durch empirische Analysen werden diese abgeglichen mit den bereits beobachtbaren Praktiken und zugrundeliegenden Kategorien und Orientierungen, um diese genauer zu spezifizieren (Prediger 2019, Prediger et al. 2015).

Für den in dieser Arbeit fokussierten Fortbildungsgegenstand der mathematischen Potenzialförderung erfolgt die genauere Spezifizierung demnach in drei Schritten:

(1) Zusammenstellung des Forschungsstands auf Unterrichtsebene zur mathematischen Potenzialförderung (vgl. Kapitel 2): Wie werden mathematische Potenziale konzeptualisiert? Welche Bedarfe haben Lernenden mit mathematischen Potenzialen und welche Gestaltungsprinzipien lassen sich dadurch für einen potenzialförderlichen Mathematikunterricht ableiten?

(2) Theoretische Spezifizierung ausgehend vom Forschungsstand (vgl. Abschnitt 3.2): Was müssen die Lehrkräfte zur Ausgestaltung eines solchen Unterrichts lernen? Welche Kategorien, welche Werkzeuge und welche Orientierungen müssen dafür adressiert werden?

(3) Empirische Ausdifferenzierung der Spezifizierung (empirischer Teil der Arbeit): Über welche Praktiken, Werkzeuge, Kategorien und Orientierungen verfügen Lehrkräfte bereits oder können sie sich leicht aneignen? Welche dagegen sind schwieriger entwickelbar, und welche weiteren Kategorien müssen dafür in der Professionalisierung gezielt adressiert werden?

3.2 Erste Spezifizierung des Fortbildungsgegenstands Potenzialförderung im gegenstandsbezogenen Expertisemodell

Die genauere Spezifizierung, was Lehrkräfte für einen potenzialförderlichen Unterricht lernen sollen, erfolgt auf Basis des gegenstandsbezogenen Expertisemodells von Prediger (2019), das in Abschnitt 3.1.3 vorgestellt wurde. Es geht aus von drei zentralen Anforderungen im potenzialförderlichen Unterricht, die in Kapitel 1 hergeleitet wurden:

- Potenziale aktivieren
- Potenziale diagnostizieren
- Potenziale fördern

Diese didaktischen Jobs der Lehrkräfte werden im Folgenden im Hinblick auf die zu ihrer Bewältigung notwendigen Praktiken erörtert und die zugrundeliegenden förderlichen und abgesicherten Orientierungen, Kategorien und Werkzeuge, denn sie stellen wesentliche Bestandteile der gegenstandsbezogenen Expertise zum Gegenstand der mathematischen Potenzialförderung dar.

Sowohl in der Fortbildung als auch in den hier dargebotenen Ausführungen zu den theoretischen Hintergründen wird ein Schwerpunkt auf die Jobs Potenziale diagnostizieren und Potenziale fördern gelegt. Der Job *Potenziale aktivieren* kann in der Fortbildung durch Konstruktion und Bereitstellung potenzialförderlicher Lernarrangements soweit unterstützt werden, dass die Fortbildungsbedarfe dazu mit dem Kennenlernen der Designprinzipien (aus Abschnitt 2.4) weitgehend gedeckt sind. Die anderen beiden Jobs dagegen sind vor allem durch die Unterrichtspraktiken der Lehrkräfte zu realisieren und haben daher höheren Fortbildungsbedarf.

3.2.1 Job: Potenziale aktivieren

Hintergrund
Wie in Kapitel 2 erläutert, können mathematische Potenziale durch mathematisch reichhaltige, selbstdifferenzierende Lernarrangements aktiviert werden. Für den Einsatz dieser Lernarrangements als Werkzeug zur Bewältigung des Jobs *Potenziale aktivieren* greifen Lehrkräften idealerweise auf folgende Orientierungen und Kategorien zurück (Abb. 3.3):

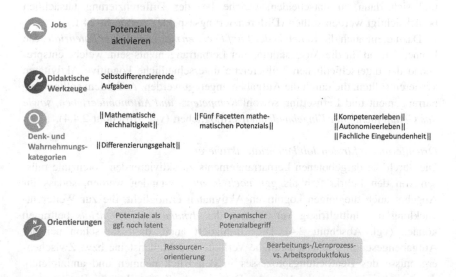

Abb. 3.3 Bestandteile der Expertise von Lehrkräften für den Job *Potenziale aktivieren*

Didaktische Werkzeuge für den Job Potenziale aktivieren
Das wichtigste Werkzeug zur initialen Aktivierung mathematischer Potenziale stellen reichhaltige *selbstdifferenzierenden Aufgaben,* wenn diese die in Abschnitt 2.4 aufgeführten potenzialförderlichen Designprinzipien erfüllen. Zum Lernarrangement mehr gehören neben den Aufgaben auch entsprechende *Unterrichtsmethoden,* um ihre aktive und kommunikative Bearbeitung zu realisieren.

Denk- und Wahrnehmungskategorien für den Job Potenziale aktivieren
Für den produktiven Einsatz potenzialförderlicher Lernarrangements benötigen Lehrkräfte einige didaktische Kategorien: So sollte der *Differenzierungsgehalt* und die *Mathematische Reichhaltigkeit* der Aufgabe selbst analysiert werden können, um beides in der eigenen Klasse tatsächlich inszenieren zu können.

Für den Differenzierungsgehalt ist im Sinne des ZAFE-Modells (Leuders und Prediger 2017) nicht nur das Lerntempo relevant, sondern unterschiedliche Differenzierungsaspekte wie Lernstand, Zugangsweisen, Interessen und Strategien, auf die durch entsprechende Differenzierung des Lernangebots didaktisch und methodisch reagiert werden kann.

Zum Aktivieren mathematischer Potenziale durch Konzeption entsprechender Lernarrangements, sollte in der Vorbereitung die Frage gestellt werden, „welche Unterschiede zwischen Lernenden grundsätzlich bestehen (Heterogenitätsaspekte) und sich dann zu entscheiden, welche bei der Differenzierung tatsächlich berücksichtigt werden sollten (Differenzierungsaspekte)" (ebd., S. 24 f.).

Dazu dient auch die Kenntnis der *Fünf Facetten mathematischer Potenziale.* Sie können leitend für die Ausgestaltung der Lernarrangements sein, welche entsprechend der unterschiedlichen Teilbereiche unterschiedliche kognitive Aktivitäten avisieren sollten, die durch die Aufgaben angeregt werden. Außerdem sollten Lernarrangement und Lernsetting sowohl *Kompetenz- und Autonomieerleben, sowie das Gefühl fachlicher Eingebundenheit* ermöglichen (vgl. Abschnitt 2.4.4).

Orientierungen für den Job Potenziale aktivieren
Die durch die dargebotenen Lernarrangements zu aktivierenden Potenziale müssen von den Lehrkräften als *ggf. noch latent* verstanden werden, sodass ihr Angebot auch diejenigen kognitiven Aktivitäten ermöglicht, die zur Weiterentwicklung und mittelfristig Verstetigung des *dynamischen Potenzials* beitragen können (vgl. Abschnitt 2.4). Dies impliziert auch, dass sie schon bei der Aufgabengestaltung unterschiedliche Verläufe und Meilensteine bzw. Zwischenergebnisse des Bearbeitungsprozesses in den Blick nehmen und antizipieren, damit sie bei der prozessbegleitenden Diagnose die Kernstellen von Bearbeitung- und Erkenntnisprozess identifizieren können (vgl. Abschnitt 3.2.2). Eine solche

Ressourcenorientierung im Hinblick auf die unterschiedlichen Fähigkeiten der Lernenden bietet sodann die Möglichkeit der differenzierten Aktivierung, bspw. durch unterschiedliche Zugänge (Leuders und Prediger 2017).

Die vorausschauende Durchdringung sowohl des unmittelbaren, kurzfristigen *Bearbeitungs-* als auch des langfristigen *Lernprozesses*, welche bereits bei der Aufgabenkonstruktion und –analyse stattfindet, bietet den Lehrkräften die Möglichkeit des differenzierten, prozessbegleitenden Diagnostizierens und Förderns im Unterricht, setzt also direkt den Bezug zu den weiteren Jobs (vgl. Abschnitt 3.2.2 und 3.2.3).

3.2.2 Job: Potenziale diagnostizieren

Die Diagnose mathematischer Potenziale von Schülerinnen und Schülern ist eines der drei konstituierenden Elemente der gegenstandsbezogenen Expertise von Lehrkräften, welche im Zuge der vorliegenden Arbeit behandelt werden (neben dem Aktivieren und Fördern mathematischer Potenziale). Im Rahmen der entsprechenden Fortbildungen wurde ein besonderer Fokus auf die Entwicklung einer prozessbezogenen, kategoriengeleiteten Diagnose gelegt (vgl. Kapitel 8). Bei dieser Diagnose geht es sowohl darum, durch Erweiterung der Denk- und Wahrnehmungskategorien die *Diagnosegegenstände* identifizieren zu können, und gleichzeitig eine *situative Fokussierung* im Zuge der prozessbezogenen Diagnose vornehmen zu können. Um dies genauer auszuführen, wird zunächst weitere Literatur zur Diagnosefähigkeit von Lehrkräften herangezogen.

Hintergrund: Kurzüberblick zu existierenden Konzeptualisierungen von Diagnosekompetenz und Diagnosepraktiken
Allgemein herrscht Einigkeit in der psychologischen und mathematikdidaktischen Literatur zur professionellen Kompetenz, dass die diagnostischen Praktiken von Lehrkräften unmittelbar mit der Qualität ihrer adaptiven Förderpraktiken zusammenhängen (Even und Tirosh 2002; Empson und Jacobs 2008). Die dazu notwendige diagnostische Kompetenz wird jedoch jeweils leicht unterschiedlich definiert.

> „Unter «diagnostischer Kompetenz» wird – allgemein gesprochen– die Kompetenz von Lehrkräften verstanden, Merkmale ihrer Schülerinnen und Schüler angemessen zu beurteilen und Lern- und Aufgabenanforderungen adäquat einzuschätzen" (Artelt und Gräsel 2009, S. 157).

Ähnlich zerlegen Brunner et al. (2011) die Diagnose in zwei Teiljobs:

> „(1) kognitive Aufgabenanforderungen und –schwierigkeiten einzuschätzen, sowie
> (2) das Vorwissen und (3) Verständnisprobleme der Schülerinnen und Schüler ihrer
> Klasse angemessen zu beurteilen" (Brunner et al. 2011, S. 216).

Weinert (2000) geht in seiner Definition über die generelle Angemessenheit
der lernenden- und aufgabenseitigen Einschätzung hinaus und charakterisieren
diagnostische Praktiken von ihrer Eignung für die Förderung her:

> „den Kenntnisstand, die Lernfortschritte und die Leistungsprobleme der einzelnen
> Schüler sowie die Schwierigkeiten verschiedener Lernaufgaben im Unterricht fort-
> laufend beurteilen zu können, sodass das didaktische Handeln auf diagnostischen
> Einsichten aufgebaut werden kann." (Weinert 2000, S. 16).

Zusammenfassend zeigt sich, als *Diagnoseobjekt* können die Aufgaben an
sich beurteilt werden, aber vor allem die Lernenden, ihre Lernausgangslage
sowie – im Verlauf des Bearbeitungs- bzw. langfristiger gesehen des Lernprozesses – mögliche Hürden und Entwicklungsmöglichkeiten. Wird diese Form der
Diagnose prozessbegleitend (statt produktorientiert und summativ) vorgenommen,
ermöglicht sie Lehrkräften, auf Grundlage ihrer unmittelbaren diagnostischen
Einschätzung adaptiv und lernförderlich durch Impulse mit den Lernenden zu
interagieren und den Verlauf des Bearbeitungsprozesses mitzugestalten.

Dieser Fokus der diagnostischen Praktiken auf die Bearbeitungsprozesse der
Lernenden ist Kernelement des Fortbildungsgegenstands in der vorliegenden
Arbeit. Die Relevanz eines Prozessfokus wird sowohl in allgemeindidaktischen
und psychologischen Forschung als auch in der Mathematikdidaktik betont:

> „Eine *Lernprozessdiagnose* zeichnet sich durch die *kontinuierliche* Auswertung des
> Lernprozesses aus und soll die Lehrkraft in die Lage versetzen, den Unterricht noch
> im Prozess zu steuern und den Bedürfnissen der Lernenden anzupassen, und nicht erst
> bei Misserfolgen in der Abschlussarbeit" (Hußmann et al. 2007, S. 2)

Durch die konsequente diagnostische Begleitung der Lernenden kann die Lehrkraft die situativen Potenziale bzw. Schwierigkeiten aufgreifen und den Lernenden unmittelbar individuelle Begleitungen anbieten, die den weiteren Verlauf des
Lernprozesses positiv beeinflussen. So ist aus systematischer Sicht eine summative Diagnose am Ende des Lernprozesses in Form von Tests oder Klassenarbeiten
sicherlich notwendig, bietet der Lehrkraft allerdings nicht die Möglichkeit, Unterstützung und Impulse anzubieten, die dem Lernenden helfen, ihr Verständnis und

ihren Lernerfolg zu steigern. Im Hinblick auf Potenzialförderung ist der Prozessfokus von besonderer Relevanz aufgrund der oft noch latenten Potenziale. Ausgehend von der Annahme, dass insbesondere nicht stabilisierte mathematische Potenziale meist situativ gebunden auftreten und ihre Verstetigung abhängig ist von adaptiv gesetzten Impulsen und Lernmöglichkeiten (vgl. Kapitel 2), ist eine summative Diagnose für die Potenzialförderung weniger relevant. Vielmehr sind die prozessbegleitende Diagnose und die darauf aufbauende adaptive Begleitung der Lernenden zur nachhaltigen Förderung mathematischer Potenziale grundlegend.

Neben den Diagnoseobjekten (Aufgaben, Lernstände und Lernprozesse) erwähnen die oben aufgeführten Definitionen auch *Diagnoseziele*, nämlich eine Maximierung der „kognitiven Aktivierung" (Aufgabendiagnose) und sodann einer „konstruktiven Unterstützung" der Lernenden (Lernendendiagnose) (Brunner et al. 2011). Die tatsächlich zu vollziehenden Diagnosepraktiken werden in diesen Definitionen allerdings nicht fokussiert.

Während die oben dargestellten Definitionen vor allem auf die zu diagnostizierenden bzw. einzuschätzenden Objekte und Ziele beziehen, adressieren Sherin und van Es (2006) eher die dahinterliegenden Situationen und kognitiven Handlungen, die zur Einschätzung und Beurteilung dieser Objekte aktiviert werden. Sherin und van Es (2006) (ebenso Sherin 2001) ziehen dazu Goodwins (1994) Konstrukt der Professional Vision heran (vgl. auch Abschnitt 3.1.3) und fokussieren auf die Praktiken zum Identifizieren, was in einer konkreten Situation als relevant und wichtig zu setzen ist, und des wissensbasierten Auswählens und Bewertens über die erfassten Situationen. Bei ihnen steht also in der Charakterisierung von Diagnosen eher die Diagnosepraktiken im Vordergrund, als die zu diagnostizierenden Objekte zu benennen.

Beide Ansätze können die Antwort auf unterschiedliche Fragen hinsichtlich der Diagnosefähigkeit von Lehrkräften darstellen:

a) Worauf sollten Lehrkräfte ihre Aufmerksamkeit im Rahmen des Diagnoseprozesses richten (Diagnoseobjekte) und welche Intention kann diese Diagnose verfolgen (Diagnoseziele)?

b) Welche Identifikations-, Auswahl- und Bewertungsprozesse der Situation und des Diagnoseobjekts muss die Lehrkraft dafür vornehmen und welche kognitiven Aktivitäten muss sie dafür leisten?

An beide Fragen schließt sich zudem eine dritte Frage an:

c) Welche Kategorien und welche Orientierungen benötigt die Lehrkraft dafür konkret um sowohl a) ihren Blick auf die Diagnoseobjekte unter Berücksichtigung gegenstandsbezogener Ziele zu schärfen als auch b) eine professionelle, fundierte Fokussierung und Bewertung innerhalb der dargebotenen Situation vorzunehmen?

Dieser Frage soll im Folgenden (und auch im Rahmen der empirischen Forschung dieser Arbeit, siehe Kapitel 8–9) nachgegangen werden. Die Verknüpfung beider oben dargestellten Herangehensweisen an die Diagnosefähigkeit birgt die Möglichkeit einer ganzheitlicheren Beschreibung des Diagnoseprozesses. Gleichzeitig muss dafür erörtert werden, welche Kategorien bzw. welche Orientierungen dafür entwickelt werden sollten.

Die beiden vorgestellten Konzeptualisierungen tragen beide substanziell zu einem ganzheitlichen Verständnis der professionellen Diagnose von Lehrkräften in der Praxis bei und sollen in das gegenstandsspezifische Modell integriert werden: Auf der einen Seite stehen die zu diagnostizierenden Objekte und die damit verfolgten Ziele der Diagnose (Brunner et al. 2011; Baumert und Kunter 2006, 2011; Artelt und Gräsel 2009; Weinert 2000), auf der anderen Seite stehen die im Rahmen der Diagnose vollzogenen kognitiven Aktivitäten in den Diagnosepraktiken der Lehrkräfte (Goodwin 1994; Van Es und Sherin 2006). Sie adressieren jeweils unterschiedliche Facetten der Diagnose, welche im Folgenden synthetisiert werden sollen. Dies erfolgt im Rahmen des gegenstandsbezogenen Expertisemodells spezifisch für den Job Mathematische Potenziale diagnostizieren.

Für die Diagnose mathematischer Potenziale lassen sich im Rahmen des gegenstandsbezogenen Expertisemodells nach Prediger (2019a) bestimmte Orientierungen, Kategorien, als auch Werkzeuge identifizieren, die auf der theoretischen Konzeptualisierung von mathematischen Potenzialen sowie der professionellen Diagnose von Lehrkräften basieren bzw. durch die empirische Forschung dieser Arbeit ausgebaut wurden.

Nach Artelt und Gräsel (2009) geht es auch hier darum, sowohl Möglichkeiten und Eignung von Aufgaben zur Förderung mathematischer Potenziale zu beurteilen, als auch die kognitiven Aktivitäten der Lernenden bei der Bearbeitung wahrzunehmen. Dabei sind es, in Anlehnung an den dynamischen Charakter sowie der ggf. noch latent ausgeprägten Facetten mathematischer Potenziale, die adaptiv anschließenden Förderimpulse zur langfristigen Verstetigung der Potenziale, die als Ziel der prozessbegleitenden Diagnose ausgemacht werden können.

Die konkret notwendigen situationsbezogenen in den Diagnosepraktiken sind dabei nach Goodwin (1994) und Sherin und van Es (2006) die folgenden:

- Prozessbezogenes Identifizieren von Facetten mathematischer Potenziale in Unterrichtssituationen und kategorienbasiertes Entscheiden, welche Aspekte der Situation zu fokussieren bzw. relevant zu setzen sind.
- Beurteilen der Facetten, um zu entscheiden, welche Praktiken sie zum adaptiven Fördern unter Berücksichtigung relevanter Orientierungen auswählen.

Dieser Zweischritt hängt also grundlegend von den aktivierten Orientierungen und Denk- und Wahrnehmungskategorien ab.

„This conceptualization of noticing as selecting and interpreting by categories resonates with the emphasis on general and topic-specific categories activated for perceiving and interpreting phenomena during a diagnostic judgement." (Prediger und Zindel 2017, S. 224)

Hier zeigt sich erneut die Relevanz der oben aufgeworfenen Frage, welches Wissen – also welche Denk- und Wahrnehmungskategorien – die Lehrkräfte zur professionellen Diagnose benötigen.

„Zur Diagnose wird die Beschreibung von Personen erst dann, wenn sie auf einer expliziten theoretischen Basis, auf der Grundlage eines vorgegebenen kategorialen Rasters oder eines Konzeptes erfolgt" (Helmke 2003, S. 19).

Die theoretische Basis lässt sich unterteilen in generisches pädagogisches Wissen über die Lernprozesse der Lernenden, als auch gegenstandsbezogenes, fachdidaktisches Wissen (Prediger 2010; Shulman 1987).

Im Folgenden werden die relevanten Orientierungen, Kategorien und Werkzeuge zur Bewältigung des Jobs *Potenziale diagnostizieren* theoriegeleitet gegenstandsbezogen dargelegt (Abb. 3.4).

Didaktische Werkzeuge für den Job Potenziale diagnostizieren
Die für die Diagnose mathematischer Potenziale nutzbaren didaktischen Werkzeuge erfüllen sowohl Funktionen für Aktivierung als auch für die Diagnose mathematischer Potenziale. So stellen die mathematisch reichhaltigen *selbstdifferenzierenden Aufgaben* ein diagnostisch informatives Aufgabenformat dar, da Lernende damit vielfältige Zugangsweisen zur Bearbeitung und unterschiedliche Bearbeitungstiefen zeigen können. Dies ist für die prozessbegleitende Diagnose elementar, denn nur dann, wenn die Lernenden die Facetten ihrer mathematischen

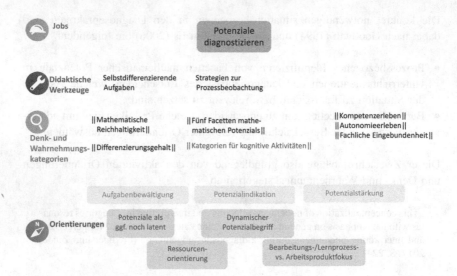

Abb. 3.4 Bestandteile der Expertise von Lehrkräften für den Job *Potenziale diagnostizieren* (später empirisch zu spezifizierende Komponenten sind in grau als Advance Organizer bereits aufgeführt)

Potenziale in den angebotenen Lernarrangements entfalten können, werden sie für die Lehrkräfte sichtbar und diagnostizierbar.

Die *Strategien zur Prozessbeobachtung* dienen ebenfalls dem Diagnostizieren des Potenzials. So können die Lernenden bspw. durch die Aufforderung zur Dokumentation ihrer Zwischenergebnisse dazu angehalten werden, den Verlauf ihres Bearbeitungsprozesses auch schriftlich für die Lehrkraft zur Diagnose verfügbar zu machen.

Denk- und Wahrnehmungskategorien für den Job Potenziale diagnostizieren
Die Denk- und Wahrnehmungskategorien, also die konkreten konzeptuellen Wissenselemente, auf denen die aufgaben- und lernendenseitige Diagnose gründet. Beinhalten Aspekte der mathematischen Potenziale an sich als auch Implikationen, die sich daraus ergeben.

Aufgabenseitig gehören dazu die *mathematische Reichhaltigkeit* und der *Differenzierungsgehalt* der themenbezogenen Lernarrangements und die themenspezifischen Kategorien, diese genauer zu entfalten. Die Aufschlüsselung der Reichhaltigkeit der Lernarrangements gibt den Lehrkräften die Möglichkeit den

Verlauf der Bearbeitungsprozesse zu antizipieren und sowohl unterschiedliche Lösungswege als auch mögliche Hürden in den Blick zu nehmen.

Lernendenseitig gehören zu den relevanten Kategorien die Fünf Facetten mathematischer Potenziale, die zu identifizieren und situativ zu fördern sind.

Außerdem bietet die Kenntnis über Möglichkeiten des *Kompetenz- und Autonomieerlebens, sowie der fachlichen Eingebundenheit* Anhaltspunkte für mögliche adaptiv ansetzende Impulse, welche sich einer fokussierten Diagnose anschließen können.

Orientierungen für den Job Potenziale diagnostizieren
Auf der vorliegenden Konzeptualisierung mathematischer Potenziale gründend (vgl. Kapitel 2) sollten *Potenziale als ggf. noch latent* verstanden werden, das heißt, dass nicht nur bei stabil guten Leistungen mathematische Potenziale diagnostiziert werden, sondern ein *dynamischer Potenzialbegriff* zugrunde gelegt wird. Dies impliziert, dass auch Leistungen, die sich eher im Mittelfeld bewegen, einzelne Aspekte mathematischer Potenziale situativ zeigen können. Im Hinblick auf die an die Diagnose anschließende adaptive, individuelle Förderung leistet die *Ressourcen- statt Defizitorientierung* hier die Möglichkeit, einzelne Facetten mathematischer Potenziale (siehe nächster Abschnitt, Denk- und Wahrnehmungskategorien) zu fokussieren und genau dort anknüpfend zielgerichtete Impulse setzen zu können.

Die Ausprägung der einzelnen Facetten kann sich vor allem im Verlauf der Aufgabenbearbeitung der Lernenden zeigen, sodass eine generelle *Fokussierung des Bearbeitungs- bzw. Lernprozesses statt der Arbeitsprodukte* hier sowohl die prozessbezogene, kategoriengeleitete Diagnose als auch die anschließende adaptive Förderung unterstützt.

3.2.3 Job: Potenziale fördern

Hintergrund: Eingrenzung und Bezugspunkte zur Charakterisierung der Expertise für den Job Potenziale fördern
Unter dem Job Mathematische Potenziale fördern wird im Folgenden in Abgrenzung zum Job Potenziale aktivieren die Begleitung durch die Lehrkraft in der Unterrichtsinteraktion verstanden. Während das Aktivieren sich in erster Linie auf das dargebotene Lernarrangement bezieht, wird Fördern hier fokussiert auf die Interaktionen, die die Lehrkraft im Verlauf des Bearbeitungs- und Erkenntnisprozesses vornimmt. Dafür gilt es, im Sinne der zwei anderen Jobs durch die Ausgestaltung entsprechender Lernarrangements (*Potenziale aktivieren*) Möglichkeiten für die Lernenden zu schaffen, in denen sie ihre individuellen, situativen

mathematischen Potenziale zeigen können, sodass die Lehrkräfte sie wahrnehmen kann (*Potenziale diagnostizieren*). Für den dritten Job, also *Potenziale zu fördern*, bilden die zuvor genannten also die Grundlage, indem den Lernenden dadurch die Möglichkeit geboten wird, sich und ihre Potenziale zu zeigen, diese wahrgenommen zu wissen und auf der Grundlage adaptiver Interaktion in dieser Hinsicht gefördert zu werden.

Förderpraktiken werden für die vorliegende Arbeit also fokussiert auf die in der Interaktion durch Impulse, Nachfragen und Anregungen der Lehrkraft erfolgende Begleitung der Lernenden beim Voranschreiten in ihrem Lernprozess.

Für die genauere Operationalisierung bietet das Konstrukt der adaptiven Förderkompetenz einen ersten Zugang zur Operationalisierung von Förderpraktiken:

> „Das Attribut 'adaptiv' im Begriff der adaptiven Lehrkompetenz zeigt den Prozesscharakter an. Eine adaptive Lehrperson ist sensibilisiert für die Wahrnehmung von Verschiedenartigkeit bei den Lernvoraussetzungen, den Lern- und Problemlöseverhaltensweisen ihrer Schülerinnen und Schüler. [...] 'Adaptiv-Sein' bedeutet aber auch, Situationsmomente und Handlungsalternativen im Lehr-Lern-Geschehen – sowohl in der Unterrichtsplanung als auch während des Unterrichts – zu antizipieren und bereit zu sein zu reagieren, wenn eine Handlungsanpassung an eine neue Situation erwünscht bzw. erforderlich ist." (Beck 2008, 38 f.)

Adaptives Lehren bezieht sich also auf die Antizipation von bzw. die situationsgerechte Reaktion auf Situationsverläufen und Handlungsalternativen im Lehr-Lern-Geschehen. Dazu benötigen die Lehrkräfte ein Werkzeug-Repertoire unterschiedlicher Moderationsstrategien, welche sie als Handlungsoptionen diagnosegeleitet nutzen können.

In Bezug auf den konkreten Fortbildungsgegenstand muss im Hinblick auf die Relevanz der Adaptivität der enge Zusammenhang der beiden Jobs Potenziale diagnostizieren und Potenziale fördern zum Ausgangspunkt genommen werden: Nur an dem, was die Lehrkraft auf der Grundlage ihrer aktiven Denk- und Wahrnehmungskategorien fokussieren und bewerten kann (angeleitet durch ihre Diagnosekompetenz), kann sie im Rahmen ihrer Impulssetzung dann auch adaptiv fördernd ansetzen. Auch wenn in der bestehenden Literatur die Expertise zur Bewältigung des Jobs Potenziale fördern kaum konzeptualisiert ist, lassen sich aus der existierenden Forschung für potenzialförderlichen Unterricht einige Hinweise ableiten.

Bereits die Designprinzipien für die Ausgestaltung potenzialförderlicher Lernarrangements (vgl. Abschnitt 2.4) adressieren zwei Aspekte, die auch für die Begleitung durch die Lehrkräfte relevant sind:

- (DP3) Mathematische Herausforderungen gestalten durch mathematisch reichhaltige (offene, komplexe) Problemstellungen und
- (DP4) Erfahrungen von Autonomie- und Kompetenzerleben ermöglichen und positive Involviertheit erhöhen.

Während DP3 einen eher inhaltlichen Anspruch an die Förderung durch die Lehrkraft stellt, bringt DP4 eher Implikationen zu ihrer pädagogischen und sozialen Gestaltung mit sich. Mathematische Herausforderungen zur Weiterentwicklung mathematischer Potenziale werden nicht nur durch Lernarrangements, sondern auch durch entsprechende Impulse gestaltet und aufrechterhalten. Adaptive Hilfestellungen zu geben und dabei gleichzeitig die inhaltlichen Herausforderungen während des Prozesses aufrecht zu erhalten, bedarf einer differenzierten prozessbegleitenden Diagnose. Diese kann gewährleisten, dass der inhaltliche Knackpunkt auch bei komplexen, ggf. kreativen und nicht bereits im Vorfeld antizipierten Lernendenlösungen bzw. –vorgehensweisen, identifiziert und im Hinblick auf die didaktische Maxime der mathematischen Herausforderung auch durch entsprechende Impulse aufrechterhalten werden kann.

> "[Fostering students' potentials] require[s] teachers to listen carefully to students unexpected ideas, which are more frequent than in regular classes, be sensitive to the special needs of the students, and be more attentive, creative, and reflective. The teacher must support students' attempts and reward especially original outcomes. Teachers must be prepared to learn from their students and with them, and to respect those who are cleverer than the teacher" (Leikin 2010, S. 171).

Lehrkräfte zeigen größere Offenheit gegenüber kreativen Ideen, wenn sie mathematische Reichhaltigkeit als zentrale Denk- und Wahrnehmungskategorie und die Breite der kognitiven Aktivitäten als relevante Facette mathematischer Potenziale auffassen. Leikin (2010) formuliert hier, wie diese Denk- und Wahrnehmungskategorien auch die Förderpraktiken beeinflussen können.

Suh und Fulginiti (2011) haben zur potenzialförderlichen Gesprächsführung im Unterricht schulischen Kontextes verschiedene Typen von Impulsen herausgearbeitet. Diese zielen sowohl darauf ab, (a) die Lernenden inhaltlich voranzubringen, als aber auch (b) grundsätzliche Normen für mathematische Diskussionen zu etablieren (siehe Tabelle 3.2).

Die von Suh und Fulginiti (2011) identifizierten Typen von Impulsen adressieren jeweils auch unterschiedliche Facetten mathematischer Potenziale (vgl. Abschnitt 2.2.2) und können zu ihrer Festigung und Weiterentwicklung beitragen. Eine genauere Operationalisierung der Impuls-Typen legen sie jedoch nicht vor.

Tabelle 3.2 Potenzialförderliche Impulse für die Steuerung mathematischer Diskussionen (übersetzt und adaptiert nach Suh und Fulginiti (2011), S. 76)

Typen von Impulsen	Operationalisierung	Adressierte Facette
Vom Speziellen zum Allgemeinen – und zurück	Verallgemeinern	Kognitive Facette
Darstellungsverknüpfung	Zusammenhänge zwischen Darstellungen herstellen lassen	Kognitive Facette
Erweitern	Auf Begründungen bestehen	Kognitive Facette Kommunikativ sprachliche Facette
Scaffolding	Bei Bedarf Simplifizieren oder Klären der Sachverhalte	Kognitive Facette
Kennzeichnen	Herausstellen kritischer Aspekte, auf die die Lernenden achten sollten	Kognitive Facette Metakognitive Facette
Leiten	Lernende dazu anhalten, sich mit der Aufgabe auseinander zu setzen und sie zu Beharrlichkeit ermuntern	Persönlich-affektive Facette

Boerst et al. (2011) gehen hier einen Schritt weiter. In einer Studie mit angehenden Lehrkräften haben sie expliziert, welche Zwecke Lehrkräfte in Klassengesprächen mit welchen Impulsen erreichen können; diese haben sie in allgemein beispielhafter Form durch Fragen exemplarisch dargelegt. Mithilfe solcher Impulse als didaktischen Werkzeugen lässt sich das Designprinzip DP3 (Mathematische Herausforderungen gestalten durch mathematisch reichhaltige (offene, komplexe) Problemstellungen) konkret umsetzen. Die für die Potenzialförderung relevantesten Impulse wurden in Tabelle 3.3 zusammengestellt.

Diese bestehenden Ansätze lassen sich für eine forschungsbasierte Spezifizierung der relevanten Orientierungen, Kategorien und Werkzeuge zur Bewältigung des Jobs *Potenziale fördern* wie folgt fruchtbar Machen (Abb. 3.5):

Orientierungen für den Job Potenziale fördern
Auch für das Fördern mathematischer Potenziale erweisen sich diejenigen Orientierungen als hoch relevant, die das Potenzialverständnis an sich betreffen und in Kapitel 2 theoretisch fundiert wurden: Fördern unter Berücksichtigung der in

Tabelle 3.3 Potenzialförderliche Impulse (ausgewählt aus, adaptiert und übersetzt nach Boerst et al. 2011, S. 2860)

Zwecke von Impulsen	Beispielimpulse (zusammengestellt von angehenden Lehrkräften)	Adressierte Facetten
Ergründung der Lernenden-antworten • Versuch zu verstehen, was Lernende meinen, wenn zunächst unverständlich • Nachvollziehen, ob richtige Antworten auf richtigen Vorstellungen beruhen • Untersuchung falscher Antworten um das Denken der Lernenden nachzuvollziehen	• Wie kannst du sicher sein? • Meinst du ... so und so? • Wenn du sagst ..., meinst du ...? • Kannst du noch einmal genauer erklären, was du dir gedacht hast? • Wieso hast du ...? • Wie bist du auf ... gekommen? • Kannst du ... benutzen um zu zeigen, wie das funktioniert? ...	Kognitive Facette
Lernenden dazu anhalten, den Gedanken von Mitschülern zu folgen und darauf zu reagieren	• Wie sind die anderen vorgegangen? • Wie passt ...s Aussage zu dem, was du dir gedacht hast? • Wer kann das noch einmal mithilfe von ...s Idee erklären? • Möchte jemand der Aussage von ... noch etwas hinzufügen? ...	Kognitive Facette Kommunikativ-sprachliche Facette Soziale Facette
Unterstützung der Lernenden beim Herstellen von Zusammenhängen (bspw. Zwischen einem Modell und einer mathematischen Grundidee)	• Wie unterscheiden sich die Methode von ... und die von ... (bzw. worin gleichen sie sich)? • Wie hängt [Darstellungsform 1] mit [Darstellungsform 2] zusammen? • Fällt euch ein weiteres Problem/Beispiel/ Aufgabe ein, die dieser hier ähnelt? • Wie passt deine Lösung mit dem, was an der Tafel steht, zusammen? ...	Kognitive Facette
Erweiterung des derzeitigen Denkens der Lernenden und Beurteilung ihrer Entwicklungsmöglichkeiten	• Fällt euch noch eine andere Möglichkeit zur Lösung ein? • Was würde passieren, wenn wir die Zahlen zu ... ändern? • Könnt ihr die gleiche Methode verwenden um ... zu lösen?	Kognitive Facette

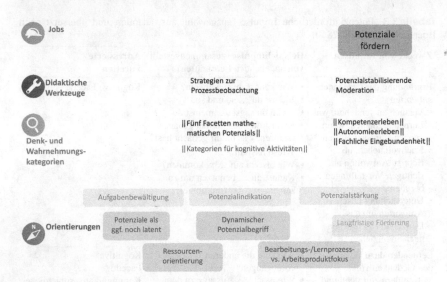

Abb. 3.5 Bestandteile der Expertise von Lehrkräften für den Job *Potenziale fördern* (später empirisch zu spezifizierende Komponenten sind in grau als Advance Organizer bereits aufgeführt)

Abschnitt 2.4 dargelegten Designprinzipien setzt auf die die Orientierung *Potenziale als ggf. noch latent*, sowie *Potenziale als dynamisch statt angeboren* auf, denn diese Orientierung begründen, warum sich Lehrkräfte den Job Potenziale fördern überhaupt zu eigen machen als ihre Aufgabe. Eine Defizitorientierung kann die Förderung ebenso behindern, denn nur, wer ressourcenorientiert nach ‚Keimen' mathematischer Potenziale sucht, findet Ansatzpunkte für die Förderung. Dies gelingt in der Regel in einem Prozessfokus besser als in einem Produktfokus.

Denk- und Wahrnehmungskategorien für den Job Potenziale fördern
Die für den Job Potenziale fördern relevanten Denk- und Wahrnehmungskategorien sind deckungsgleich mit jenen, die die Lehrkräfte zur Diagnose mathematischer Potenziale benötigen. Das enge Zusammenspiel beider Jobs spiegelt sich also auch im Expertisemodell wider: die prozessbezogene Diagnose ist vor allem immer dann unabdingbar, wenn sich adaptive Förderimpulse anschließen sollen. In diesem Fall ist die summative Diagnose wenig tauglich, da sie die situativen Möglichkeiten zur Förderung nicht in den Blick nehmen kann. So ist im Gegenzug zur Ausführung des Jobs Potenziale fördern eine prozessbezogene,

kategoriengeleitete Diagnose essentiell. Die Lehrkräfte sollten Kenntnis der *Fünf Facetten mathematischer Potenziale* haben, um diese überhaupt wahrnehmen und fokussieren zu können. Dabei lassen sich diese besonders gut durch die von den Lernenden ausgeübten *kognitiven Aktivitäten* adressieren.

Darüber hinaus ist besonders für die Förderung eine bewusste Fokussierung von *Kompetenzerleben, Autonomieerleben und fachlicher Eingebundenheit* von großer Relevanz. Gerade die Rückmeldung bereits absolvierter Schritte und erreichter Erfolge kann diese Grundbedürfnisse der Lernenden steigern, und somit den lernförderlichen Verlauf des Bearbeitungsprozesses stützen (vgl. Abschnitt 2.4.4).

Didaktische Werkzeuge für den Job Potenziale fördern
Die Werkzeuge zur Ausführung des Jobs *Potenziale fördern* sind im Vergleich zu denjenigen, welche für die Jobs *Potenziale aktivieren* und *diagnostizieren* theoretisch bereits abgesichert vorliegen, deutlich unspezifischer vorhanden. Wie oben dargelegt, handelt es sich bei den bisher vorhandenen Moderationsstrategien, die zur Potenzialförderung bzw. –stabilisierung identifiziert wurden, oftmals eher um handlungsleitende Zwecke, wie bspw. der Forderung nach einer Aufrechterhaltung der mathematischen Herausforderung. Boerst et al. (2011) sind diesbezüglich zwar deutlich konkreter geworden, indem sie konkrete Nachfragen und Impulse ausformuliert haben, welche für unterschiedliche Zwecke zielführend eingesetzt werden können, doch haben sie diese nicht explizit im Zusammenhang der Förderung von Lernenden mit mathematischen Potenzialen erprobt. Zu diesem Zeitpunkt lässt sich also lediglich ein noch unspezifisches Werkzeug identifizieren, welches hier als *potenzialstabilisierende Moderation* benannt wird. Dieses gilt es im Rahmen der Analysen der vorliegenden Arbeit deutlich zu spezifizieren.

3.2.4 Zusammenfassung der Spezifizierung des Fortbildungsgegenstands

Was genau macht die Expertise von Lehrkräften aus, die zum in Kapitel 2 vorgestellten partizipativen und dynamischen Potenzialbegriff passt und die zugehörigen unterrichtlichen Ansätze umsetzen können? Die relevanten Kompetenzen einer solchen Expertise zu identifizieren ermöglicht es, zu spezifizieren, was Lehrkräfte in einer Fortbildung zur mathematischen Potenzialförderung lernen sollten. Dazu wurden in diesem Kapitel eine Job-Analyse vorgenommen (Prediger 2019), um aus der Literatur abzuleiten, auf welche didaktischen Werkzeuge, Orientierungen und Kategorien Lehrkräfte für ihre Praktiken zur produktiven Bewältigung

der drei Jobs Potenziale aktivieren, diagnostizieren und fördern idealerweise
zurückgreifen. Die Abschnitte 3.2.1 bis 3.1.3 haben diese zunächst einzeln dargestellt, dabei zeigen sich erhebliche Überschneidungen, weil die Praktiken zu allen
drei Jobs eng zusammenspielen. Abbildung 3.6 zeigt abschließend die Zusammenfassung der einzelnen Spezifizierungen in einem gegenstandspezifischen
Expertisemodell, das gleichsam die Lernlandkarte für den Fortbildungsgegenstand
darstellt. Während alle Werkzeuge und viele Orientierungen aus der Literatur und
dem Unterrichtskonzept abgeleitet werden konnten (Schnell & Prediger 2017),
wurden wichtige Kategorien und eine zentrale Orientierung erst empirisch rekonstruiert und hier als teilweiser Vorgriff dargestellt. Die zugehörigen Analysen
werden in Kapitel 8–9 präsentiert.

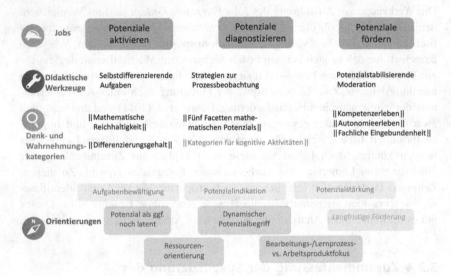

Abb. 3.6 Gegenstandsbezogenes Expertisemodell für mathematische Potenzialförderung in
drei Jobs: Potenziale aktivieren, diagnostizieren und fördern (später empirisch zu spezifizierende Komponenten in grau aufgeführt)

Erkenntnisinteresse und Struktur der Forschungsarbeit 4

Kapitel 2 dieser Arbeit hat gezeigt, dass für die mathematische Potenzialförderung auf Unterrichtsebene substanzielle Vorarbeiten gibt, die nicht nur den partizipativen und dynamischen Potenzialbegriff theoretisch und empirisch fundieren, sondern auch die Prinzipien für eine unterrichtliche Ausgestaltung und ihre möglichen Wirkungen und Hindernisse im Lehr-Lern-Prozess. Kapitel 3 hat eine erste Spezifizierung vorgenommen, was Lehrkräfte lernen müssen, um entsprechende Unterrichtskonzepte umzusetzen. Auf dieser theoretischen Basis lassen sich die weiteren Entwicklungsinteressen und Forschungsfragen formulieren, die die weitere Arbeit leiten. Da die Dissertation als Design-Research-Projekt auf Fortbildungsebene angelegt ist (vgl. Abschnitt 5.1), verfolgt es sowohl Ziele im Hinblick auf die Entwicklung als auch im Hinblick auf die Forschung.

4.1 Entwicklungsinteressen des Dissertationsprojekts

Analog zur Entwicklungsforschung auf Unterrichtsebene (Hußmann et al. 2013) soll in diesem Design-Research-Projekt auf Fortbildungsebene ein gegenstandsspezifisches Fortbildungsdesign entwickelt werden, konkret zum Gegenstand der mathematischen Potenzialförderung. Das theoretisch abgeleitete gegenstandsspezifische Expertisemodell (vgl. Abschnitt 3.2.4) ist dabei Ausgangspunkt und in seiner weiteren Verfeinerung auch Zielprodukt.

Die theoretisch ausgeführte Konzeptualisierung des dynamischen Potenzialbegriffs (vgl. Abschnitt 2.2) sowie die daraus resultierenden Annahmen und Implikationen (vgl. Abschnitt 2.3) ebenso wie die davon abgeleiteten Designprinzipien für die Unterrichtsebene (vgl. Abschnitt 2.4) stellen dabei die theoretischen Grundlagen für den Fortbildungsgegenstand dar. Diese sind sodann

K.-A. Rösike, *Expertise von Lehrkräften zur mathematischen Potenzialförderung*, Dortmunder Beiträge zur Entwicklung und Erforschung des Mathematikunterrichts 47, https://doi.org/10.1007/978-3-658-36077-1_4

in die Entwicklung des gegenstandsspezifischen Expertisemodells eingeflossen. Die Konzeptualisierung professioneller Expertise (vgl. Abschnitt 3.1) und ihre gegenstandsspezifische Ausdifferenzierung (vgl. Abschnitt 3.2) bilden die Grundlage für die Entwicklung einer Fortbildung zur Potenzialförderung. Aufbauend darauf können folgende konkrete Entwicklungsvorhaben formuliert werden:

E1:   Entwicklung einer gegenstandsspezifischen Fortbildung zur Förderung mathematischer Potenziale

Dieses Entwicklungsinteresse lässt sich aufsplitten in zwei Teilbereiche:

E2:   Verfeinerung der Spezifizierung und Strukturierung des Fortbildungsgegenstands, d. h. des gegenstandsspezifischen Expertisemodells zur mathematischen Potenzialförderung und der Bezüge seiner Komponenten zueinander

E3:   Entwicklung gegenstandsspezifischer Designelemente für eine Fortbildung zur mathematischen Potenzialförderung

Die Theoriegrundlage für E2 wurde in Kapitel 3 bereits vorgestellt, die Theoriegrundlage zu E3 wird in Kapitel 6 vorgestellt, nämlich die gegenstandsübergreifenden Designprinzipien für Fortbildungen, für die dann nach gegenstandsbezogenen Realisierungen in Designelementen gesucht wird.

4.2   Forschungsinteresse des Dissertationsprojekts

Im Rahmen der Design-Research sind Forschungs- und Entwicklungsinteressen eng miteinander verknüpft und werden in Zyklen gemeinsam bearbeitet. Für eine empirische Fundierung der vorgenommenen Entwicklungen gilt es im Zuge der vorliegenden Forschungsarbeit, die Expertise von Lehrkräften zur mathematischen Potenzialförderung zu erfassen, diese zu verstehen, auf ihre Entwickelbarkeit zu untersuchen und in Anlehnung an die zugrundeliegende Theorie in differenzierter Weise normative, explanative und ggf. präskriptive Theorieelemente zu generieren (Prediger 2019b).

Während zur potenzialförderlichen Unterrichtsgestaltung hinreichende empirische Befunde vorliegen (vgl. Kapitel 2) ist bislang nicht hinreichend erforscht, was genau die Lehrkräfte dafür wissen und können müssen. In Bezug auf die gegenstandsspezifische Expertise konnten also allgemeine Grundlagen auf theoretischer Basis fundiert werden, die aber in eher generischer, gegenstands-übergreifender Form vorliegen. Am Beispiel des Jobs *Potenziale diagnostizieren* lässt sich dieser Zusammenhang illustrieren: In Bezug auf die Diagnosekompetenz von Lehrkräften gibt es weitreichende Forschung und unterschiedliche Konzeptualisierungen, die für die vorliegende Arbeit ebenfalls herangezogen wurden (vgl. Abschnitt 3.2.2). Doch was genau müssen die Lehrkräfte nun für die Diagnose mathematischer Potenziale wissen und können, was unterscheidet Lehrkräfte mit und ohne hinreichende Expertise? Und wie lässt sich diese weiterentwickeln? Diese Forschungslücke manifestiert sich in den folgenden, den Forschungsprozess leitenden Forschungsfragen:

F1: Welche Diagnose- und Förderpraktiken für mathematische Potenziale sind bei Lehrkräften rekonstruierbar?

F2: Welche Kategorien und Orientierungen erweisen sich für die Weiterentwicklung der Expertise als besonders relevant (Ausdifferenzierung des Expertisemodells)

F3: Wie lassen sich diese Praktiken, Orientierungen und Kategorien durch die Designelemente der Fortbildung weiterentwickeln?

Die enge Verknüpfung von Entwicklungs- und Forschungsinteresse lässt sich auch an den Forschungsfragen erkennen. Der stete gegenseitige Rückbezug von Forschungs- und Entwicklungsarbeit ist Kern der Design-Research (vgl. Abschnitt 5.1) und prägt beide Erkenntnisinteressen bzw. Produkte gleichermaßen. Beide werden zyklisch miteinander entwickelt und profitieren voneinander.

4.3   Gesamtüberblick über die vorliegende Arbeit

Verlauf und Erkenntnisse des Dissertationsprojekts werden im Folgenden nicht streng chronologisch, sondern inhaltlich forschungslogisch strukturiert präsentiert. In Kapitel 5 wird der Forschungsrahmen der Arbeit methodisch und methodologisch dargelegt, bevor in Kapitel 6 bereits Entwicklungsprozess und –produkt ausgeführt werden. Neben der Skizzierung der drei Designexperiment-Zyklen wird hier auch das finale Entwicklungsprodukt, inklusive der gegenstandsübergreifenden sowie –spezifischen Designprinzipien vorgestellt. Kapitel 7 und 8 widmen sich den Forschungsprodukten des Dissertationsprojektes, den Erkenntnissen zur Expertise im Hinblick auf die Diagnosepraktiken der Lehrkräfte (Kapitel 7), sowie der Rekonstruktion der relevantesten Kategorien und Orientierungen für potenzialförderliche Diagnose- und Förderpraktiken (Kapitel 8).

Methodischer Rahmen der Arbeit: Design-Research auf Professionalisierungsebene

5

Die vorliegende Forschungsarbeit ist methodologisch im Forschungsprogramm von Design-Research auf Professionalisierungsebene verortet, das parallel zu diesem Dissertationsprojekt im DZLM (Deutschen Zentrum für Lehrerbildung Mathematik) ausgearbeitet wurde (Prediger, Schnell & Rösike, 2016). Das Forschungsprogramm wird als methodologischer Rahmen im Folgenden kurz skizziert (Abschnitt 5.1), ebenso der Forschungskontext des Projekts DoMath und des DZLM (Abschnitt 5.2), bevor die Methoden der Datenerhebung (Abschnitt 5.3) und Methoden der Datenauswertung (Abschnitt 5.4) vorgestellt werden.

5.1 Methodologischer Rahmen – Design-Research in der gegenstandsspezifischen Professionalisierungsforschung

5.1.1 Design-Research – Von der Unterrichts- und Fortbildungsebene im Drei-Tetraeder-Modell

Design-Research (oft auch Design-based Research oder Entwicklungsforschung) wurde Anfang der 1990er Jahre etabliert (Wittmann 1995; Artigue 1992) und ist auf der Unterrichtsebene ein vielfach verwendetes Forschungsformat (Cobb et al. 2003). Dies gilt sowohl für erziehungswissenschaftliche Forschung (z. B.

Ergänzende Information Die elektronische Version dieses Kapitels enthält Zusatzmaterial, auf das über folgenden Link zugegriffen werden kann https://doi.org/10.1007/978-3-658-36077-1_5.

van den Akker et al. 2006; Plomp und Nieveen 2013) als auch für fachdidaktische Forschung (Gravemeijer und Cobb 2013; Prediger et al. 2015a). Dabei liegt der entscheidende Mehrwert dieses Formats darin, dass theoretische Erkenntnisse sowie praktische Ergebnisse in Form von Lehr-Lern-Formaten gleichzeitig und im stetigen gegenseitigen Austausch erarbeitet werden.

> „Educational design-based research (DBR) can be characterized as research in which the design of educational materials (e.g., computer tools, learning activities, or a professional development program) is a crucial part of the research. That is, the design of learning environments is interwoven with the testing or developing of theory." (Bakker und van Eerde 2015, S. 430).

Design-Research verfolgt also gleichzeitig zwei Ziele:

a) die Entwicklung von Lehr-Lern-Arrangements
b) Untersuchung der Lernprozesse zur Entwicklung lokaler Theorien (Prediger et al. 2015a)

Die Gewichtung zwischen diesen zwei Zielen ist im Einzelnen ebenso wie die aktivierten lehr-lern-theoretischen Hintergründe unterschiedlich (Prediger et al. 2015a; für eine Übersicht siehe Plomp und Nieveen 2013).

Für fachdidaktische Fragestellungen ist Design-Research vor allem in Form der fachdidaktischen Entwicklungsforschung, die bei der Entwicklung von Unterrichtsdesigns gerade auch lokale Theorien zu den einzelnen Lerngegenständen in den Blick nimmt (Gravemeijer und Cobb 2006). Die Dortmunder Forschungsgruppe des Instituts für die Entwicklung und Erforschung des Mathematikunterrichts hat dazu eine gegenstandsspezifische Ausprägung des Design-Research-Programms ausgearbeitet, in der die Spezifizierung und Strukturierung des Lerngegenstands als eigenständiger Arbeitsbereich expliziert wurde (Hußmann et al. 2013; Prediger und Zwetzschler 2013);). Dabei werden unterschiedliche mathematische Gegenstände und die dazugehörigen Lernwege der Schülerinnen und Schüler im Detail beforscht (Prediger et al. 2015a) und entsprechende Lernarrangements für den Unterricht entwickelt, um auch aus der Empirie die Strukturierung des Lerngegenstands weiter auszudifferenzieren. Auch gegenstandsspezifische Lernunterstützungen und gegenstandsunabhängige Methoden lassen sich auf Unterrichtsebene analysieren (wie der Sammelband mit 51 Fallbeispielen von Plomp und Nieveen 2013 zeigt).

Dem Vorschlag von Zawojewski et al. (2008) folgend nutzten Smit und van Eerde (2011) das Design-Research-Forschungsprogramm auch für Professionalisierungsfragen. Dieser Transferprozess, von der Unterrichts- zur Fortbildungsebene wurde auch innerhalb des DZLM systematisch durchlaufen. Das Heben des Forschungsprogramms wird hier als sogenannte *Lifting-Strategie* im Drei-Tetraeder-Modell systematisch verfolgt (Prediger et al. 2017; Prediger et al. 2019c), wie Abb. 5.1 zeigt.

Drei-Tetraeder-Modell der gegenstandsbezogenen Professionalisierungsforschung

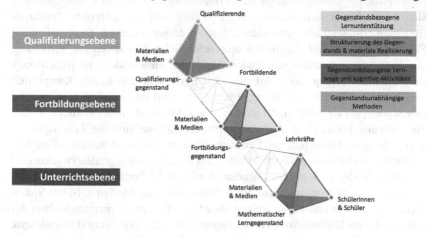

Abb. 5.1 Drei-Tetraeder-Modell der gegenstandsbezogenen Professionalisierungsforschung (Prediger et al. 2017, S. 160)

Was sich auf der Unterrichtsebene im Zusammenspiel von Schülerinnen und Schülern, fachlichem Lerngegenstand, Materialien und Medien und Lehrkräften abspielt, wird im didaktischen Tetraeder gefasst. Strukturell analog lässt sich die Komplexität auf Fortbildungsebene durch einen analogen, gelifteten Tetraeder fassen, bei dem die Lehrkräfte nun die Rolle der Lernenden einnehmen, die Lehrenden auf Fortbildungsebene sind die Fortbildenden. Im Tetraeder auf Fortbildungsebene spielt der Fortbildungsgegenstand sowie die Materialien und Medien ebenfalls eine zentrale Rolle, dabei sind jeweils Aspekte des gesamten Tetraeders auf Unterrichtsebene in den Fortbildungsgegenstand integriert, wie die Abbildung andeutet.

Für ein Lifting des Forschungsprogramms von Design-Research wird die strukturelle Analogie zwischen Unterrichts- und Fortbildungstetraeder genutzt, um auch auf Fortbildungsebene nicht nur die gegenstandsunabhängigen Methoden zu entwickeln und zu beforschen (hintere Fläche der Tetraeder), sondern auch die Entwicklung und Beforschung von gegenstandsspezifischer Lernunterstützung (rechte Fläche), die gegenstandsspezifischen Lernwege (untere Fläche) und ihre Rückschlüsse auf die Strukturierung des Lerngegenstands zu ziehen (linke Fläche des Tetraeders in Abb. 5.1).

Am Beispiel des Gegenstands mathematische Potenzialförderung soll das Denkmuster der Lifting-Strategie kurz erläutert werden: auf der Unterrichtsebene sind die beiden aktiven Akteure die *Lernenden* und die *Lehrkräfte*. Potenzialförderung erfolgt an unterschiedlichen *Unterrichtsgegenständen*. Dazu stehen auf Seiten der *Medien und Materialien* unterschiedliche Ressourcen zur Verfügung, wie bspw. die selbstdifferenzierenden Aufgaben, entscheidend ist jedoch auch die Lernunterstützung, die Lehrkräfte den Lernenden geben. Die Komplexität verschiedener Flächen des Unterrichtstetraeders wird im *Fortbildungsgegenstand* thematisiert, dieser wird in der vorliegenden Arbeit als mathematische Potenzialförderung beschrieben. Auf der Fortbildungsebene sind die *Lehrkräfte* die Lernende, deren Lernstände und Lernwege genauer untersucht werden sollen. Ihre Lehrenden sind sodann die Fortbildenden, im Falle des vorliegenden Projekts sind die Fortbildenden auch die Forschenden. Auch auf der Fortbildungsebene können die Professionalisierungsprozesse durch Materialien und Medien z. B. mit Videovignetten aus dem Unterricht, welche als Materialien zur Weiterentwicklung der professionellen Diagnosekompetenz eingesetzt werden (vgl. Fortbildungsdesign, Abschnitt. 6.2).

Der Zusammenhang zwischen Unterrichts- und Fortbildungsebene ist also zum einen durch die Vergleichbarkeit im ebenenspezifischen Tetraeder (Analogien der Eckpunkte) gegeben, welche insbesondere durch die Lifting-Strategie noch einmal bestärkt wird, als auch durch die Schachtelung von Aspekten des Unterrichtstetraeders im Fortbildungsgegenstand. Wie diese Komplexitäten mithilfe von Design-Research auf Professionalisierungsebene entwickelt und beforscht werden, wird in den folgenden Abschnitten genauer erläutert.

5.1.2 Design-Research in der gegenstandsspezifischen Professionalisierungsforschung

Nach dem Modell der fachdidaktischen Entwicklungsforschung von Prediger et al. (2012) durchläuft Design-Research in mehreren Designexperiment-Zyklen jeweils vier Arbeitsbereiche und erzeugt dabei sowohl Entwicklungs- als auch Forschungsprodukte (vgl. Abb. 5.2). Durch ein Lifting von der Unterrichts- auf die Fortbildungsebene ergeben sich die vier folgenden Arbeitsbereiche (Prediger et al. 2016) auf der Fortbildungsebene:

- Fortbildungsgegenstände spezifizieren und strukturieren
- Fortbildungs-Design (weiter-) entwickeln
- Designexperimente durchführen und analysieren
- Beiträge zu lokalen Theorien (weiter-) entwickeln

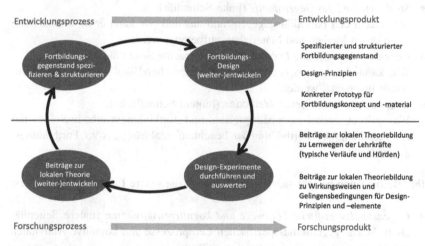

Abb. 5.2 Design-Research für Lehrkräfte mit gegenstandsspezifischem Fokus auf Professionalisierungsprozesse (Prediger et al. 2016)

Zu Beginn des Design-Research-Prozesses wird ein Fortbildungsgegenstand auf Grundlage des derzeitigen Forschungsstands strukturiert (und spezifiziert). Ebenso wird ein dazugehöriges Fortbildungsdesign für die erste Erprobung entwickelt. Nach der Durchführung der Designexperimente werden diese analysiert und erste Erkenntnisse für Beiträge zur lokalen Theoriebildung generiert. Die Strukturierung und Spezifizierung des Fortbildungsgegenstands ist – genau wie die anderen drei Aufgabengebiete des Forschungszyklus – in iterativer Form auszuführen: Durch jeden Durchlauf des gesamten Zyklus ergeben sich neue

Erkenntnisse und lokale Theorien werden weiterentwickelt, wodurch eine vertieftere Spezifizierung und Strukturierung des Fortbildungsgegenstands sowie eine Weiterentwicklung des Fortbildungsdesigns möglich werden.

Der Fortbildungsgegenstand umfasst, wie in Abschnitt 5.1.1 erläutert, Aspekte des gesamten Tetraeders der thematisch zugeordneten Unterrichtsebene. Welche Aspekte wie relevant und in Beziehung gesetzt werden, muss fortbildungsdidaktisch strukturiert und im Fortbildungsdesign durch entsprechende Aktivitäten, Materialien usw. umgesetzt werden. Darüber hinaus müssen auch fortbildungsmethodische Aspekte Berücksichtigung finden. Die Gestaltung des Fortbildungsdesigns umfasst drei Flächen des Tetraeders (Prediger et al. 2017):

- *Strukturierung des Gegenstands* (linke Seitenfläche):
  Was macht den Fortbildungsgegenstand aus und wie kann er in strukturierter Form durch Medien und Materialien aufbereitet werden?
- *Gegenstandsspezifische Lernunterstützung* (rechte Seitenfläche):
  Wie kann das Lernen der Lehrkräfte entsprechend des Fortbildungsgegenstands unterstützt werden?
- *Gegenstandsübergreifende Methoden* (hintere Seitenfläche):
  Was gilt es erwachsenenpädagogisch und fortbildungsmethodisch bei der Ausgestaltung der Fortbildung zu beachten, unabhängig vom Fortbildungsgegenstand?

Ihre Beforschung bezieht sich dann zentral auf die untere Fläche des Tetraeders:

- *Gegenstandsspezifische Lernwege und kognitive Aktivitäten* (untere Seitenfläche): Welche gegenstandsspezifischen Lernprozesse und kognitive Aktivitäten wurde angeregt, wie sind sie zu unterstützen?

Durch die Aufschlüsselung der unterschiedlichen Dimensionen des Fortbildungsdesigns wird deutlich, dass die differenzierte Kenntnis des Gegenstands, mit anderen Worten des Tetraeders auf Unterrichtsebene grundlegend ist. Es sind aber auch und vor allem die daraus resultierenden fortbildungsdidaktischen und fortbildungsmethodischen Überlegungen und Respezifizierungen, die für die (Weiter-) entwicklung des Designs der Fortbildung maßgeblich sind. Dabei sind drei übergeordnete Fragen zu beantworten (vgl. Abschnitt 3.1.2, Prediger und Rösike 2019, 147 f.; Prediger 2018, 11 f.):

(1) *Spezifizierung des Fortbildungsgegenstands*
Erkenntnisse zur Ausgestaltung des spezifischen Gegenstands auf Unterrichtsebene (Stoffdidaktische, fachliche und fachdidaktische Erkenntnisse
etc.)
(2) *Was müssen die Lehrkräfte dafür lernen?*
Fortbildungsdidaktische Erkenntnisse zu gegenstandsbezogenen Professiona-
lisierungsprozessen der Lehrerinnen und Lehrer
(3) *Wie muss die Fortbildung dafür gestaltet werden?*

Alle drei Fragen werden iterativ in den unterschiedlichen Designexperiment-
Zyklen bearbeitet, dabei stehen in der gegenstandsspezifischen Ausprägung des
Forschungsprogramms die erste und zweite Frage im Vordergrund. Im Folgenden
wird erläutert, wie das Forschungsprogramm für das Projekt DoMath umgesetzt
wurde.

5.2   Forschungskontext des Dissertationsprojekts

Die vorliegende Arbeit ist entstanden im Forschungskontext des DZLM,
des Deutschen Zentrums für Lehrerbildung Mathematik. Das DZLM ist ein
Netzwerk-Projekt von acht Universitäten, das seit 2011 zusammenarbeitet und
ab 2021 am Leibniz-Institut IPN – Institut für Pädagogik der Naturwissenschaften angesiedelt ist (Biehler et al. 2018). Es entwickelt und beforscht
fachbezogene Transfer-Prozesse auf allen drei Ebenen, Unterrichts-, Fortbildungs-
und Qualifizierungsebene. Sowohl das Drei-Tetraeder-Modell (Prediger et al.
2017, Prediger et al. 2019) als auch das Lifting des gegenstandsspezifischen
Design-Research-Ansatzes auf die Fortbildungsebene sind im Forschungstext des
DZLM entstanden. Im Rahmen des DZLM-Forschungsprogramms der gegenstandsbezogenen Professionalisierungsforschung im Drei-Tetraeder-Modell ist die
Beforschung des Fortbildungsgegenstands Potenzialförderung einer von mehreren Gegenstandsbereichen, andere Projekte beziehen sich zum Beispiel auf die
Fortbildungsgegenstände Sprachbildung im Mathematikunterricht (Prediger 2019)
oder Inklusiver Mathematikunterricht (Prediger und Buró 2020).

Konkret wurde das Dissertationsprojekt erstellt und finanziert im Rahmen
des Design-Research-Projekts *„DoMath – Dortmunder Schulprojekte zum Heben
mathematischer Interessen und Potenziale"*, das 2014 bis 2020 am Institut für
die Entwicklung und Erforschung der TU Dortmund durchgeführt wurde auf
Unterrichts- und Fortbildungsebene. Auf Unterrichtsebene wurden Konzepte zur

mathematischen Potenzialförderung entwickelt und beforscht (Prediger & Schnell 2017), die in Abschnitt 2.4 bereits vorgestellt wurden.

Auf Fortbildungsebene beforschte *DoMath* in drei Designexperiment-Zyklen die Professionalisierungsbedarfe, -angebote und -wege der Lehrkräfte, und zwar in Kooperation mit Susanne Prediger und Susanne Schnell (erste Publikationen sind dokumentiert in Rösike 2016a, Prediger et al. 2016, Rösike und Schnell 2017; Prediger und Rösike 2019).

Die Fortbildungsebene von *DoMath* ist auch der Gegenstand dieser Dissertation, die die gemeinsamen Forschungsarbeiten aus dem 1. und 2. Zyklus aufgegriffen, um den 3. Zyklus erweitert und alle Analysen und Theoriebildungen vertieft. Das finale Entwicklungsprodukt ist ein Fortbildungsmodul zur mathematischen Potenzialförderung, das als Open Educational Resources über die Plattform des DZLM für alle Fortbildenden zugänglich ist.

5.3 Methoden der Datenerhebung in drei Designexperiment-Zyklen

Sample und Überblick zur Datenerhebung
Das Design-Research-Projekt *DoMath* umfasst auf der Fortbildungsebene drei Designexperiment-Zyklen, in denen jeweils eine Fortbildungsreihe zur mathematischen Potenzialförderung entwickelt, erprobt und qualitativ beforscht wurde (vgl. Abb. 5.3), in den ersten zwei Zyklen als langfristige Reihe, im dritten als zweiteilige Fortbildungsreihe. Die Sample der drei Zyklen bestehen jeweils aus interessierten Mathematik-Lehrkräften der Sekundarstufe, die dem Auftrag zur Teilnahme freiwillig folgten. Die Lehrkräfte aus Zyklus 1 und 2 stammten dabei aus dem Ruhrgebiet. Da die Lehrkräfte im dritten Zyklus aus 6 verschiedenen Bundesländer kamen, wurden die Fortbildungssitzungen in diesem Zyklus auf zwei Tage konzentriert.

Tabelle 5.1 zeigt die drei Zyklen und ihre Rahmenbedingungen im Überblick, zur Organisation der Fortbildungsreihe, den Teilnehmenden und den erhobenen Daten.

Zwischen den drei Designexperiment-Zyklen und auch zwischen den Fortbildungssitzungen einer Fortbildungsreihe wurde das Fortbildungsdesign stetig überarbeitet. Aus der empirischen Beforschung wurden Erkenntnisse zur weiteren Spezifizierung und Strukturierung des Fortbildungsgegenstandes vorgenommen, mit denen auch die Designprinzipien gegenstandsspezifisch ausgeschärft werden konnten.

Tabelle 5.1 Übersicht zu den drei Designexperiment-Zyklen

Design experiment-Zyklus 1	Arbeits-schwerpunkte	• Identifikation von Ressourcen und Hürden in den Diagnose- und Förderpraktiken der Lehrkräfte zu mathematischen Potenzialen • Ausdifferenzierung des Fortbildungsgegenstands • Erprobung eines ersten Fortbildungsdesigns
	Organisation der Fortbildungsreihe	6 Sitzungen à 3 Stunden, verteilt über 12 Monate mit 4 Unterrichtserprobungsreihen der Teilnehmenden
	Teilnehmende	5 Mathematik-Lehrkräfte der Sekundarstufe, ausschließlich von Gymnasien
	Datenkorpus	ca. 900 Minuten videographierte Fortbildungssitzungen ca. 1275 Minuten videographierte Unterrichtserprobungen
Design-experiment-Zyklus 2	Arbeits-schwerpunkte	• Weiterentwicklung des Fortbildungsdesigns inkl. Erprobung neuer Designelemente • Untersuchung der Wirkung neu eingeführter Designelemente • weitere Strukturierung des Fortbildungsgegenstands
	Organisation der Fortbildungsreihe	8 Sitzungen à 3 Stunden, verteilt über 18 Monate mit 7 Unterrichtserprobungsreihen der Teilnehmenden
	Teilnehmende	20 Mathematik-Lehrkräfte der Sekundarstufe, 8 von Gesamtschulen und 12 von Gymnasien
	Datenkorpus	ca. 1440 Minuten videographierte Fortbildungssitzungen ca. 1470 Minuten videographierte Unterrichtserprobungen 8 selbstreflexive Essays

(Fortsetzung)

Tabelle 5.1 (Fortsetzung)

Design-experiment-Zyklus 3	Arbeits-schwerpunkte	• Erprobung des finalen Fortbildungsdesigns • Vertiefung der herausgearbeiteten Theoriebeiträge • finale Strukturierung des Fortbildungsgegenstands
	Organisation der Fortbildungsreihe	2 Doppel-Sitzungen an jeweils zwei Tagen à 10 Stunden, mit 4 Monaten Distanzphase mit einer Unterrichtserprobungsreihe der Teilnehmenden
	Teilnehmende	30 Mathematik-Lehrkräfte der Sekundarstufe, unterschiedlicher Schulformen (Haupt-, Real, Gesamt-, und Sekundarschule, ebenso wie Gymnasien)
	Datenkorpus	ca. 1200 Minuten videographierte Fortbildungssitzungen ca. 720 Minuten videographierte Unterrichtserprobungen 30 Kurzfragebögen

Datenkorpus 1: Videographien von Fortbildungssituationen

Die Methoden der Datenerhebung wurden entsprechend der für das Erkenntnisinteresse (vgl. Kapitel 4) benötigten Daten gewählt. Im Fokus stand die empirische Erhebung der Lernstände, Lernprozesse und Wirkungen von Designelementen, also die Erfassung, welche Diagnose- und Förderpraktiken Lehrkräfte bereits aktivieren und welche Orientierungen und Kategorien sie dazu nutzen, und wie sich diese Praktiken durch Elemente im Fortbildungsdesign beeinflussen lassen. Da sich Diagnosepraktiken im realen Unterrichtsgeschehen kaum erfassen lassen, ist die zentrale Datenquelle dieser Arbeit die Videographie der Fortbildungssitzungen selbst, die als Designexperimente auf Fortbildungsebene aufgefasst werden (Gravemeijer und Cobb 2013).

Die Präsenztermine der Fortbildungen wurden zu diesem Zweck vollständig videografisch dokumentiert, der besondere Fokus lag auf den Fortbildungsaktivitäten, die Diagnose- und Förderpraktiken initiierten, wenn z. B. anhand von Videovignetten gemeinsam diagnostiziert und mögliche Förderansätze diskutiert wurden. Die Kameras haben dabei immer die gesamte Gruppe von Lehrkräften aufgezeichnet; zusätzlich wurden in Gruppenarbeitsphasen Audioaufzeichnungen der Kleingruppen getätigt, um in den ausführlicheren Diskussionen auch Kategorien und Orientierungen rekonstruieren zu können. Das Videodatenkorpus aus den Fortbildungssitzungen umfasst insgesamt 3540 Minuten Material, d. h. 59 Stunden.

Datenkorpus 2: Videographien von Unterrichtserprobungen zur Erstellung der Videovignetten
Zusätzlich zu den Videographien der Fortbildungssitzungen wurden einige Lehrkräfte (auf freiwilliger Basis) bei der Umsetzung der Unterrichtserprobungen videographisch begleitet.

Die Unterrichtsvideographien dienten vor allem dazu, Bearbeitungsprozesse von Schülerinnen und Schülern zu dokumentieren und aus diesen Videos Videovignetten für die fallbezogenen Fortbildungsaktivitäten herzustellen (vgl. Abschnitt 6.1.2). In Abstimmung mit den aufgezeichneten Lehrkräften konnte dabei auch vereinzelt die Interaktion der Lehrkräfte im Rahmen der Fortbildung gezeigt werden. Dies diente ausschließlich als Grundlage für den Austausch über potenzialförderliche Moderation von Lernprozessen, nicht aber zur Darstellung unproduktiver Förderungen. Das Gesprächsklima im Rahmen der entsprechenden Diskussionen in den Fortbildungen wurde stets kollegial und konstruktiv gestaltet, sodass die videographierten Kolleginnen und Kollegen stets ein sicheres Gefühl hatten (Sherin und Dyer 2017 zur Videofallarbeit mit Videos aus dem eigenen Unterricht).

Die videographierten Interaktionen ermöglichten außerdem, einige Einblicke in realisierte statt nur hypothetisch diskutierte Förderpraktiken zu erhalten. Diese wurden im Rahmen der Überarbeitungen des Fortbildungsdesigns genutzt (Prediger et al. 2016), sie wurden jedoch im Rahmen dieser Dissertation nicht systematisch ausgewertet.

Datenkorpus 3: Selbstreflexive Essays
Neben den videografischen Aufzeichnungen von Fortbildungs- und Unterrichtsgeschehen wurden die Lehrkräfte zum Abschluss von Zyklus 2 außerdem gebeten, selbstreflexive Essays anzufertigen. Diese dienten einerseits der Reflexionsanregung (vgl. Darstellung des Designprinzips in Abschnitt 6.1.6). Andererseits dienten sie als Forschungsinstrument dazu, den individuell eingeschätzten Lernfortschritt, die Gewichtung der erlernten Inhalte, sowie die Intention zur Umsetzung dieser im zukünftigen Unterricht zu erfassen. Die Fragen sind in Abb. 5.3 abgedruckt.

Fragen des selbstreflexiven Essays

1. Was war das wichtigste, was Du in der Fortbildung gelernt hast?

2. Im allerersten Projekttreffen haben wir Dich gebeten, Deine persönliche Definition vom Potenzialbegriff zu formulieren. [Einbettung der zu Anfang aufgeschriebenen Definition]. Was wäre dir daran immer noch wichtig, und was nicht?

3. Was würdest du heute ergänzen?

4. Was war für dich der wichtigste Lerninhalt in Bezug auf den Fortbildungsbaustein „Moderation"?

5. Was hast du für Dich in Bezug auf die Diagnose von mathematischen Potenzialen mitgenommen?

6. Inwiefern hast du im Laufe der Fortbildung versucht, die Ansätze zur Aufgabenkonstruktion, Diagnose und Moderation gezielt in Deinem Unterrichtsalltag umzusetzen? Was daran genau?

7. Was hast Du aus den gemeinsamen Diskussionen der Unterrichtsvideos für Deine Unterrichtspraxis mitgenommen?

8. Was aus der gemeinsamen Diskussion zur Moderation?

Abb. 5.3 Fragen des selbstreflexiven Essays

Besonders aussagekräftig war dabei, dass die Lehrkräfte ihre zu Beginn aufgestellten individuellen Definitionen mathematischer Potenziale noch einmal diskutieren und ggf. anpassen sollten. Dabei zeigten sich deutlich die individuellen Konzeptionen bzw. die Veränderungen dieser (vgl. Abschnitt 7.1).

Für Zyklus 3 wurde das selbstreflexive Essay in deutlich kürzerer und weniger umfangreicher Form angepasst. In Form von Kurzfragebögen wurden die Lehrkräfte zum Abschluss des ersten Präsenztreffens gebeten, ihre Erkenntnisse selbstreferentiell zu dokumentieren, als auch Vorhaben für die Distanzphase (und darüber hinaus) zu formulieren (vgl. Tabelle 5.2). Zu Beginn des zweiten Präsenztreffens wurde dieses Desiderat noch einmal aufgegriffen und durch eine Einstiegsreflexion in die Präsenzphase integriert (vgl. ebd.). Diese Verknüpfung von Präsenz- und Distanzphasen in Form der expliziten Selbstreflexion (vgl. Abschnitt 6.1.6) intendiert die Förderung des nachhaltigen Lernens der Lehrkräfte, insbesondere durch die bewusste Auseinandersetzung mit dem eigenen Lernprozess (Höveler et al. 2017). Durch die Kurzfragebögen, ebenso wie durch die zuvor genutzten selbstreflexiven Essays, konnte also sowohl ein fortbildungsdidaktisch fundiertes Designelement als auch eine Erhebungsmethode für die Beforschung kombiniert und in zweierlei Perspektive eingesetzt und genutzt werden.

Die Auswertung der unterschiedlichen Datenarten wird im folgenden Abschnitt dargelegt.

Tabelle 5.2 Reflexionsfragen im Rahmen der Fortbildung zur Potenzialförderung (Zyklus 3)

Reflexionsfragen zum Abschluss des ersten Präsenztreffens	Reflexionsfragen zu Beginn des zweiten Präsenztreffens
• Was habe ich in den vergangenen zwei Tagen gelernt?	• Was ist in der Distanzphase geschehen? Was konnte ich umsetzen?
• Welche Erkenntnisse möchte ich in meinen Arbeitsalltag einbringen? Was möchte ich konkret ausprobieren?	• Welche Inhalte möchte ich in den kommenden zwei Tagen noch einmal aufgreifen?

5.4 Methoden der Datenauswertung

Die unterschiedlichen Datenarten, die über die verschiedenen Designexperiment-Zyklen erhoben wurden, sind in unterschiedlicher Weise in die empirische Beforschung der Lernstände und Lernwege der Lehrkräfte eingeflossen. Die videographierten Unterrichtsversuche dienten vorrangig als Pool für die Video-vignetten der Fortbildung und eher informellen Analysen zu den Fortbildungs-bedarfen im Vorfeld der Dissertation (vgl. Prediger et al. 2016), sie werden in dieser Arbeit nicht expliziert.

Der Empirieteil dieser Arbeit fokussiert auf zwei Datenarten, die Fortbildungs-videographien (Abschnitt 5.4.1) und selbstreflexive Essays (Abschnitt 5.4.2), deren Auswertung hier erläutert wird.

5.4.1 Methoden der Auswertung der Fortbildungsvideographien

Die Videographien aus den Fortbildungssitzungen wurden in vier Schritten ausgewählt, transkribiert und qualitativ analysiert:

1. Auswahl informativer Videoausschnitte aus Fortbildungsaktivitäten
Aus den insgesamt 3540 Minuten videographierten Fortbildungssitzungen wurden zur vertieften Analyse jeweils diejenigen Fortbildungsaktivitäten ausgewählt,

die informative Einblicke in die Diagnosepraktiken und simulierten Förderpraktiken der Lehrkräfte gaben (vgl. Abschnitt 6.1 zur Relevanz der simulierten Praktiken im Fortbildungsdesign). Diese bezogen sich oft auf gemeinsame Diskussionen von Videovignetten aus Unterrichtsversuchen von Projektlehrkräften (des gleichen oder vorangehenden Zyklus). Die Videovignetten, welche diesen Diskussionen zugrunde lagen, wurden im Anhang übersichtlich zusammengestellt. Insgesamt umfasst das analysierte Videodatenkorpus der vertieften Analyse dieser Dissertation ca. 1700 Minuten Videomaterial.

Diese und viele weitere Videoausschnitte wurden vollständig transkribiert dabei wurden die Klarnamen der Lehrkräfte und Lernenden anonymisiert.

2. Basisanalyse der Kategorien nach Vergnaud
Zur Auswertung der Transkripte wurde zunächst eine Basisanalyse durchgeführt, um aus den beobachtbaren Diagnose- und Förderpraktiken die zugrundeliegenden Kategorien qualitativ zu rekonstruieren. Dazu wurde ein Analyseverfahren verwendet, das Glade und Prediger (2017) in Anlehnung an Vergnauds (1996, 2009) Theorie der konzeptuellen Felder und sein Konstrukt der Konzepte-in-Aktion entwickelt haben, und Prediger (2019b) auf die Professionalisierungsforschung geliftet hat.

Vergnaud (2009) beschreibt Lernprozesse als Adaption wiederkehrender Schemata auf unterschiedliche Situationen. Dabei definiert er ein Schema wie folgt: „[...] the sequential organization of activity for a certain situation is the primitive and prototypical reference for the concept of scheme" (Vergnaud 2009, S. 84). Er führt weiterhin aus führt aus, dass diese Aktivitäten auch auf Praktiken von Lehrkräften bezogen werden können (Vergnaud 1998). Innerhalb dieser Praktiken offenbaren sich die für den Handelnden im Verlauf des Lernprozesses (noch) impliziten Wissenselemente, die zur Strukturierung der eigenen Aktivität genutzt werden, die Konzepte-in-Aktion (Vergnaud 2009, S. 85), die er wie folgt definiert: "categories ... that enable the subject to cut the world into distinct ... aspects and pick up the most adequate selection of information" (Vergnaud 1996, S. 219). Prediger (2019a) zeigt die Parallelität zum Expertisemodell auf und nutzt Vergnauds Konstrukte als theoretische und methodologische Absicherung der Rekonstruktion von Denk- und Wahrnehmungskategorien aus sichtbaren Handlungen. Ein weiteres strukturgebendes Element in Vergnauds (1996) Theorie der konzeptuellen Felder sind die Theoreme-in-Aktion. Diese sind Wahr-oder-Falsch-Annahmen, die den Aktivitäten zugrunde liegen (vgl. ebd., 88 f.).

Im ersten Analyseschritt wurden sowohl die von den Lehrkräften aktivierten Konzepte-in-Aktion rekonstruiert, als auch die zugrundeliegenden Theoreme-in-Aktion. Dazu wurde eine kleinere Datenmenge explorativ untersucht. Die Transkripte der Fortbildungsvideographien wurden dabei nicht bzgl. der individuellen Entwicklungen einzelner Lehrkräfte untersucht, um individuelle Profile zu erstellen, denn dazu sind die Äußerungen aufgrund ihrer interaktiven Ko-Konstruiertheit nicht aussagekräftig genug. Stattdessen werden wiederkehrende Muster in den Praktiken und zugrundeliegende Konzepte- und Theoreme-in-Aktion durch interindividuellen Vergleich rekonstruiert, aber nicht einzelnen Lehrkräften allein zugeschrieben.

3. Konsolidierung in Kategorien und Orientierungen
In einem zweiten Schritt folgte eine Konsolidierung der zunächst stark datengeleitet formulierten Konzepte- und Theoreme-in-Aktion durch gezielte Kontrastierung und eine Überprüfung durch Anwendung auf eine breitere Datenmenge als erster Schritt der Theoriebildung (Beck und Maier 1994; Maier und Beck 2001).

In einem induktiven Prozess wurden in systematischer Kontrastierung ähnlich genutzte Konzepte-in-Aktion verschiedener Fundstellen auch einheitlich benannt. Sie inventarisieren so die typischen gegenstandsbezogenen *Denk- und Wahrnehmungskategorien* der Lehrkräfte, die die Diagnose- und Förderpraktiken implizit und explizit leiten. Die konkret rekonstruierten Kategorien wurden in Anlehnung an Prediger (2019a) im Weiteren stets mit Doppelstrichen markiert, z. B. ‖kognitive Facette von Potenzial‖. Sie wurden genauer beschrieben und ihre Beschreibungskraft an einer größeren Datenmenge überprüft.

Während das Konstrukt der Konzepte-in-Aktion weitestgehend die von den Lehrkräften genutzten Kategorien erfassen konnte, zeigte dieser Prozess einer ersten Theoriebildung jedoch, dass die Theoreme-in-Aktion noch nicht vollständig als Instrument zur Rekonstruktion der zugrundeliegenden Annahmen ausreichten bzw. handhabbar waren. Auch wenn Vergnaud (2009) den impliziten Charakter dieser Annahmen betont, zeigte sich die Formulierung in Wahr-oder-Falsch-Aussagen als nicht adäquat. Die identifizierten Theoreme-in-Aktion wurden daher im Expertisemodell rekonzeptualisiert als Orientierungen (Orientierungen nachfolgend nach Prediger in Klammern <…> notiert). Stärker als in Vergnauds (1996, 2009) Konstrukt der Theoreme-in-Aktion werden bei den Orientierungen auch affektive Aspekte (Beliefs oder Haltungen) berücksichtigt (Schoenfeld 2010). Ebenso wie die Theoreme-in-Aktion sind sie jedoch nicht immer explizit abrufbar, sondern können auch implizit Einfluss auf das Denken, Wahrnehmen und Handeln haben. So kann zum Beispiel die Orientierung <Potenziale als statisch>, zwar individuell für wahr gehalten werden, dennoch wird sie nicht in propositionaler Struktur notiert (für eine ausführlichere Darlegung der Konstrukte siehe Abschnitt 3.1.2).

Die Konsolidierung innerhalb des gegenstandsbezogenen Expertisemodells ermöglicht auch, die rekonstruierten Denk- und Wahrnehmungskategorien und Orientierungen mit den damit bewältigten Jobs und genutzten didaktischen Werkzeugen in Verbindung zu bringen (Prediger und Buró 2020) (vgl. Abschnitt 3.1.3).

Ein Beispiel für die Analyse eines Transkriptauszugs mit den Analysekonstrukten des Expertisemodells wird im Folgenden abgedruckt:

Transkript Z3_P1, VV5, Ute 103	**‖Denk- und Wahrnehmungs-kategorien‖**
Gruppendiskussion; Diagnose der Facetten mathematischer Potenziale, die im Bearbeitungsprozess der Lernenden zur Zahlenmauer bei Brüchen zu Tage treten Konkrete Fragestellung: Welche Lernenden zeigen welche Facetten mathematischer Potenziale?	**\<Orientierungen\>**

103 a	Ute	Also, bei Erik fand ich das mit dem Kognitiven ganz offensichtlich an dieser Stelle, weil er begründet, weil alles auf 12 geht. Also er denkt da einfach mehr.	*‖kognitiven Facette‖*
b			*‖Begründen als kognitive Aktivität‖*
c		Der Frank rät dann einfach mal ein Viertel, ein Achtel, ein Halb.	
d			
e		Das fällt ihm halt grad so ein. Das sind halt die Brüche.	*‖Vermuten als kognitive Aktivität‖*
		Ähm und der Erik, der hat da 'nen Grund warum er da eins austauschen will. Während der Frank dann ja sagt, ah dann können wir auch alles tauschen.	
f			\<Prozessfokus\>
		Also das ist dann so *[Pause 3 sec]* wahrscheinlich nicht ganz verstanden warum der Erik unbedingt diesen einen Bruch ausgetauscht haben möchte.	

Das Transkript zeigt, wie die Lehrerin Ute aus dem dritten Fortbildungszyklus (Z3) in der ersten Präsenzsitzung (P3) an der Videovignette 5 (VV5, siehe Übersicht aller genutzten Videovignetten im Anhang) diagnostiziert.

Die Analysespalte neben dem Transkript führt die rekonstruierten Denk- und Wahrnehmungskategorien auf, die oft auf die ‖5 Facetten mathematischer Potenziale‖ und die ‖kognitiven Aktivitäten in Explorationsprozessen‖ (nach Schelldorfer 2007) Bezug nehmen. Bei Ute lässt sich die ‖kognitive Facette mathematischer Potenziale‖ feststellen, weil sie diese sogar explizit in Zeile 103a benennt („das Kognitive"). Welche Denk- und Wahrnehmungskategorien durch die Äußerungen der Lehrkräfte rekonstruiert werden, lässt sich im dargestellten Beispiel an explizit geäußerten Bezügen festmachen. Aber auch weniger wörtliche Äußerungen lassen Rückschlüsse auf die genutzten Denk- und Wahrnehmungskategorien zu. Hätte Ute etwa in Zeile 103b statt „[…] weil er begründet […]" gesagt: „Erik gibt folgendes Argument an", könnte auch dies zur Rekonstruktion der Denk- und Wahrnehmungskategorie ‖Begründen als kognitive Aktivität‖ führen.

Die Orientierungen sind in den Wortbeiträgen der Lehrkräfte meist deutlich weniger explizit zu erkennen. Im Fall von Utes Diagnose wurde der <Prozessfokus> als Orientierungen rekonstruiert. Dies lässt sich weniger an einzelnen Worten oder Sätzen belegen, sondern vielmehr an der Ganzheit ihrer Diagnose. Sie bezieht sich nicht auf das Produkt der Bearbeitung der Lernenden, also das richtige oder falsche Ergebnis, sondern nimmt den gesamten Bearbeitungsprozess im Hinblick auf dessen Verlauf in den Blick. Dadurch kann sie überhaupt erst die unterschiedlichen kognitiven Aktivitäten der Lernenden unterscheiden und sie sukzessive diagnostizieren. Ihr <Prozessfokus> ist also nicht durch einzelne Bemerkungen, sondern durch die Gesamtheit ihrer Diagnose zu rekonstruieren.

So konnten in den Analysen die adressierten und somit relevant gesetzten Denk- und Wahrnehmungskategorien identifiziert werden. Gleichzeitig zeigten sich die Orientierungen als Analysekategorie als sehr fruchtbar. Durch sie konnten affektive und wertende Grundlagen für Diagnosen und Förderungen rekonstruiert werden.

Darüber hinaus konnten erste Vermutungen formuliert werden, welche Zusammenhänge zwischen Orientierungen und Denk- und Wahrnehmungskategorien produktiv schienen (siehe dazu im letzten Schritt, 5. Rekonstruktion der Praktiken).

4. Zuspitzung der Analyseergebnisse auf drei Leitkategorien
Die Rekonstruktion der Orientierungen und Denk- und Wahrnehmungskategorien ergab eine Fülle von detaillierten Katalogen, mit denen sich die Diagnose- und Förderpraktiken der Lehrkräfte charakterisieren lassen. Durch Vergleich von Fällen (als Fall wurden Äußerungen, nicht Lehrkräfte behandelt, s. o.) konnten diese im finalen Schritt der induktiven Datenanalyse als Typenbildung über die Praktiken strukturiert und zugespitzt werden. Diese Praktiken lassen sich über drei zentrale Denk- und Wahrnehmungskategorien charakterisieren, die auch den Zusammenhang von Diagnose- und Förderpraktiken leiten, in Analogie zum Vorgehen bei Prediger & Buró (2020) werden sie *Leitkategorie* genannt und bilden

das zentrale theoriebildende Analyseergebnis. Die drei rekonstruierten Leitkategorien lenken die Wahrnehmung der Lehrkräfte und prägen die Diagnose- und Förderpraktiken in je typischer Weise (siehe dazu auch Kapitel 8).

Insgesamt lassen sich also die Lernstände und Lernwege der Lehrkräfte-Gruppen über die typischen Praktiken fassen, mit denen sie die Jobs Potenziale diagnostizieren und Potenziale fördern bewältigen. Praktiken werden dabei methodologisch als wiederkehrende Schemata zur Organisation von Aktivitäten im Umgang mit wiederkehrenden situativen Anforderungen (Jobs) im Sinne von Vergnaud (1996, 1998, 2009) gefasst und bzgl. der ihnen zugrundeliegenden wiederkehrend auftretenden Mustern genutzter Denk- und Wahrnehmungskategorien, Orientierungen so charakterisiert und typisiert, dass sich drei Typen von Diagnose- und Förderpraktiken zusammenfassen und durch drei Leitkategorien (ähnlich zu Prediger & Buró 2020) erklären lassen. Diese werden in den empirischen Kapiteln 7 und 8 vorgestellt.

5.4.2 Methoden der Auswertung der selbstreflexiven Essays

Die Schriftprodukte der Lehrkräfte dienten in erster Linie zur differenzierten Analyse des Lernerfolgs der Lehrkräfte (Kauffeld et al. 2008; Lipowsky und Rzejak 2012) im Hinblick auf die Entwicklung ihrer Konzeptualisierung mathematischer Potenziale (vgl. Kapitel 7 und 8).

Bei den Analysen wurde zunächst kategoriengeleitet vorgegangen; in einem späteren Schritt haben sich durch das zyklische Vorgehen auch weitere Kategorien entwickelt, die sodann ins Analyseinstrument mit aufgenommen wurde (vgl. bspw. Mayring und Fenzl 2019). Die durch die theoretischen Hintergründe als auch durch die empirischen Analysen rekonstruierten und konsolidierten Denk- und Wahrnehmungskategorien im Hinblick auf die Diagnose mathematischer Potenziale stellten die Grundlage für die kategoriengeleiteten Analysen der schriftlichen, selbstreflexiven Essays dar. Insbesondere die ‖5 Facetten mathematischer Potenziale‖, sowie die ‖kognitiven Aktivitäten‖ des Kategorienangebots zum Beschreiben der kognitiven Aktivitäten in Explorationsprozessen (Schelldorfer 2007) stellten hier die Kategorien des Analyseprozesses dar.

Bevor die Ergebnisse der empirischen Analysen vorgestellt werden und damit die zentralen Forschungsprodukte, wird in Kapitel 6 das Entwicklungsprodukt der Arbeit und seine fortbildungsmethodischen Grundlagen vorgestellt.

Entwicklungsprozess und -produkt der Arbeit: Fortbildungsdesign zur Potenzialförderung

6

Design-Research-Projekte zielen stets auf Entwicklungs- und Forschungsprodukte (vgl. Abb. 5.2). Zu den Entwicklungsprodukten gehört (1) der spezifizierte und strukturierte Fortbildungsgegenstand, (2) die konkretisierten Design-Prinzipien und (3) der konkrete Prototyp für Fortbildungskonzept und -material. Während (1) der spezifizierte und strukturierte Fortbildungsgegenstand in Kapitel 2 und 3 theoretisch dargestellt wurde und in Kapitel 9 im Anschluss an die Empirie aufgegriffen wird, bilden (2) die Design-Prinzipien und (3) das Fortbildungskonzept auch einen wichtigen Forschungskontext, der vor dem Empiriekapiteln hier vorgestellt werden soll. Dazu werden in Abschnitt 6.1 zunächst die fortbildungsmethodischen und -didaktischen Gestaltungsprinzipien und ihre Konkretisierung für das Fortbildungsdesign zur Potenzialförderung zusammengefasst, bevor in Abschnitt 6.2 die sukzessive Entwicklung des Fortbildungsdesigns über drei Zyklen vorgestellt werden.

6.1 Designprinzipien für Fortbildungen von Lehrkräften und ihre Konkretisierung für den Gegenstand Potenzialförderung

Zur Konzeption einer Fortbildung gilt es neben den gegenstandsspezifischen inhaltlichen und fachdidaktischen Aspekten (die im Theoriekapitel 2 und 3 dargelegt wurden) auch die gegenstandsübergreifenden methodischen Grundlagen zur Ausgestaltung zu klären. Die daraus resultierenden Designprinzipien bilden die Basis, auf der für den Fortbildungsgegenstand konkretisierte Designprinzipien formuliert werden können.

K.-A. Rösike, *Expertise von Lehrkräften zur mathematischen Potenzialförderung*, Dortmunder Beiträge zur Entwicklung und Erforschung des Mathematikunterrichts 47, https://doi.org/10.1007/978-3-658-36077-1_6

Im   Design-Research-Projekt   DoMath   wurde   auf   die   DZLM-Gestaltungsprinzipien (Barzel und Selter 2015) zurück gegriffen, an deren Ausarbeitung die Autorin mitgearbeitet hat (Rösike et al. 2016b). Auch wenn die Prinzipien nicht nur für das Design, sondern auch für die Umsetzung in der Fortbildungs-Interaktion relevant sind, werden sie hier in der Sprache des Design-Research-Programms auf Professionalisierungsebene als Designprinzipien bezeichnet. Die sechs Prinzipien (aus Abb. 6.1) werden in den folgenden sechs Abschnitten jeweils erläutert und für die entwickelte Fortbildung zur Potenzialförderung konkretisiert (für eine Darstellung der Ausgestaltung der Fortbildung in den unterschiedlichen Zyklen, inkl. der gegenstandsspezifischen und –übergreifenden Aspekte, siehe Abschnitt 6.2.1 bis 6.2.3).

Abb. 6.1   DZLM Gestaltungsprinzipien (Barzel und Selter 2015)

6.1.1 Lehr-Lern-Vielfalt

Das Designprinzip der Lehr-Lern-Vielfalt adressiert zwei Gestaltungsaspekte vom Fortbildungen, die die Nachhaltigkeit ihrer Wirkungen stärken können: zum einen wird durch das Prinzip der Lehr-Lern-Vielfalt fortbildungsmethodisch interpretiert als „Vielfalt unterschiedlicher Zugangs- und Arbeitsweisen

(E-Learning-Elemente, praxisbasiertes Arbeiten, kollaboratives Arbeiten, Online und Selbststudium)" (Barzel und Selter 2015, S. 272). Diese bezieht sich in erster Linie auf die Ausgestaltung der Präsenzphasen der Fortbildung. Gleichzeitig wird durch die Lehr-Lern-Vielfalt aber auch die Verschränkung der unterschiedlichen Phasen, also „Input-, Erprobungs- und Reflexionsphasen" angesprochen (ebd., S. 273). Gerade dieser strukturelle Aufbau der Fortbildungen trägt maßgeblich zur Möglichkeit des nachhaltigen Lernens der Lehrkräfte bei.

> „Wenn Fortbildungen das Ziel verfolgen, Lehrerhandeln dauerhaft zu erweitern und den alltäglichen Unterricht zu verändern, erscheint es naheliegend, dass den teilnehmenden Lehrpersonen ausreichend Gelegenheit gegeben wird, ihr konzeptuelles Verständnis zu vertiefen, neues Wissen aufzubauen, ihre Handlungsmuster zu verändern, diese zu erproben und darüber mit anderen [Fortbildungsteilnehmerinnen und] Fortbildungsteilnehmern und [der Fortbildnerin oder] dem Fortbildner zu reflektieren." (Lipowsky und Rzejak 2012, S. 242)

Die Abwechslung von Präsenz- und Distanzphasen ist konstituierendes Element der vom DZLM angebotenen Fortbildungsformate und auch für die entwickelte Fortbildung zur Potenzialförderung maßgeblich gewesen. Daher wurde zwischen zwei Präsenzsitzungen stets eine Distanzphase zur unterrichtlichen Erprobung des Erarbeiteten eingeschoben, deren Erfahrungen in der nächsten Sitzung reflektiert wurden (vgl. Abb. 6.2).

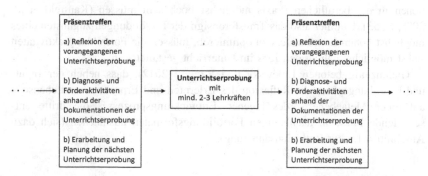

Abb. 6.2   Realisierte Lehr-Lern-Vielfalt: Präsenz- und Distanzphasen in den Fortbildungsreihen zur Potenzialförderung

Die Jobs Potenziale aktivieren wurden dabei durch vorbereitete Aufgabenangebote unterstützt, die Jobs Potenziale diagnostizieren und Potenziale fördern in den Unterrichtsversuchen verknüpft.

Da der Aufbau von Expertise zur Bewältigung dieser Jobs auch Teilentlastungen erfordert, waren in den Präsenzsitzungen Simulationssituationen feste Bestandteile, in denen Kategorien und Orientierungen für die Diagnose- und Förderpraktiken zunächst handlungs- und komplexitätsentlastet erarbeitet und erprobt werden konnten, bevor sie in den Unterrichtsversuchen in der ganzheitlichen Komplexität der Praxis sich zu bewähren hatten.

In den Fortbildungen zur Potenzialförderung haben die teilnehmenden Lehrkräfte zu Beginn der Fortbildung erarbeitet, welche Facetten mathematische Potenziale umfassen kann (vgl. Kapitel 2). Dieses neue, gegenstandsspezifische Wissen tatsächlich als Denk- und Wahrnehmungskategorien zu aktivieren, erfordert jedoch die Einübung in Diagnose- und Förderpraktiken. Daher wurde mithilfe von Videovignetten aus den Unterrichtsversuchen (der eigenen oder vorangehenden Fortbildungsgruppe) eingeübt, die Facetten mathematischer Potenziale bei Lernenden zu diagnostizieren und zu fördern. Dadurch sollte die kategoriengeleitete Wahrnehmung geschult werden, um diese Praktiken dann in ihre unterrichtliche Praxis überführen zu können.

Die Übertragung des Gelernten in die Praxis, also der Lerntransfer (Woodworth und Thorndike 1901), stellt bestimmte Anforderungen an die Fortbildung. Um den Lerntransfer, also die Übertragung des in der *Lernsituation* erarbeiteten Wissens bzw. der Fähigkeiten in die *Anwendungssituation* hier möglichst hoch zu halten, bedarf es eines angemessenen Transferdesigns, d.h., dass die Analogien zwischen den Simulationssituationen und den tatsächlichen Anforderungssituationen in der beruflichen Praxis möglichst hoch sein müssen (Kauffeld et al. 2008, S. 53). Um hier also das Transferdesign der Fortbildungen zugunsten eines möglichst hohen Lerntransfers zu optimieren, müssen die Fortbildungsaktivitäten selbst möglichst nah an den Jobs im Unterricht gestaltet sein.

Gleichzeitig betonen Lipowsky und Rzejak (2012), dass neben der Input- und Erprobungsphase die Reflexion des Erlernten und Erprobten, und ebenso – auf einer Metaebene – des eigenen Entwicklungsprozesses die dritte entscheidende Phase in nachhaltigen Fortbildungsformaten ausmachen (sieh dazu Abschnitt 6.1.6 zur Reflexionsanregung).

6.1.2 Fallbezug

Eine besonders hohe Nähe zwischen und Lern- und Anwendungsfeld trägt maßgeblich zur Steigerung des Lerntransfers in die Praxis bei (Kauffeld et al. 2008). Das heißt konkret, dass die dargebotenen Inhalte, mehr aber noch die daran anschließenden Möglichkeiten zu ihrer Erprobung (vgl. Lehr-Lern-Vielfalt in

Abschnitt 6.1.1) eine möglichst hohe Analogie zur beruflichen Praxis aufweisen sollten. Für die Fortbildung von Lehrkräften bedeutet dies, dass den unterrichtlichen Jobs möglichst ähnlichen, Anwendungsmöglichkeiten im Rahmen der Fortbildung geschaffen werden müssen, um so die „Fälle" nutzbar für die berufliche Praxis im Unterricht zu machen. „Dabei bildet insbesondere die Orientierung an den Beispielen aus der eigenen Praxis der Teilnehmenden einen wesentlichen Kern der Arbeit" (Barzel und Selter 2015, 273 f.). Die „Fälle" aus der Praxis können unterschiedlicher Natur sein: konkrete Lösungen und Rechenbeispiele von Lernenden, genutzte Aufgabenformate aber auch Videovignetten aus der tatsächlichen Unterrichtspraxis der Lehrkräfte können hier genutzt werden.

In den Fortbildungen zur Potenzialförderung wurde das Designprinzip des Fallbezugs konsequent berücksichtigt. In jeder der Distanzphasen haben die Teilnehmenden die zuvor in der Präsenz erarbeiteten Inhalte und Lernarrangements in ihrem Unterricht erprobt. Einige von ihnen wurden dabei von einem Team der Forschenden begleitet und ihr Unterricht videographiert. Dabei lag der Fokus sowohl auf den Aktivitäten der Lernenden selbst, aber auch auf den Förderpraktiken der Lehrkräfte in der Interaktion mit ihren Schülerinnen und Schülern. Die Videographien wurden im Anschluss von den Forschenden ausgewertet und in Form von (zusammengeschnittenen) Videovignetten als Grundlage für Diagnoseaktivitäten in den Fortbildungen für die folgenden Präsenzphasen aufbereitet. Diese Fortbildungsform der „video clubs" (Sherin und van Es 2009) beschreibt die regelmäßigen Treffen einer festen Gruppe von Lehrkräften, die sich – bspw. im Rahmen von Fortbildungen – regelmäßig zum Austausch über Videographien der eigenen Unterrichtspraxis trifft.

Im Falle der Fortbildungsreihe zur Potenzialförderung wurden die Videoclubs als regelmäßig eingesetztes Designelement etabliert. Die Videovignetten waren Ausgangspunkt für die Erprobung und Simulation von Diagnose- und Förderpraktiken; die Lehrkräfte diagnostizierten und analysierten die Videos und Transkripte und diskutierten mögliche Ansätze für die anschließenden Förderungen an, welche sie in analogen oder ähnlichen Situationen in ihrem Unterricht durchführen würden. Die Diagnose- als auch die Förderpraktiken wurden stets mit den zuvor vermittelten Denk- und Wahrnehmungskategorien verbunden, so dass diese zunehmend intensiver eingesetzt werden sollten.

6.1.3 Zielorientierung

Fortbildungen dienen der Entwicklung und Erweiterung der gegenstandsbezogenen Expertise der teilnehmenden Lehrkräfte. Die inhaltliche und methodische
Ausgestaltung von Fortbildungen soll daher an diesen Fortbildungszielen ori-
entiert sein und die Lernziele auch für die Teilnehmenden „zieltransparent
formuliert, allen am Lehr-Lernprozess Beteiligten kommuniziert und der Grad
der Erreichung evaluiert" werden (Barzel und Selter 2015, S. 269). Das Gestaltungsprinzip der Zielorientierung wird in Design-Research-Projekten durch die
Entwicklung der Fortbildungen im Sinne der Design-Research durch den eigens
ausgewiesenen Arbeitsbereich der Spezifizierung und Strukturierung prominent
berücksichtigt. Insbesondere die Beantwortung der Fragen (2) *Was müssen die
Lehrkräfte dafür lernen?* und (3) *Wie muss die Fortbildung dafür gestaltet werden?*
(siehe Abschnitt 5.1.2) im Rahmen des Forschungs- und Entwicklungsprozesses
tragen hier zu einer Explizierung der zu erwerbenden Expertise bei (Rösike et al.
2016b; Barzel und Selter 2015).

Für die Fortbildung zur Potenzialförderung wurde daher der Fortbildungsgegenstand durch das gegenstandsspezifische Expertisemodell zunehmend explizit
spezifiziert und strukturiert und auch als empirisch zentrale Aufgabe behandelt
(vgl. Empirie-Kapitel 7 bis 9). Da das zentrale Ziel der Fortbildung war, die
Lehrkräfte zur produktiven Bewältigung der Jobs Potenziale aktivieren, diagnostizieren und fördern zu befähigen, standen diese im Vordergrund bei der Auswahl
der Videofälle und Diskussionsanlässe. Welche Denk- und Wahrnehmungskategorien und welche Orientierungen dabei besonders relevant waren, wurde im Laufe
der drei Zyklen immer besser herausgearbeitet.

Die Jobs und Werkzeuge wurden bereits in Zyklus 1 für alle Teilnehmenden transparent gemacht, die relevanten Kategorien und Orientierungen im
Laufe von Zyklus 2 und 3 zunehmend expliziter thematisiert. So wurden in
Zyklus 1 und 2 als Denk- und Wahrnehmungskategorien für das Diagnostizieren
mathematischer Potenziale vor allem die 5 Facetten mathematischer Potenziale
expliziert, in Zyklus 3 auch die rekonstruierten Leitkategorien und das Kategorienangebot zum Beschreiben der kognitiven Aktivitäten in Explorationsprozessen
(vgl. Abschnitt 8.2). Abb. 6.3 zeigt einen Auszug aus der Vorankündigung der
Fortbildungsreihe im Zyklus 3, der die Ziele ausformuliert.

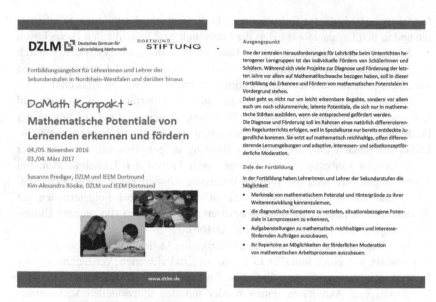

DZLM ⌐ Deutsches Zentrum für
Lehrerbildung Mathematik   DORTMUND **STIFTUNG**

Fortbildungsangebot für Lehrerinnen und Lehrer der
Sekundarstufen in Nordrhein-Westfalen und darüber hinaus

DoMath Kompakt -

Mathematische Potentiale von
Lernenden erkennen und fördern

04./05. November 2016
03./04. März 2017

Susanne Prediger, DZLM und IEEM Dortmund
Kim-Alexandra Rösike, DZLM und IEEM Dortmund

www.dzlm.de

Ausgangspunkt

Eine der zentralen Herausforderungen für Lehrkräfte beim Unterrichten heterogener Lerngruppen ist das individuelle Fördern von Schülerinnen und Schülern. Während sich viele Projekte zur Diagnose und Förderung der letzten Jahre vor allem auf Mathematikschwäche bezogen haben, soll in dieser Fortbildung das Erkennen und Fördern von mathematischen Potenzialen im Vordergrund stehen.

Dabei geht es nicht nur um leicht erkennbare Begabte, sondern vor allem auch um noch schlummernde, latente Potentiale, die sich nur in mathematische Stärken ausbilden, wenn sie entsprechend gefördert werden.

Die Diagnose und Förderung soll im Rahmen eines natürlich differenzierenden Regelunterrichts erfolgen, weil in Spezialkurse nur bereits entdeckte Jugendliche kommen. Sie setzt auf mathematisch reichhaltige, offen differenzierende Lernumgebungen und adaptive, interessen- und selbstkonzeptförderliche Moderation.

Ziele der Fortbildung

In der Fortbildung haben Lehrerinnen und Lehrer der Sekundarstufen die Möglichkeit

• Merkmale von mathematischem Potenzial und Hintergründe zu ihrer Weiterentwicklung kennenzulernen,

• die diagnostische Kompetenz zu vertiefen, situationsbezogene Potenziale in Lernprozessen zu erkennen,

• Aufgabenstellungen zu mathematisch reichhaltigen und interessefördernden Aufträgen auszubauen,

• ihr Repertoire an Möglichkeiten der förderlichen Moderation von mathematischen Arbeitsprozessen auszubauen.

Abb. 6.3 Zieltransparenz: Flyer mit Vorankündigung der Fortbildungsreihe in Zyklus 3

6.1.4 Teilnehmendenorientierung

Das Designprinzip der Teilnehmendenorientierung bezieht sich in erster Linie darauf, die gegenstandsbezogenen Lernstände der Lehrkräfte systematisch zu berücksichtigen. Idealerweise geschieht dies sowohl in der Vorbereitung der Fortbildung als auch prozessbegleitend durch eine partizipative Ausgestaltung (Barzel und Selter 2015, S. 271). Clarke (1994) betont, dass Fortbildungen eine größere Akzeptanz und dadurch mittel- und langfristig eine höheren Lerntransfer (Holton et al. 2000) generieren können, wenn sie von den Teilnehmenden als „responsive to their needs" (Clarke 1994, S. 37) wahrgenommen werden.

Die individuellen Voraussetzungen und Bedürfnisse der Lehrkräfte mit einzubeziehen ist also nicht nur atmosphärisch geboten, sondern auch fortbildungsdidaktisch eine Notwendigkeit. Gleichzeitig gilt es zu beachten, dass die inhaltliche Zielsetzung, sowie fachdidaktische und methodische Entscheidungen, jeweils von den Fortbildungsdesignenden bzw. den Fortbildenden getroffen werden (Zwetzschler et al. 2016). Es geht nicht darum, die kurzfristigen Bedürfnisse, sondern die langfristigen Bedarfe der Teilnehmenden in die Ziele der Fortbildung zu integrieren und in den Lernangeboten stets die Lernstände und individuellen Perspektiven der Lehrkräfte einzubeziehen (ebd.). Dies erfolgt zum einen systematisch durch die Beforschung der gegenstandsbezogenen Lernstände und Lernwege und ist wiederum genuiner Bestandteil des Forschungsprogramms (vgl. Abschnitt 5.1). Zum anderen erfolgt die Berücksichtigung der Vorerfahrungen, Bedarfe und Lernstände konkret für die jeweilige Teilnehmendengruppe, z.B. zu Beginn der Fortbildung durch eine Abfrage der Erwartungen oder Vorerfahrungen der Lehrkräfte, die danach im Verlauf der Fortbildung aufgegriffen werden, oder aber durch stetigen Einbezug der Erfahrungen oder Fragen der Teilnehmenden. Bei Fortbildungen, die mehrere Termine umfassen, können kurze Zwischenevaluationen und das Wiederaufgreifen noch offener Fragen bei Folgeterminen die Teilnehmendenorientierung prozessbegleitend gewährleisten (für weitere Umsetzungsmöglichkeiten, siehe Rösike et al. 2016b).

Die Fortbildungsreihen zur Potenzialförderung in den Zyklen 1 bis 3 begannen jeweils mit einer initialen Erhebung der individuellen Verständnisse zum Konzept von mathematischem Potenzial. So konnten die beiden Fortbildnerinnen alle Inputs und Aktivitäten immer wieder mit den individuellen Vorkenntnissen und Auffassungen der Lehrkräfte in Zusammenhang und Abgleich bringen. Erstere stellten also den Ausgangspunkt für die Erarbeitung des dynamischen Potenzialbegriffs dar.

Die Unterrichtsversuche in den Distanzphasen zwischen den Präsenzsitzungen dienten zudem dazu, Unterrichtserfahrungen der Lehrkräfte zu ermöglichen, durch Videomitschnitte diskutierbar zu machen und die weiteren theoretischen Lerngelegenheiten darauf abzustimmen.

Zum Abschluss der gemeinsamen Präsenz erhoben die Fortbildnerinnen in einem Abschlussblitzlicht jeweils, welche Inhalte den Lehrkräften von der hinter ihnen liegenden Fortbildung sie für besonders wertvoll hielten (Tabelle 6.1). So konnten die Fortbildnerinnen einen kurzen Einblick in den Lernerfolg der Lehrkräfte gewinnen (Lipowsky und Rzejak 2012; Kirkpatrick und Kirkpatrick 2010), und individuelle Voraussetzungen und Präferenzen für das nächste Präsenztreffen ableiten.

Tabelle 6.1 Auszüge aus den Beantwortungen der abschließend summierenden Fragen (Zyklus 3, Sitzung 2)

	Was habe ich in den vergangenen zwei Tagen gelernt?	Was möchte ich in meinem Unterricht ausprobieren?
Saskia	• den Fokus mehr auf die Prozessbegleitung/-auswertung zu legen, als auf das Endprodukt, um math. Potenziale zu entdecken • es kommt auf die Aufgaben an, sie sollten math. reichhaltig und interessensdicht sein • Potenziale hat jeder, man muss nur nach ihnen suchen • Potenziale haben viele verschiedene Aspekte, die nicht immer gleich gewichtet gefördert werden müssen	• mehr Prozessbegleitung machen • meine Aufgaben so öffnen, dass die Schülerinnen und Schüler motivierte an die Lösung herangehen und ihnen mehr Freiheiten bei der Lösung lassen.
Nicole	• ganz viel über Potenzial und die zugehörigen Facetten → dynamischer Potenzialbegriff sehr spannend → "zugehörige" Facetten genauso • ganz viel über Aufgaben und Lehrerfragen/deren Kategorien	• Einbau von reichhaltigen fordernden Aufgaben in unsere Boxen und unseren Alltag

6.1.5 Kooperationsanregung

Die kollegiale Zusammenarbeit im Rahmen von Fortbildungen – sowohl in der Präsenz als auch darüber hinaus – wurde mehrfach als Element effizienter Fortbildungen herausgestellt (Boyle et al. 2005; Gräsel et al. 2006b). Neben der gemeinsamen Arbeit an konkreten Aufgaben und Reflexionen, können vor allem angeleitete professionelle Lerngemeinschaften von Lehrkräften eine langfristige Möglichkeit zur Kooperation unter den teilnehmenden Lehrkräften darstellen (Gräsel et al. 2006a; Bonsen und Rolff 2006).

Die Fortbildungsreihen zur Potenzialförderung waren in jedem Zyklus so gestaltet, dass der gemeinsame Diskurs über das Erlernte bzw. der rege Austausch im Rahmen der Aktivitäten stets einen konstitutiven Bestandteil der Präsenztreffen bildete. An einer konkreten Aktivität wird im Folgenden aufgezeigt, wie sich Kooperationsanregung als Designprinzip realisieren lässt.

Im zweiten Präsenztreffen von Zyklus 3 (FB3_P2) wurden die Lehrkräfte dazu aufgefordert, ihre individuellen Definitionen bzw. Konzeptionen von *Förderung* zu formulieren. Konkret galt es eine Mindmap auf einem DIN-A3 Blatt zu skizzieren (siehe Abb. 6.4).

Abb. 6.4 Beispielaktivität zur Umsetzung des Designprinzips „Kooperationsanregung" (Museumsrundgang zu den individuellen Konzeptionen von Förderung)

Die Aktivität war die letzte Aktivität vor einer kurzen Kaffeepause. Die Ergebnisse wurden danach für einen Museumsrundgang genutzt; die Fortbildnerinnen hängten die Skizzen der Teilnehmenden aus und baten sie, die Pause für einen Rundgang zu nutzen und sich mit den Kolleginnen und Kollegen über die Skizzen auszutauschen (siehe Abb. 6.5). Auf diese Weise konnte eine Kooperation mit den anderen teilnehmenden Lehrkräften in einem weniger strukturierten Rahmen initiiert werden.

Weitgreifendere Kooperationsanregungen in längerfristigen professionellen Lerngemeinschaften wurden vor allem in den Fortbildungsreihen 1 und 2 initiiert, die über zwölf bzw. achtzehn Monate gestreckt war und so die Bezugnahmen aufeinander verstetigten, auch mit mehreren Lehrkräften der gleichen Schule.

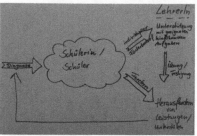

Abb. 6.5 Beispiele der Ergebnisse zur Aktivität „Brainstorming zu Förderung" (FB3_P2)

6.1.6 Reflexionsanregung

Die Reflexion über Aspekte der professionellen Praxis bzw. die Selbstreflexion trägt in jedem Lern- und Professionalisierungsprozess maßgeblich zur Qualität dieses Prozesses bei, indem sie als eine Art Katalysator für den Professionalisierungsprozess der Lehrkräfte fungiert.

So kann die Reflexion des individuellen Professionalisierungsprozesses dazu beitragen, das Tempo und den Umfang des Lernprozesses positiv zu beeinflussen. Ist die Lehrkraft sich bspw. darüber im Klaren, ob sie selbst ihren Professionalisierungsprozess entsprechend ihres Lerntyps gestaltet hat, so kann sie möglicherweise beide oben genannten Aspekte optimieren (Dilger 2007).

Eine qualitative Beeinflussung des Lern- oder Professionalisierungsprozesses ist jedoch weitaus gewichtiger und besonders im Hinblick auf das Postulat der nachhaltigen Gestaltung von Fortbildungen von besonderer Bedeutung. So begünstigt die Reflexion des erlernten Gegenstands die tiefere Durchdringung des Gegenstands (Perkins und Unger 1999; Dilger 2007). Gleichzeitig kann sie auf einer Metaebene Erkenntnisse unterstützen, die den Lernprozess strukturell begünstigen (Lipowsky und Rzejak 2012). Die Lehrkräfte können sich durch die Reflexion des eigenen Lernprozesses vor allem aber Erkenntnisse und deren Bedeutung für ihre unterrichtlichen Praktiken vor Augen führen. Gerade letzteres, also die Reflexion über Analogien und Kompatibilität von Lern- und Anwendungsfeld, trägt maßgeblich zur Nachhaltigkeit der Professionalisierungsprozesse bei (Holton et al. 2000).

Im Rahmen der Fortbildungsreihen zur Potenzialförderung wurde der Reflexion eine wichtige Rolle zugesprochen. Neben wiederkehrenden Reflexionseinheiten im Verlauf jedes Präsenztermins, wurden die Lehrkräfte zum Abschluss als auch zu Beginn des folgenden Treffens jeweils um die Beantwortung immer wiederkehrender Reflexionsfragen gebeten (vgl. Abb. 6.6).

Einstiegsreflexion   **Abschlussreflexion**

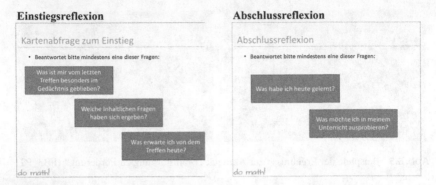

Abb. 6.6 Einstiegs- und Abschlussreflexion im Rahmen der Präsenztreffen aus Fortbildungsreihe 2

Neben den wiederkehrenden kurzen Reflexionen, die strukturell etabliert wurden, erhielten die Lehrkräfte zum Abschluss der gesamten Fortbildung die Aufgabe, ein selbstreflexives Essay anzufertigen. Gestellt wurden sechs Reflexionsfragen (Verweis Au) und eine Diagnoseaufgabe zu einer transkribierten Vignette, sowie einen kurzen quantitativ ausgerichteten Fragebogen.

Im Sinne der Transparenz bzgl. der Zielorientierung wurde den Lehrkräften im einleitenden Begleittext zum Essay außerdem dargelegt, welche Funktion das Instrument für den Forschungsprozess einnimmt, aber vor allem verdeutlicht, welchen Mehrwert diese Form der ausführlichen Reflexion für ihren Lernprozess haben kann.

Die sechs Prinzipien greifen im Fortbildungsdesign auf spezifische Weise ineinander und werden mit verschiedenen Designelementen realisiert, die im nächsten Abschnitt genauer in ihrer Entwicklungshistorie vorgestellt werden sollen.

6.2   Entwicklung der Fortbildungsreihen zur Potenzialförderung in drei Designexperiment-Zyklen

Im Folgenden werden die Designs der Fortbildungen in den jeweiligen Zyklen kurz dargelegt und wichtige, aus den Erkenntnissen der Beforschung (vgl. Tabelle 5.1, Abschnitt 5.3) resultierenden Designentscheidungen für den folgenden Zyklus dargelegt. Abschließend wird das finale Entwicklungsprodukt skizziert. Damit gibt dieses Kapitel einen groben Überblick über das Zusammenspiel von Forschung und Entwicklung. In Kapitel 7 und 8 werden dann empirische Forschungsergebnisse vertiefter dargestellt.

6.2.1 Fortbildungsreihe 1 im Designexperiment-Zyklus 1 und resultierende gegenstandsspezifische Designelemente für Zyklus 2

Im ersten Designexperiment-Zyklus des Projekts DoMath wurden über zwölf Monate fünf Lehrkräfte zur mathematischen Potenzialförderung fortgebildet (vgl. Überblickstabelle 5.1 in Abschnitt 5.3). Dabei haben alle acht Wochen Präsenztermine stattgefunden. Zwischen den Präsenzterminen haben die Lehrkräfte die in der Präsenz erarbeiteten Lernarrangements in ihrem Unterricht erprobt und wurden dabei zum Teil durch das Forschungsteam videografisch begleitet. Die Videographien, welche in diesem Zyklus ausschließlich die Bearbeitungsprozesse der Lernenden zeigten, wurden sodann von den Forschenden gesichtet für die Nutzung im Rahmen des folgenden Präsenztermins und bearbeitet. Dabei entstanden jeweils Videovignetten von drei bis fünf Minuten. Je nach geplanter Aktivität im folgenden Präsenztermin wurden die dargestellten Szenen nach Inhalt, kognitiver Aktivität, dargelegten Facetten mathematischer Potenziale oder Bearbeitung der Aufgaben ausgewählt (vgl. Abb. 6.2).

Im nachfolgenden Präsenztermin haben die Lehrkräfte dann die Aufgabe erhalten, anhand der Videovignette die individuellen Potenziale der Lernenden zu diagnostizieren bzw. zu Teilen auch eine entsprechend potenzialförderliche Förderung durch konkrete Impulse zu durchdenken. Dazu lagen auch die Lernendenprodukte zu den jeweiligen Vignetten vor, die das Verständnis der Bearbeitung und die situationsbezogene Diagnose unterstützen sollten. Das Fortbildungsziel war, die kategoriengeleiteten, prozessbezogenen Diagnosepraktiken der Lehrkräfte weiterzuentwickeln, mit einem speziellen Fokus auf den individuellen mathematischen Potenzialen der Lernenden. Für die Forschung ergaben sich durch die stete Abwechslung von Präsenz- und Distanzphasen kleine Minizyklen, die es erlaubten, Beobachtungen auch vor Abschluss des gesamten Designexperiment-Zyklus in die Gestaltung des nachfolgenden Präsenztreffens mit einfließen zu lassen.

Die Diagnosepraktiken der Lehrkräfte im Rahmen der Präsenztreffen zeigten sich jedoch als nicht konsequent prozessbezogen. Häufig fokussierten die Lehrkräfte das Ergebnis der Bearbeitung und konnten nur punktuell den gesamten Lern- bzw. Bearbeitungsprozess in den Blick nehmen. Darüber hinaus war die flexible Nutzung der 5 Facetten mathematischer Potenziale zur kategoriengeleiteten Diagnose noch nicht konsequent zu beobachten, die Lerngelegenheiten dazu also vermutlich noch nicht systematisch genug angelegt.

Als Konsequenz wurde für den zweiten Designexperiment-Zyklus wurde ein Designelement etabliert, das sowohl die Prozessbezogenheit der Diagnosen, als auch die stärkere Kategoriengeleitetheit unterstützen sollte (vgl. Kapitel 8). Das Kategorienangebot zum Beschreiben der kognitiven Aktivitäten in Explorationsprozessen (Abb. 7.2, in Anlehnung an Schelldorfer 2007) wurde den Lehrkräften vorgestellt, um ihre Diagnosen sowohl in Hinblick auf die Diagnosekategorien, aber auch zur Etablierung einer gemeinsamen Sprache, sowohl in kognitiver als auch in kommunikativer Hinsicht (Maier und Schweiger 1999). Gleichzeitig unterstützt die Treppenform das Bild des voranschreitenden Prozesses und sollte die Lehrkräfte daher vom Produkt- hin zu einem Prozessfokus leiten.

6.2.2 Fortbildungsreihe 2 im Designexperiment-Zyklus 2 und resultierende gegenstandsspezifische Designelemente für Zyklus 3

Für Designexperiment-Zyklus 2 wurde die grundsätzliche Struktur der Fortbildung in der Kombination von Präsenzterminen und Distanzphasen beibehalten (vgl. Abb. 6.2). Nach der Pilotierung des Formats in Zyklus 1 mit nur fünf Lehrkräften, wurden in Zyklus 2 20 Lehrkräfte über einen Zeitraum von 18 Monaten fortgebildet.

Das in Zyklus 2 eingeführte Designelement des Kategorienangebots zum Beschreiben der kognitiven Aktivitäten in Explorationsprozessen (vgl. Abb. 7.2) konnte sowohl die Prozessbezogenheit als auch die Kategoriengeleitetheit der Diagnosen der Lehrkräfte unterstützen (siehe dazu auch Kapitel 8).

Gleichzeitig zeigten sich in den Minizyklen der Auswertung der Fortbildungsvideographien, dass trotz einer nun überwiegend ressourcenorientierten, prozessbezogenen und kategoriengeleiteten Diagnose der Lehrkräfte der anschließende Gedanke an die darauf aufbauende Förderung nicht automatisch anschließt. Auch durch einfache Anregungen und Nachfragen seitens der Fortbildenden zeigten die Lehrkräfte bei den Fortbildungsaktivitäten zu möglichen Förderungen nicht die gleiche Ausrichtung. Für den folgenden Zyklus 3 wurde daher die Förderung explizit zum Thema erhoben und auch auf einer Metaebene diskutiert (vgl. Abschnitt 5.3.3). Darüber hinaus wurde die Simulation einer möglichen anschließenden Förderung an zuvor dargebotene Unterrichtsszenen intensiviert (vgl. ebd.).

Im Laufe von Zyklus 2 wurde nach einigen Mini-Zyklen zudem ein weiteres Designelement etabliert, das die Diagnosen in ihrer Fokussierung unterstützen und leiten sollte. In Anlehnung an Prediger und Zindel (2017) wurden drei Fokusfragen eingeführt, die die herausgearbeiteten Leitkategorien in den Diagnosepraktiken aktivieren sollten (vgl. Kapitel 8).

(FF1)   Wo stehen die Lernenden und was brauchen sie zum Bewältigen der Aufgabe?

(FF2)   Welche mathematischen Potenziale kann ich bei welchen Lernenden an ihren kognitiven, metakognitiven und kommunikativen Aktivitäten erkennen?

(FF3)   Welche Potenziale flammen in den Lernsituationen kurzzeitig auf, die sich zu stärken und weiter zu nutzen lohnt?

Die Fokusfragen gestalten sich analog zu den Leitkategorien (FF1) Aufgabenbewältigung, (FF2) Potenzialindikation und (FF3) Potenzialstärkung, welche später konsolidiert und empirisch abgesichert wurden. Diese sind als Element der entwickelten lokalen Theorien als Forschungsprodukt in die weitere Gestaltung des Fortbildungsdesigns eingeflossen (vgl. folgender Abschnitt 6.2.3).

6.2.3 Fortbildungsreihe 3 im Designexperiment-Zyklus 3 und resultierende Designelemente für das finale Fortbildungsdesign

In Zyklus 3 wurde das zuvor zeitlich breiter aufgestellte Fortbildungsprogramm (über 12 bzw. 18 Monate) zusammengekürzt und in Form einer klassischen Sandwichfortbildung (Präsenz – Distanz – Präsenz) angeboten. 30 Lehrkräfte nahmen an dieser dritten Fortbildungsreihe teil. Die ersten zwei Präsenztage eines Wochenendes umfassten zehn Stunden, gefolgt von einer viermonatigen Distanzphase und einem weiteren Wochenende mit zwei Präsenztagen und zehn Stunden.

Diese Aufteilung kann als Pilotierung des finalen Entwicklungsprodukts verstanden werden, welches ebenfalls in Form von zwei Bausteinen (Präsenzterminen) aufeinander aufbauend angeboten wird. Die Verkürzung und Konzentration auf je ein Wochenende ist zwar weniger intensiv, jedoch entspricht sie eher den zeitlichen Restriktionen überregionaler Fortbildungsangebote. Auch in dieser Fortbildungsreihe dient die Distanzphase als Möglichkeit der Erprobung und Anwendung der erlernten Inhalte in Unterrichtsversuchen, die im zweiten Baustein entsprechend aufgegriffen werden (vgl. Tabelle 6.3).

In Bezug auf den mathematischen Inhalt der Unterrichtserprobungen in den Distanzphasen wurde die Treppenaufgabe als einziger Themenbereich gewählt. Anders als in Zyklus 1 und 2, in denen die Themen für die Erprobungen auch, wenn möglich, an den laut Lehrplan aktuellen Themen ausgerichtet wurden, wurde für das Format der Sandwichfortbildung ein zum Lehrplan querliegendes Thema gewählt. Die Treppenaufgabe lässt sich in fast allen Jahrgangsstufen einsetzen, unabhängig vom aktuellen Inhalt des Mathematikunterrichts, auch als Einzeleinheit. Sie bietet somit den teilnehmenden Lehrkräften die Möglichkeit, unmittelbar nach der Fortbildung einen individuellen Zeitpunkt für ihre Unterrichtserprobung zu wählen, der sich nicht am Lehrplan orientieren muss.

Die zuvor entwickelten Design-Elemente wurden beibehalten, jedoch stärker fokussiert. So wurden die Fokusfragen von Beginn an bei jeder Vignettenanalyse visuell und kommunikativ in Erinnerung gerufen, nachdem sie anfänglich ausführlich thematisiert und eingeführt wurden. Ebenso wurden die Lehrkräfte stetig aufgefordert und erinnert, das Designelement des Kategorienangebots zum Beschreiben der kognitiven Aktivitäten in Explorationsprozessen für ihre Diagnosepraktiken zu nutzen.

Die aus Zyklus 2 gewonnene Erkenntnis, dass die potenzialstärkende Förderung als Professionalisierungsziel nicht ausreichend erreicht werden konnte, hatte für den Zyklus 3 eine deutlich stärkere Fokussierung zur Folge. Zunächst wurde der thematische Bereich der Förderung an sich durch eine Brainstorming-Aktivität (vgl. Abschnitt 6.1.5) eröffnet. Die Lehrkräfte wurden gebeten, eine Mind-Map zu Förderung im Allgemeinen zu erstellen und sich kollegial über ihre Auffassungen auszutauschen. Im Anschluss wurden diese ersten, breiten Überlegungen auf die Förderung von Potenzialen fokussiert. Zusätzlich zu den Möglichkeiten der potenzialstärkenden Moderation (vgl. Abschnitt 8.2) wurden außerdem Möglichkeiten der situativen Erweiterung und Öffnung von Aufgaben als ad hoc Fördermöglichkeit thematisiert und simuliert.

Gleichzeitig musste nach der Analyse und Evaluation von Zyklus 3 konstatiert werden, dass das Professionalisierungsziel der potenzialstärkenden Moderation von Lernprozessen nicht vollständig erreicht werden konnte. Durch die gleichzeitig herausgearbeiteten Leitkategorien wurde jedoch deutlich, dass es insbesondere die Leitkategorie der Potenzialstärkung ist, welche für die finale Ausgestaltung des Fortbildungsdesigns stärker fokussiert werden muss. Sowohl im Hinblick auf die explizite Adressierung der Leitkategorie (für die Lehrkräfte bezeichnet als Diagnoseperspektive) als auch deren Erprobung und Reflexion im Rahmen der Fortbildung, wird für das endgültige Fortbildungsmodul eine stärkere Entwicklungsmöglichkeit für die Lehrkräfte im Hinblick auf die potenzialstärkende Förderung gelegt.

6.2.4 Design des Fortbildungsmoduls als finales Entwicklungsprodukt

Für das endgültige Entwicklungsprodukt wurden die Erkenntnisse und Erfahrungen aller Zyklen zusammengefasst und in einem Sandwich-Modul vereint. Dieses besteht aus zwei Präsenzphasen (Bausteinen) die jeweils kompakt auf drei Stunden zusammengekürzt wurden. Neben der deutlichen Fokussierung auf die Kernaktivitäten und –inhalte, die sich in den drei Zyklen herauskristallisiert haben, ist dies auch zeitökonomischen und fortbildungsstrukturellen Notwendigkeiten zuzuschreiben, so dass mehr Lehrkräfte das Fortbildungsmodel besuchen können. Das Modul ist darüber hinaus aufbauend konzipiert; der erste Baustein kann ggf. auch ohne den Folgebaustein als Fortbildung angeboten werden, da er thematisch zu einem Abschluss kommt. Hier werden in erster Linie die prozessbezogene, kategoriengeleitete Diagnose mathematischer Potenziale und die Aktivierung mathematischer Potenziale durch die Gestaltung potenzialförderlicher Lernarrangements thematisiert (vgl. Tabelle 6.2).

Eine Erprobung im eigenen Unterricht der Lehrkräfte wird unabhängig von einem möglichen Folgetermin zum Abschluss des ersten Bausteins angeregt, um den Praxistransfer zu initiieren. Die Lehrkräfte erarbeiten dafür anhand der Treppenaufgabe als Beispiel für selbstdifferenzierende Aufgaben die potenzialförderlichen Designprinzipien und können diese anschließend in ihren Unterricht integrieren.

Im zweiten Baustein liegt der Fokus auf dem Job *Potenziale fördern*. In Anlehnung an die Erkenntnisse aus Zyklus 2 und 3 zu fehlenden Lerngelegenheiten zur Leitkategorie (vgl. Kapitel 8) wird in dieser Präsenzphase die potenzialförderliche Moderation sowohl auf einer Metaebene thematisiert, als auch durch verschiedene Aktivitäten in der Simulation erprobt. Gleichzeitig werden die Inhalte des ersten Bausteins wiederholt und so thematisch an den Inhaltsbereich der Förderung angeschlossen.

Neben der strukturellen Konzeption der Fortbildung (vgl. Tabelle 6.2 und 6.3) ist auch das Fortbildungsmaterial selbst als Entwicklungsprodukt zu benennen. So stehen den Fortbildnerinnen und Fortbildnern, die im Rahmen des DZLM das Modul anbieten, ein vollständiger und didaktisch kommentierter Foliensatz, sowie alle Materialien für die Aktivitäten der teilnehmenden Lehrkräfte zur Verfügung. Außerdem sind die für die Kernaktivitäten relevanten Videovignetten ebenfalls Teil des Materialsatzes. Diese stammen aus dem breiten Fundus der in Zyklus 1, 2 und 3 durchgeführten Unterrichtsvideographien und bieten den teilnehmenden Lehrkräften des finalen Moduls authentische Lernanlässe zur Entwicklung ihrer Diagnose- und Förderkompetenzen im Hinblick auf Lernende mit mathematischem Potenzial.

Tabelle 6.2   Steckbrief zum Baustein 1 des finalen Entwicklungsprodukts (DZLM- Fortbildungsmodul zur mathematischen Potenzialförderung)

Steckbrief zum Baustein 1: Facetten Mathematischer Potenziale und deren Diagnose im Prozess	

Grundidee des Bausteins	Ziele
In dem einführenden Baustein des zweiteiligen Fortbildungsmoduls sollen die teilnehmenden Lehrerinnen und Lehrer die Gelegenheit bekommen, das Konzept der situativgebundenen mathematischen Potenziale sowie Anforderungen an potenzialförderliche Lernumgebungen kennenzulernen. In praktischen Aktivitäten werden die Diagnose mathematischer Potenziale sowie die Aufgabenkonstruktion zur Potenzialförderung erprobt. (Im zweiten Baustein werden die Kenntnisse vertieft und mit Inhalten zur potenzialförderlichen Moderation von Lernprozessen angereichert.)	Die Lehrpersonen ... • ... kennen die Facetten mathematischer Potenziale und können diese diagnostizieren • ... können kognitiv aktivierende und anspruchsvolle Prozesse initiieren und für die Diagnose fokussieren • ... können mathematische Potenziale kategoriengeleitet diagnostizieren • ... können mathematisch reichhaltige Problemstellungen durch selbstdifferenzierende Aufgaben gestalten • ... kennen typische Strukturen von Lern- und Bearbeitungsprozessen und können diese Kategorien zur Diagnose nutzen
Struktur und Kernaktivitäten	**Inhaltliche Ausgestaltung**
Der Baustein beginnt mit der a) Diagnose mathematischer Potenziale: Mit einer Kartenabfrage werden individuelle Definitionen zu mathematischen Potenzialen expliziert, um diese dann mit der neu vorzustellenden dynamischem und situationsgebundenen Perspektive zu verknüpfen. Die Vielfalt der Facetten und die situationsgebundene Perspektive werden dann für eine Diagnoseaktivität zu einer Videovignette angewandt Die Thematisierung der Anforderungen an potenzialförderliche Lernumgebungen erfolgt an der Treppenaufgabe. Daran werden induktiv die Charakteristika selbstdifferenzierender Aufgaben und ihrer potenzialförderlichen Aspekte erarbeitet. Auch hier erfolgt anschließend eine diagnostische Potenzialanalyse unter Berücksichtigung der eigenen Bearbeitungserfahrungen. Hier wird außerdem die prozessbeschreibende Entdeckertreppe als Kategorienangebot zur Diagnose eingeführt. Abschließend erhalten die Teilnehmenden einen Arbeits- und Reflexionsauftrag für die Distanzphase bis zum anschließenden Fortbildungstermin von BS2.	• **1. Phase:** Mathematische Potenziale und seine Facetten • **2. Phase:** Diagnose mathematischer Potenziale • **3. Phase:** Gestaltung potenzialförderlicher Lernarrangements: Selbstdifferenzierende Aufgaben als potenzialförderliches Instrument • **4. Phase:** Diagnose mathematischer Potenziale im Prozess • **5. Phase:** Rückblick und Ausblick

Tabelle 6.3   Steckbrief zum Baustein 2 des finalen Entwicklungsprodukts (DZLM- Fortbildungsmodul zur mathematischen Potenzialförderung)

Steckbrief zum Baustein 2:
Mathematische Potenziale fördern durch Lernumgebungen und Moderation
im Fortbildungsmodul

Grundidee des Bausteins	**Ziele**
Aufbauend auf dem ersten Baustein (mit Schwerpunkt Facetten mathematischer Potenziale und deren Diagnose, inkl. eines entsprechenden Kategorienangebots, sowie dem Werkzeug der selbstdifferenzierenden Aufgaben) sollen die teilnehmenden Lehrerinnen und Lehrer in dem weiterführenden Baustein des zweiteiligen Fortbildungsmoduls die Gelegenheit bekommen, das Konzept der situativ gebundenen mathematischen Potenziale in weiteren praktischen Übungen kategoriengeleitet zu identifizieren und diagnostizieren. Außerdem erhalten sie zusätzliche Kenntnis über die Designprinzipien potenzialförderlicher Lernumgebungen und erarbeiten diese in praktischen Übungen. Darüber hinaus wird die potenzialförderliche Moderation von Entdeckungs- und Arbeitsprozessen von Lernenden thematisiert und konkrete Handlungsmöglichkeiten werden mithilfe von Unterrichtsvideos erprobt.	Die Lehrpersonen ... • ...erkennen verschiedene zeitlichen Dimensionen von Förderung (kurzfristige vs. langfristige Förderung) und ihre Jobs als Lehrkraft in beiden Prozessen • ...kennen Designprinzipien zur Gestaltung potenzialförderlicher Lernumgebungen • ... können Aufgaben im Sinne der Potenzialförderung situativ erweitern • ...bauen Diagnosekompetenz in langfristiger Förderperspektive aus • ...können Keime mathematischer Potenziale identifizieren und diese für die langfristige Förderung nutzen • ...kennen Möglichkeiten Moderationsstrategien für unterschiedlichste Intentionen einzusetzen • ...können ihre Impulse zur prozessbegleitenden Moderation hierarchisieren
Struktur und Kernaktivitäten	**Inhaltliche Ausgestaltung**
Dieser Baustein beginnt mit der Reflexion der individuellen Praxiserfahrungen seit der Teilnahme am ersten Baustein. Im Anschluss folgt der Einstieg in den Aufgabenbereich a) mathematische Potenziale aktivieren; diese Phase schließt inhaltlich an BS 1 an, in dem bereits die selbstdifferenzierenden Aufgaben als ein mögliches potenzialförderliches Aufgabenformat thematisiert wurde. Abschließend zu diesem Aufgabenbereich wird noch die situative Erweiterung von Aufgaben als Werkzeug zur Aktivierung von mathematischen Potenzialen eingeführt. In der letzten Arbeitsphase erfolgt die Bearbeitung des dritten Aufgabenbereiches c) Potenziale fördern; nach einem einführenden Input üben die Lehrkräfte die potenzialförderliche Moderation anhand einer Videovignette.	• **1. Phase:** Anbindung an die vorangegangene Präsenzphase sowie die zurückliegende Distanzphase • **2. Phase:** Gestaltung potenzialförderlicher Lernumgebungen • **3. Phase:** Diagnose mathematischer Potenziale unter Berücksichtigung der Designprinzipien • **4. Phase:** Situatives Erweitern von Aufgaben • **5. Phase:** Potenzialförderliche Moderation von Lernprozessen • **6. Phase:** Abschluss

Kategoriengeleitetes, prozessbezogenes Diagnostizieren mathematischer Potenziale

7

Diagnosepraktiken für mathematische Potenziale, die den partizipativen und dynamischen Potenzialbegriff in kategorialer Form zugrunde legen (vgl. Kapitel 2), sollte neben den unterschiedlichen Facetten mathematischer Potenziale auch den Lern- und Bearbeitungsprozess der Lernenden in den Blick nehmen (vgl. Abschnitt 3.2.2). In Zyklus 1 des Projekts „DoMath – Dortmunder Schulprojekte zum Heben mathematischer Interessen und Potenziale" wurde dieses Verständnis von Diagnose und den entsprechenden Diagnosegegenständen und –perspektiven bereits als Basis des Fortbildungsgegenstands etabliert. Gleichzeitig ließ sich in diesem ersten explorativen Zyklus des Projektes bereits feststellen, dass kategoriengeleitete, prozessbezogene Diagnosepraktiken nicht nur als gemeinsame Praktiken mit den teilnehmenden Lehrkräften etabliert werden müssen, sondern vielmehr zum expliziten Fortbildungsgegenstand erhoben und in dieser Form thematisiert werden sollten. Dies wurde sodann für den zweiten Zyklus des Projektes überarbeitet. Dabei wurde der Unterschied zwischen längerfristigen Lernprozessen und kurzfristigen (auf das Beenden der Aufgabe fokussierten) Bearbeitungsprozessen als Teilaspekt des Fortbildungsgegenstands mit jedem Zyklus weiter expliziert, d. h. ausdrücklich thematisiert.

Über die iterativen Zyklen hinweg haben sich die Designelemente zur Unterstützung der Diagnosepraktiken im Rahmen der Fortbildung verändert und ausgeschärft. Während die Lehrkräfte in Zyklus 1 lediglich die Konzeptualisierung mathematischer Potenziale als Referenz für ihre Diagnosen zur Verfügung hatten, wurden diese für die teilnehmenden Lehrkräfte im Zyklus 2 zudem durch fokussierte Fragen stringenter auf den Bearbeitungsprozess und die Facetten mathematischer Potenziale gerichtet (vgl. Abschnitt 7.2). In Zyklus 3 erhielten die Lehrkräfte außerdem durch ein explizites Kategorienangebot eine einheitliche

© Der/die Autor(en), exklusiv lizenziert durch Springer Fachmedien Wiesbaden GmbH, ein Teil von Springer Nature 2022
K.-A. Rösike, *Expertise von Lehrkräften zur mathematischen Potenzialförderung*, Dortmunder Beiträge zur Entwicklung und Erforschung des Mathematikunterrichts 47, https://doi.org/10.1007/978-3-658-36077-1_7

Beschreibungssprache zur Analyse der Bearbeitungsprozesse, nämlich konkrete Analysekategorien in Form kognitiver Aktivitäten.

Während die Design-Veränderungen von Zyklus 1 zu Zyklus 2 hier nur kurz vorangestellt berichtet werden, liegt der Fokus dieses Kapitels auf Einsichten aus Zyklus 2 und den darauf aufbauenden Design-Veränderungen hin zum Zyklus 3, sie werden genauer vorgestellt und empirisch begründet.

Dies erfolgt in drei Schritten: Abschnitt 7.1 stellt am Beispiel zweier Lehrkräfte vor, wie sich die expliziten individuellen Definitionen von mathematischen Potenzialen entwickeln können, und welche Grenzen dabei sichtbar wurden, die zwei Fallbeispiele werden dann durch kurzen Blick auf Daten sechs weiterer Lehrkräfte ausgeweitet. Abschnitt 7.2 zeigt dann auf, wie die Diagnosepraktiken verändert werden konnten durch die stärkere Unterstützung, kategoriengeleitet zu diagnostizieren. Exemplarisch wird dies für das Designelement des expliziten prozessbezogenen Kategorienangebots vorgestellt und die Diagnosepraktiken mit und ohne dieses Kategorienangebot gezeigt.

7.1 Diagnostizieren mathematischer Potenziale – Entwicklung der Orientierungen und Kategorien zu Potenzialen in zwei Fallbeispielen

Für die Bewältigung des Jobs *Potenziale diagnostizieren* (vgl. Abschnitt 3.2.2) sind entsprechend der für die vorliegende Arbeit formulierte Definition folgende Praktiken von Relevanz:

1) Die Lehrkräfte identifizieren die Facetten mathematischer Potenziale in Unterrichtssituationen prozessbezogen und können kategorienbasiert entscheiden, welche Aspekte der Situation sie fokussieren bzw. relevant setzen müssen, und

2) Sie können auf der Grundlage ihrer Expertise für die jeweiligen identifizierten Potenzialfacetten entscheiden, welche potenziellen Handlungsmöglichkeiten sie adaptiv zum Fördern unter Berücksichtigung relevanter Orientierungen im Folgenden haben (vgl. dazu auch Abschnitt 3.2.2).

Zur Identifikation der Facetten mathematischer Potenziale (1) benötigen die Lehrkräfte vor allem fundierte Kenntnis über die ‖5 Facetten mathematischer Potenziale‖, die ihnen Anhaltspunkte für ihre Potenzialdiagnose liefern. Für

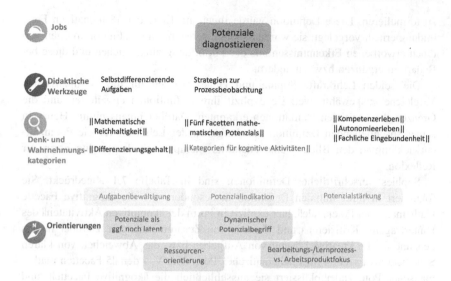

Abb. 7.1 Bestandteile der Expertise von Lehrkräften für den Job *Potenziale diagnostizieren* (grau markierte werden in Kapitel 7 und 8 empirisch rekonstruiert)

die darauf aufbauende Entscheidung über anschließende Handlungsmöglichkeiten sind außerdem weitere Kategorien zur vollständigen Ausübung des Jobs *Potenziale diagnostizieren* erforderlich, die in Kapitel 9 genauer rekonstruiert werden.

In diesem und dem nächsten Abschnitt wird zunächst aufgezeigt, welche Kategorien und Orientierungen sie im Verlauf der Fortbildungen zu aktivieren lernen für das kategoriale *Diagnostizieren von Potenzialen.* Anhand von Fallbeispielen zweier Lehrkräfte aus Zyklus 2 wird exemplarisch verglichen, welche expliziten individuellen Definitionen mathematischer Potenziale sie zu Beginn und zum Ende der 18-monatigen Fortbildung formulierten.

7.1.1 Fallbeispiele Sophie und Henry: Explizite Definitionen mathematischer Potenziale am Beginn und Ende der Fortbildung

Die teilnehmenden Lehrkräfte von Zyklus 2 wurden zu Beginn der Fortbildung gebeten, ihre individuelle Definition von mathematischen Potenzialen schriftlich zu formulieren. Diese Definition wurde ihnen am Ende der 18-monatigen Fortbildung erneut vorgelegt; sie wurden sodann gebeten, ihre Definition mit den von ihnen erworbenen Erkenntnissen aus der Fortbildung abzugleichen und diese bei Bedarf zu ergänzen bzw. zu ändern.

Die beiden Lehrkräfte Sophie und Heiko wurden für die exemplarischen Vergleiche ausgewählt, weil sie explizit ihre Definitionen erweiterten und die Grenzen ihrer initialen Definitionen erkannten. Darüber hinaus nimmt Henry in seiner abschließenden Definition die Aufgaben der Lehrkraft für die Potenzialentwicklung in den Blick – eine ebenfalls exemplarisch dargestellte Form der Reflexion.

Sophies verschriftlichte Definitionen sind in Tabelle 7.1 abgedruckt. Sie fokussiert in ihrer initialen Definition insbesondere die die ‖kognitive Facette mathematischer Potenziale‖, hier explizit in Form der ‖kognitiven Aktivitäten‖ des Hinterfragens, Kritisierens und Findens von Zusammenhängen. Darüber hinaus benennt sie die kreative Lösung von Aufgaben bzw. das Abweichen von klaren Schemata als Facetten für mathematisches Potenzial. Von den ‖5 Facetten mathematischer Potenziale‖fokussiert sie ausschließlich die ‖kognitive Facette‖, und lässt die metakognitive, linguistische, soziale und persönliche-affektive Facette außer Acht.

Tabelle 7.1   Sophies verschriftlichte Definitionen mathematischer Potenziale

	Verschriftlichte Definition zu Beginn der Fortbildung	Verschriftlichte Definition zum Abschluss der Fortbildung
Sophie	„- Aufgabenstellungen / Zusammenhänge hinterfragen / kritisieren / finden - verschiedene Lösungswege / kreative Lösungen entwickeln (nicht nach Schema)"	„Ich finde die Aspekte, die ich aufgeschrieben habe immer noch wichtig, aber ich würde es eventuell etwas abschwächen. Ich glaube, dass Potenzial auch schon in weniger zu finden ist, als in dem, was ich aufgeschrieben habe. Also zum Beispiel auch das Anwenden eines Schemas, bzw. der Transfer eines Schemas auf eine neue Aufgabenstellung schon Potenzial zeigt. Auch das Diskutieren über eine Problemstellung kann zur Lösung beitragen"

In ihrer abschließenden Definition 18 Monate später bestätigt sie ihre ursprüngliche Definition, schwächt aber das Ausmaß der Indikation ab („Ich glaube, dass Potenzial auch schon in weniger zu finden ist, als in dem, was ich aufgeschrieben habe.""). So nimmt sie in ihrer zweiten Definition die ‖kognitive Aktivität‖des Transfers bzw. der Anwendung bekannter Schemata auf neue Zusammenhänge und Aufgaben mit auf. Hier zeigt sie ein erweitertes Verständnis der ‖kognitiven Facette mathematischer Potenziale‖, indem sie die von ihr explizit aufgeführten kognitiven Aktivitäten, welche sie als Indikatoren für mathematische Potenziale versteht, ergänzt. Darüber hinaus nimmt sie aber in der zweiten Definition auch die ‖linguistische Facette‖mit auf („Auch das Diskutieren über eine Problemstellung kann zur Lösung beitragen").

Henrys verschriftlichte Definitionen sind in Tabelle 7.2 abgedruckt. Henry zeigt ähnlich wie Sophie eine Fokussierung der ‖kognitiven Facette mathematischer Potenziale‖, wobei er andere ‖kognitive Aktivitäten‖adressiert als Sophie („Abstrahierung, Verallgemeinerung, Transfer auf andere Gebiete, Verknüpfen verschiedener Gebiete."). Darüber hinaus nimmt er das „Explorieren", eine kreative und ergebnisoffene Tätigkeit, mit in seine Liste auf.

In seiner resümierenden Definition benennt er ähnlich wie Sophie den Umstand, dass er das Ausmaß der Ausprägung für eine Identifizierung von Potenzialen rückblickend heruntersetzen würde („[...] würde aber ergänzen, dass Potenziale auch schon im Kleinen entdeckt werden können."). Seine weiteren Ausführungen lassen außerdem vermuten, dass er sein grundsätzliches Potenzialverständnis nun nicht mehr auf die reine Performanz legt, sondern vielmehr einen ‖dynamischen Potenzialbegriff‖entwickelt hat, und ‖Potenziale als ggf. noch latent vorhanden‖ansehen kann („Es hat also nicht nur der Schüler Potenzial, der immer sofort die großen Zusammenhänge sieht, sondern [...] auch grundlegende Zusammenhänge in einer Aufgabe zu verstehen, sollte man als Lehrperson schon als Potenzial sehen.").

Darüber hinaus adressiert er in seiner abschließenden Definition auch die Jobs der Lehrkraft im Hinblick auf die Stärkung mathematischer Potenziale und stellt vor allem die Rückmeldung über vorhandene Potenziale als relevant heraus („[...] und den SuS das auch so rückmelden, um konstruktiv Erfolgserlebnisse zu unterstützen."). Hier zeigt sich – wenn auch implizit – die Aktivierung des ‖Kompetenzerlebens‖ als handlungsrelevante Kategorie.

Sowohl Sophie als auch Henry, deren Definitionen hier beispielhaft für die Entwicklung der Konzeptualisierung mathematischer Potenziale im Verlauf der Fortbildungen angeführt wurden, zeigen eine Ausschärfung ihres individuellen Potenzialbegriffs. Ähnliche Veränderungen lassen sich auch bei weiteren Lehrkräften zeigen, wie im Folgenden dargestellt wird

Tabelle 7.2 Henrys verschriftlichte Definitionen von mathematischem Potenzial

	Verschriftlichte Definition zu Beginn der Fortbildung	Verschriftlichte Definition zum Abschluss der Fortbildung
Henry	„Eigenständige Abstrahierung/ Verallgemeinerung Transfer auf andere Gebiete, Verknüpfen verschiedener Gebiete. Durch Explorieren obiges erreichen."	„Ich finde das immer noch wichtig, würde aber ergänzen, dass Potenziale auch schon im Kleinen entdeckt werden können. Es hat also nicht nur der Schüler Potenzial, der immer sofort die großen Zusammenhänge sieht, sondern, so konnte man aus der Vielzahl der Videos im Seminar sehr gut lernen, auch grundlegende Zusammenhänge in einer Aufgabe zu verstehen, sollte man als Lehrperson schon als Potenzial sehen und den SuS das auch so rückmelden, um konstruktiv Erfolgserlebnisse zu unterstützen."

7.1.2 Ausweitung auf sechs weitere Lehrkräfte: Explizite Definitionen mathematischer Potenziale am Beginn und Ende der Fortbildung

Ebenso wie Sophie und Henry zeigen sich auch bei den Verschriftlichungen der anderen sechs Lehrkräfte in Tabelle 7.3, dass in den ersten Definitionen in erster Linie die ||kognitive Facette mathematischer Potenziale|| als Indikator herausgestellt wird. Alice, Emma und Carl nehmen jeweils noch eine weitere Facette mit in ihre initialen Definitionen mit auf (Alice und Emma: ||Persönliche & Affektive Facette||, Carl: ||Metakognitive Facette||), betonen aber so wie auch die anderen Lehrkräfte die ||kognitive Facette||.

In den abschließenden Definitionen zeigen die Lehrkräfte, dass sie ihr Verständnis zumindest ausgeschärft haben. Die benannten Facetten, welche sie als maßgeblich für mathematische Potenziale benennen, werden vielfältiger und ihre Definitionen umfassender. So halten die Lehrkräfte an ihren ursprünglichen Definitionen fest und bauen sie aus: sie gehen differenzierter auf einzelne Facetten ein bzw. fügen Facetten zu ihren Definitionen hinzu (Emma und Bruno). Gleichzeitig fügen einige Lehrkräfte ihren Ausführungen noch Erklärungen über ihre Aufgabe als Lehrkraft beim Diagnostizieren und Fördern mathematischer Potenziale hinzu (Katharina und Emma). Darüber hinaus enthalten die abschließenden Definitionen zum Teil neben den ||Facetten mathematischer Potenziale|| auch weitere Kategorien, die in der Fortbildung thematisiert wurde (wie etwa bei Henry

Tabelle 7.3 Verschriftlichte Potenzial-Konzepte der teilnehmenden Lehrkräfte zu Beginn und Abschluss der Fortbildungsreihe 2

Lehr- kraft	Individuelle Definition zu Beginn der Fortbildung	Individuelle Definition zum Abschluss der Fortbildung
Alice	„Ehm, als ich gerad diesen Zettel bekommen habe, habe ich erst... als erstes das kognitiv irgendwie durchgestrichen, weil ehm meine leistungsstärksten Schüler sind nicht die, die die besten Arbeiten schrieben sondern, ich seh vor allem einen Schüler der unglaublich motiviert ist, totale Anstrengungsbereitschaft zeig, immer wieder Fragen hat die er beantwortet haben will, das find ich viel interessanter als die, die permanent eins scheiben durch dauernde Übung."	„Die Motivation ist immer noch sehr wichtig. Wobei ich stärker in den Blick nehmen würde, dass ich bzw. meine Aufgaben die Motivation sehr steigern können. Leistungsbereitschaft würde ich stärker durch Anstrengungsbereitschaft ersetzen wollen. Die schnelle Aufgabenerfassung würde ich heute ersetzen durch eine intensive Aufgabenerfassung – sie dauert manchmal länger, kann dann aber umso intensiver sein."
	|Kognitive Facette| |Persönliche & Affektive Facette|	|Kognitive Facette| |Persönliche & Affektive Facette|

⟶

• Motivationssteigernde Aufgaben nutzen
• Anstrengungsbereitschaft
• intensive Aufgabenerfassung

Katharina	„Antworten, die über eine gestellte Frage hinausgehen und direkt neue Aspekte beleuchten.Selbstständige Beschäftigung mit einem Themenfeld über die Fragestellung hinaus."	„Wie bereits unter 1. beschrieben, musste ich lernen, Schüler und ihre Erarbeitungen anders wahrzunehmen. Meine Definitionen sehe ich noch immer so und ich fand es interessant zu sehen, welche Denkstrukturen Schüler haben. Wir sehen als Lehrkräfte meist nur den einen Weg, den wir am einfachsten finden. Nur kommt uns unser Fachwissen zugute, das haben die Schüler aber nicht. Schülersprache ist in unseren Ohren der Fachsprache häufig „schmerzhaft", aber doch erträgreich."

(Fortsetzung)

Tabelle 7.3 (Fortsetzung)

Lehr- kraft	Individuelle Definition zu Beginn der Fortbildung	Individuelle Definition zum Abschluss der Fortbildung
	‖Kognitive Facette‖	‖Kognitive Facette‖ Jobs der Lehrkraft bei Diagnose
	• Lösen auf eigenen Wegen • Jobs der Lehrkraft	
Bruno	„Aufgrund der Impulsgebung bereits vorhandenes Wissen aktivieren, um … Sachverhalte zu erschließen und neues Wissen selbstständig anzueignen."	„Immer noch wichtig: Impuls und selbstständig. Aber auch im Austausch, Wissen aktivieren durch auf Wissen aufbauen, an Wissen anknüpfen."
	‖Impulse‖ ‖Kognitive Facette‖ Vorwissen aktivieren	‖Kognitive Facette‖ ‖Soziale Facette‖ ‖Kommun. & Linguistische Facette‖
	• ‖fachliche Eingebundenheit‖	
Stephanie	„-Abstraktion der Ergebnisse - „besondere" Zugänge zu Aufgaben / Lösungswege (schnellere Zugänge) - Hinterfragen von Informationen / Wegen"	„Ich denke weiterhin, dass alle drei Punkte wichtig sind und auch gut wiedergeben, woran man mathematisches Potenzial erkennen kann. Zu den „besonderen" Zugängen würde ich nicht nur einfachere, sondern teilweise auch kompliziertere Zugänge zählen. Gerade SuS die mehr Hintergrundwissen haben, nutzen teilweise viel mehr Wege, auf welche andere SuS gar nicht kommen."
	‖Kognitive Facette‖	‖Kognitive Facette‖
	• neben einfachen auch komplizierte Zugänge • Bedeutung von Hintergrundwissen	
Carl	„- Persönliche Fragestellungen mit mathematischen Methoden selbstständig lösen - Hausaufgaben – nicht ganz perfekt – aber wahnsinnig schnell erledigen"	„Potenzial schließt nicht notwendig die Fähigkeit ein, den Lehrer (oder sich selbst) mit seinem Können zu beeindrucken."

(Fortsetzung)

Tabelle 7.3   (Fortsetzung)

Lehr- kraft	Individuelle Definition zu Beginn der Fortbildung	Individuelle Definition zum Abschluss der Fortbildung
	‖Kognitive Facette‖ ‖Metakognitive Facette‖	nicht unbedingt ‖Kompetenzerleben‖ in Form von Beeindrucken der Lehrkraft
	• ‖Kompetenzerleben‖	
Emma	„Strukturiertes Denken, kreative Freiheit. Für mich ist im Unterricht am ehesten das strukturierte Vorgehen bei dem Umgang mit Mathe „sichtbar". Zusätzlich oder ergänzend stellt sich math. Potenzial in der Fähigkeit dar, mit Problemen kreativ und ohne „Grenzen" umzugehen."	„Beides ist immer noch wichtig. Vertiefend ergänzen würde ich als weiteres Arbeitsziel für mich formulieren. 1) Das „Sichtbarmachen" von Erkenntnisprozessen und das Formulieren von Entdecktem als Basis weiteren Unterrichts nutzen können. Ich denke, da lasse ich den SchülerInnen noch zu wenig Zeit, vielleicht aus Unerfahrenheit oder Unsicherheit die vielfältigen Ansätze sinnvoll für alle zu nutzen. 2) Bei der Unterrichtsplanung die Phasen von herkömmlichen und produktivem Üben sinnvoll zu kombinieren. Zum einen spielt natürlich der Zeitaspekt eine große Rolle und die Parallelarbeit mit den KollegInnen in der Jahrgangsstufe, wie oft produktives Üben zum Einsatz kommen kann. Ich möchte für mich einen Weg finden, dass produktives Üben keinen höheren Zeitaufwand benötigt. Vielleicht kommt das mit dem Training der SchülerInnen? Zum anderen ist die Vorbereitung und Nachbereitung von produktivem Üben teilweise sehr zeitaufwändig für mich. Vielleicht wird auch das mit meinem Training besser."
	‖Kognitive Facette‖ ‖Persönl. & Affektive Facette‖	‖Kognitive Facette‖ ‖Komm. & Linguistische Facette‖

• Sichtbarmachen von Erkenntnisprozessen
• Dokumentieren & Verbalisieren von Entdecktem
• Integration von Arbeitsphasen zum Produktiven Üben
• Jobs der Lehrkraft

die Verknüpfung der Definition von Potenzialen mit seinem Ziel, ‖Kompetenzerleben‖ zu fördern). Alice adressiert bspw. zusätzlich den Job *Potenziale aktivieren*, indem sie Ansprüche benennt, die potenzialförderliche Lernarrangements erfüllen müssen. Bruno geht auf die Bedeutung der Kooperation von Lernenden mit mathematischen Potenzialen ein und adressiert dadurch die Relevanz der sozialen und fachlichen ‖Eingebundenheit‖ für die mathematische Potenzialförderung.

Gleichzeitig zeigen die abschließenden Schriftprodukte, dass eine Orientierung am dynamischen Potenzialbegriff, sowie die Vielfältigkeit der ‖Facetten‖ noch weniger adressiert wurden, als von dem Design-Research-Team erhofft.

Im Rahmen der Fortbildung wurde zwar sowohl der Orientierung am dynamischen Potenzialbegriff als auch der Breite der Potenzialfacetten viel Raum gegeben und ihr Nutzen für die Diagnosen erprobt. Es zeigte sich jedoch, dass es darüber hinaus noch eines weiteren Designelements bedurfte, um die Lehrkräfte bei der prozessbezogenen und kategoriengeleiteten Diagnose zu unterstützen. Im folgenden Abschnitt 7.2 wird daher die Wirkung des Kategorienangebots zur Unterstützung der prozessbezogenen, kategorialen Diagnose detailliert analysiert und dargelegt.

7.2 Kategorienangebot als Designelement zur Unterstützung der prozessbezogenen, kategorialen Diagnose

Die Fortentwicklung und Stärkung der prozessbezogenen, kategorialen Diagnose mathematischer Potenziale ist eines der zentralen Professionalisierungsziele der entwickelten Fortbildung zur Potenzialförderung. Innerhalb des Expertisemodells sind besonders die Orientierungen <Bearbeitungs-/ Lernprozessfokus> und <Potenziale als ggf. noch latent> grundlegend für die prozessbezogene Diagnose (vgl. Abschnitt 3.2.2). Denn sie lenken den Blick auf den Bearbeitungsprozess, also die unmittelbare Bearbeitung einer Aufgabe durch die Lernenden, und ermöglichen es den Lehrkräften dabei auch, noch nicht stabile Leistungen als Keime mathematischer Potenziale zu identifizieren, für die mittelfristig ein Lernprozess initiiert werden kann. Besonders für die bei der Diagnose bereits mitgedachte Potenzial*förderung* ist diese Orientierung entscheidend: latente Facetten, die situativ im Rahmen des Bearbeitungsprozesses der Lernenden zu Tage treten, sind es, die durch Rückmeldungen, Bestärkung und kontinuierliche Erweiterung des Denkens (vgl. Abschnitt 2.4) gefestigt und verstetigt werden können.

Um die Förderimpulse jedoch passgenau an den situativen Herausforderungen im Bearbeitungsprozess der Lernenden anzusetzen, bedarf es somit der prozessbezogenen, potenzialfokussierenden Diagnose.

Bereits in Zyklus 1 wurden die prozessbezogene Diagnose und deren Notwendigkeit für eine nachhaltige Potenzialförderung als Fortbildungsgegenstand im Rahmen der Fortbildung thematisiert. Dazu wurde die Notwendigkeit der Prozessorientierung bei der Diagnose mathematischer Potenziale und ihre Relevanz für die Möglichkeit der prozessbegleitenden Förderung mit den teilnehmenden Lehrkräften diskutiert.

Als erstes Kategorienangebot für das kategoriengeleitete Diagnostizieren wurden die Facetten mathematischer Potenziale eingeführt, die als Faktoren bzw. Kategorien bei der Diagnose genutzt werden können. Im Rahmen von anschließend folgenden gemeinsamen Analysen von Videovignetten, wurden die Facetten für die Diagnose gezielt eingeübt. In Abschnitt 7.2.1 wird an Fallbeispielen aus dem Beginn von Zyklus 2 aufgezeigt, dass zwar einige Facetten in die Diagnosen integriert wurden, dass jedoch (auch in der handlungsentlasteten Laborsituation der Fortbildungssitzung) die prozessbezogene und kategoriengeleitete Diagnose für viele der teilnehmenden Lehrkräfte herausfordernd war. Als Konsequenz dieses empirischen Befunds über die Begrenztheit der Wirkung zum Beginn von Zyklus 2 wurde im weiteren Verlauf von Zyklus 2 ein weiteres, stärker prozessorientiertes Kategorienangebot als Designelement eingeführt (Abschnitt 7.2.2), dessen Wirkung auf die Diagnosepraktiken in Zyklus 3 in Abschnitt 7.2.3 gezeigt wird.

7.2.1 Zyklus 2: Empirische Einblicke in die kategoriengeleiteten Diagnosen der teilnehmenden Lehrkräfte

In den folgenden Transkriptausschnitten werden Diagnosebeispiele von Lehrkräften aus dem vierten Präsenztreffen (P4) des Zyklus 2 (Z2) dargestellt. In der Videovignette aus dem Unterricht einer Teilnehmerin, die in dem folgenden Transkript aus der Fortbildung diskutiert wird, bearbeiten drei Schülerinnen die Treppenaufgabe (vgl. Abschnitt 2.5) und versuchen herauszufinden, ob die zweistufigen Treppen einer Systematik unterliegen. In dem diskutierten Ausschnitt der Videovignette diskutieren die Schülerinnen zunächst die formalen Regeln zur Treppenbildung (keine Notwendigkeit bei 1 zu beginnen, aber eine kontinuierliche Erhöhung um 1 bei jeder folgenden Treppenstufe), sowie anschließend die

Struktur 2n+1 der ungeraden Zahlen (ohne diese zu konkretisieren) und deren Implikationen für den Aufbau der zweistufigen Zahlentreppen.

Die Lehrkräfte diskutieren die Videovignette in Bezug auf die Frage, woran sie mathematische Potenziale bei den Schülerinnen festmachen:

Transkript Z2_P4, VV6, Sophie 22
Gruppendiskussion; Reflexion über eine Videovignette, in der drei Schülerinnen die Treppenaufgabe bearbeiten und über zweistufige Treppen diskutieren.
Konkrete Fragestellung: Woran kann ich als Lehrkraft mathematische Potenziale festmachen?

22 a	Sophie	Also was ich gut finde, dass die -, wo die eine sagt: „Hast du jetzt verstanden?"
b		Und dann sagt sie „Nee, aber das erste hab´ ich verstanden", dass sie zumindest eingrenzen kann, was sie nicht verstanden hat,
c		weil das ja ganz oft bei Kindern das Problem, sie können nicht ganz präzise sagen, das und das habe ich nicht verstanden, sondern sagen: „Ich habe das alles nicht verstanden".
d		Und ich finde das schon eine Leistung zu sagen „Okay den ersten Teil habe ich jetzt verstanden, den zweiten aber noch nicht".
e		Dass sie das differenzieren konnte.

Sophies unmittelbare Reaktion auf die dargebotene Bearbeitungsszene zeigt (in Zeile 22a), dass sie einen grundsätzlich ressourcenorientierten Blick einnehmen kann. Sie diagnostiziert also nicht die angesprochene Verstehenshürde mit der Kategorie ‖Defizite‖, sondern fokussiert die ‖Potenziale‖ der Schülerin, konkret ihre metakognitive Fähigkeit die Verständnishürde zu lokalisieren (Zeile 22b). Sophie adressiert damit, ohne dies zu explizieren, die ‖metakognitive Facette‖ mathematischer Potenziale, in diesem Fall die Fähigkeit den eigenen Bearbeitungs- bzw. Lernprozess zu reflektieren, wenn sie herausstellt, dass die Schülerinnen in der Lage sind, ihr Handeln differenziert zu überwachen und ihre Hürden zu lokalisieren (Zeile 22b und d: „Und dann sagt sie „Nee, aber das erste hab' ich verstanden", dass sie zumindest eingrenzen kann, was sie nicht verstanden hat […] Und ich finde das schon eine Leistung zu sagen 'Okay den ersten Teil habe ich jetzt verstanden, den zweiten aber noch nicht.'"").

Gleichzeitig zeigt sie in ihrer Äußerung auch, dass sie den Bearbeitungs*prozess* als solchen in den Blick nehmen kann. Ihre Diagnose bezieht sich auf einen Leistungsaspekt der Schülerinnen, der insbesondere im Verlauf des Bearbeitungsprozesses relevant ist. Denn die ‖metakognitive Facette‖ wird ja immer genau dann relevant, wenn die Lernenden ihr Handeln im Prozess reflektieren. Die Orientierung <Prozessfokus> statt <Produktfokus> zeigt Sophie somit ebenfalls.

Einige Turns später äußert sich auch der teilnehmende Lehrer Henry zum Bearbeitungsprozess der drei Schülerinnen.

Transkript Z2_P4, VV6, Henry 34
Gruppendiskussion; Reflexion über eine Videovignette, in der drei Schülerinnen die Treppenaufgabe bearbeiten und über zweistufige Treppen diskutieren.
Konkrete Fragestellung: Woran kann ich als Lehrkraft mathematische Potenziale festmachen?

34 a	Henry	Also ich finde wirklich, was Julia gerade auch schon angesprochen hat.
b		Dieser Gedankengang: Ich teile die ungerade Zahl in der Mitte, dann habe ich zweimal 0,5.
c		Einmal zu viel und einmal zu wenig, und das ist dann eins. Und das ist genau die Stufe, die oben auf die Treppe mit drauf muss.
d		Das finde ich schon enorm von ihr gedacht.
e		Hier passiert eine Verallgemeinerung der ungeraden Zahlen.
f		Das ist bei jeder ungeraden Zahl so, dass ich irgendwie 0,5 übrig habe und zack habe ich eine Treppe.

Auch Henry zeigt einen ressourcenorientierten Blick, wenn er die ‖Strukturkompetenz‖ der Schülerinnen in den Blick nimmt und das ‖Verallgemeinern‖ im Hinblick auf die Struktur der ungeraden Zahlen herausstellt (Zeile 34b-f, hier konkret: „[...] Einmal zu viel und einmal zu wenig, und das ist dann eins. Und das ist genau die Stufe, die oben auf die Treppe mit drauf muss. [...] Hier passiert eine Verallgemeinerung der ungeraden Zahlen. [...]“).

Damit adressiert er die ‖kognitive Facette‖ mathematischer Potenziale, hier konkret in Form der ausgeführten ‖kognitiven Aktivitäten‖. Auch er fokussiert die ‖Potenziale‖ statt der ‖Defizite‖, wenn er die Leistung im Hinblick auf die ‖kognitive Facette‖ hervorhebt und sowohl die lokale Erkenntnis der Schülerinnen als auch das daran anschließende ‖Verallgemeinern‖ als kognitive Aktivität qualitativ hervorhebt (Zeile 34d+e: „Das finde ich schon enorm von ihr gedacht. Hierpassiert eine Verallgemeinerung der ungeraden Zahlen.“). Aber auch er identifiziert die individuellen Potenziale der Schülerinnen lokal, ohne den gesamten Prozess zu beschreiben und somit die Prozessbezogenheit seiner Diagnose zu zeigen.

Zuschreibungen einzelner Potenzialfacetten zu individuellen Schülerinnen und Schülern konnten durch die zuvor eingeführten Facetten differenziert vorgenommen werden. Dabei gelang es insbesondere, eine <Ressourcenorientierung>

zu etablieren, so dass nach ‖Potenzialen‖ statt ‖Defiziten‖ gesucht wurde. Die unterschiedlichen ‖Facetten mathematischer Potenziale‖ wurden dabei als Diagnosekategorien explizit genutzt (Prediger et al. 2016).

Gleichzeitig zeigte sich aber, dass bei dieser Suche nach einzelnen Potenzialfacetten die Förderperspektive außer Acht zu geraten droht (dieses Phänomen wird in Kapitel 9 genauer untersucht). Beim Diagnostizieren einzelner ‖Facetten mathematischer Potenziale‖ wurden diese oft in Form von eher stabilen Attributionen vorgenommen. Die Lehrkräfte verblieben häufig bei statischen Zuschreibungen im <Produktfokus>, statt den gesamten Bearbeitungs- und Lernprozess in den Blick zu nehmen. Dies deutete auf die Notwendigkeit für ein zusätzliches Design-Element hin, welches die Prozessbezogenheit der Diagnosen weiter ausbaute und die Lehrkräfte bei der konsequenteren Einnahme des <Prozessfokus> unterstützen könnte. Das Design-Element wird in Abschnitt 2.2.2 dargestellt und seine Wirkung analysiert (vgl. Abschnitt 7.2.3 und 7.2.4).

7.2.2 Implikationen und Design-Konsequenzen aus Zyklus 2

Als zentrale analytische Befunde aus dem Beginn von Zyklus 2 wurde in Abschnitt 7.2.1 vorgestellt, dass die beobachteten Lehrkräfte die angebotenen Kategorien der ‖5 Facetten‖ zwar durchaus aktiv in ihre Diagnosepraktiken integrieren konnten, aber die Facetten als vorrangig statische Fähigkeitsmerkmale interpretiert wurden, nicht im Sinne einer Orientierung am <dynamischen Potenzialbegriff>, die mit einem <Prozessfokus> statt <Produktfokus> einhergeht.

Als Konsequenz aus diesen Befunden wurde ein zusätzliches Design-Element etabliert, ein Kategorienangebot zur Erfassung der kognitiven Aktivitäten der Schülerinnen und Schüler in Explorationsprozessen bei reichhaltigen Aufgaben. Als ein solches Kategorienangebot diente die Zusammenstellung kognitiver Aktivitäten in der sogenannten Entdeckungstreppe (Schelldorfer 2007), die im Zusammenhang mit der Treppenaufgabe (Vgl. Abschnitt 2.5) vorgestellt wurde.

Diese Zusammenstellung kognitiver Aktivitäten (in Abb. 7.1) wurde in den späten Sitzungen des Zyklus 2 eingeführt und für die Analyse der Explorationsprozesse der Schülerinnen und Schüler zur Treppenaufgabe lokal genutzt. Erst in Zyklus 3 wurde sie jedoch zu einem durchgängiger nutzbaren Kategorienangebot aufgewertet, die wiederkehrend als Instrument zur Beschreibung und Analyse von Bearbeitungs- und Lernprozessen in Videovignetten eingeübt wurde. Vor den Fortbildungsaktivitäten in Zyklus 3 wurde das Kategorienangebot jeweils wiederkehrend als Beschreibungs- und Analysereferenz explizit adressiert.

Die Analysen in Abschnitt 7.2.3 werden zeigen, dass die Lehrkräfte mithilfe des Kategorienangebots auch eine gemeinsame Beschreibungssprache gewannen, die es ihnen ermöglichte, ihre Diagnosen differenzierter zu formulieren.

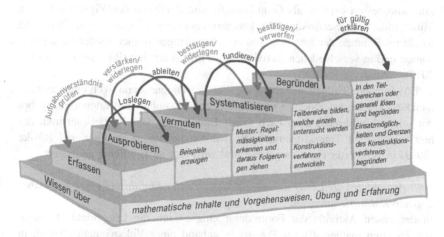

Abb. 7.2 Kategorienangebot zum Beschreiben der kognitiven Aktivitäten in Explorationsprozessen (Schelldorfer 2007, S. 25)

Die Analysen sollen außerdem aufzeigen, inwiefern das neue Designelement seinen Zweck erfüllt, den Diagnoseblick der Lehrkräfte weiter in Richtung eines konsequenten <Prozessfokus> zu lenken. Die Prozessstruktur ist bereits in der graphischen Ausgestaltung des Kategorienangebots in der Entdeckungstreppe angelegt: sie nutzt die Metapher des Emporsteigens auf der Treppe für eine fortschreitende Bearbeitung, gibt aber durch die stets auch systematisch dargebotenen Rückschritte zwischen den unterschiedlichen Treppenstufen den zyklischen, nichtlinearen Verlauf von Bearbeitungsprozessen wider. Zu analysieren ist demnach in Abschnitt 7.2.3, inwiefern die Lehrkräfte durch dieses strukturelle Angebot den Prozessverlauf der Lernenden kategorial fassen und beschreiben.

7.2.3 Zyklus 3: Fallbeispiel zu prozessbezogenen Diagnosen einer teilnehmenden Lehrkraft mit und ohne Kategorien

Im Zyklus 3 rückte das Kategorienangebot zu kognitiven Aktivitäten bei Explorationsprozessen explizit als Grundlage für die Analysen der Vignetten in den Mittelpunkt. Als Scaffolding für kategoriengeleitete Diagnose von Prozessen wurde im Rahmen der Erteilung von Arbeitsaufträgen immer wieder darauf verwiesen und in verschiedenen Aktivitäten mit ihm gearbeitet (Prediger und Rösike 2019).

Das folgende Fallbeispiel zeigt, wie sich die Diagnosepraktiken einer teilnehmenden Lehrerin aus Zyklus 3 veränderten, zunächst ohne das Kategorienangebot vor seiner Einführung, dann nach seiner Einführung. Das Fallbeispiel inkl. der hier angeführten Transkriptausschnitte wurden bereits in Prediger und Rösike (2019) in verkürzter Form dargestellt und wird hier ausführlicher analysiert.

Fallbeispiel Ute – Teil 1: Diagnosepraktiken vor der Einführung eines prozessbezogenen Kategorienangebots
In der ersten Aktivität der Fortbildung ging es um die kategoriale Diagnose von Facetten mathematischer Potenziale anhand einer Videovignette (VV5), in der drei Lernende ein produktives Übungsformat bearbeiten (vgl. Übersicht der Vignetten im Anhang) (Abb. 7.3).

Sowohl die Identifikation von individuellen Potenzialen, als auch die Prozessbeschreibung und die damit einhergehende Identifikation von situativen Potenzialen standen dabei im Mittelpunkt. In der dazu gezeigten Videovignette aus dem Unterricht erklärt die Sechstklässler Frank und Erik mögliche Muster in Zahlenmauern (zur Addition von Brüchen) untersuchen und Erik sein Muster begründet. Zu diesem Zeitpunkt waren die fünf Facetten mathematischer Potenziale bereits thematisiert worden und lagen den Lehrkräften als Diagnosekategorien vor. Das Kategorienangebot der kognitiven Aktivitäten in Explorationsprozessen aus Abb. 7.2 dagegen war den Lehrkräften noch nicht bekannt bzw. explizit für das Diagnostizieren eingeführt worden. Die teilnehmende Lehrerin Ute gibt ihre initiale Einschätzung zur Leistung der Lernenden aus der Videovignette.

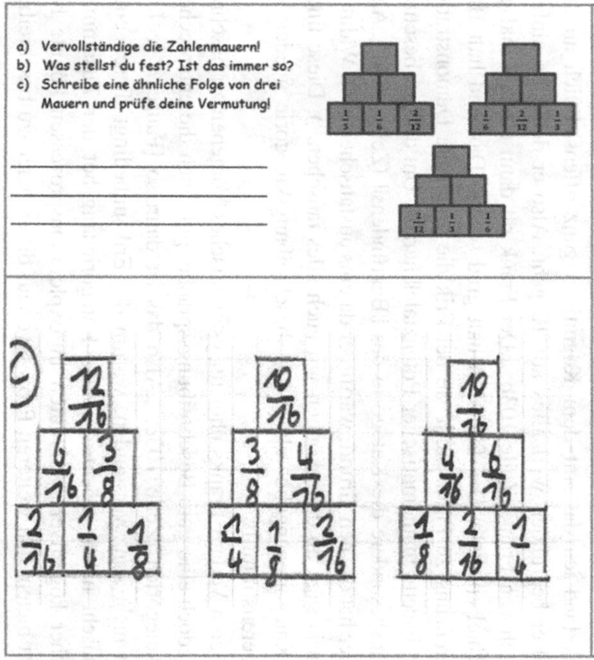
a) Vervollständige die Zahlenmauern!
b) Was stellst du fest? Ist das immer so?
c) Schreibe eine ähnliche Folge von drei Mauern und prüfe deine Vermutung!

Zeit	Zeile	Sprecher	Aussage
00:02	1	Frank	Dann haben wir hier *(zeigt auf Zahlenmauer)* eins. 1/4 , 1/8 und 1/2. Ganz einfach.
	2	Eric	Nee, nee, nee. Aber das' Vielleicht' nee, könnten wir durch 1/3 ersetzten, weil alles auf 12 geht. (?) Sollen' sollen wir das so machen?
.	3	Frank	1/4, 1/12.
00:27	4	Eric	Nein, nein wir tauschen die 1/3 gegen 1/4 aus. Weil 1/4 ist ja auch'
	5	Frank	Dann sollte man aber alles austauschen.
	6	Eric	Nein brauchen wir ja nicht, oder?
	7	Frank	Doch, dann kommt das halt hier 1/4, 1/8.
00:43	8	Eric	Und 1/16 oder?
	9	Frank	Ja das ist ja dann auch'
	10	Eric	Nee, ein' Wenn wir das schon machen, dann muss das auch 1/16 sein.
00:50	11	Frank	Ja okay.
	12	Eric	Warte mal, ehm, ich' Warte mal, komm dann 2/16, 2/16 was noch? Eh' 1/4 und 1/8. So, ja.
	13	Frank	Ja.
01:09	14	Eric	Dann lass uns mal ein bisschen rechnen.
Eric berechnet die erste Mauer.			
01:16	15	Eric	1/4, 1/8 und 2/16.
Eric berechnet ebenfalls die anderen Mauern und notiert diese.			
01:32	16	Eric	Unsere Vermutung. Wir hatten die Vermutung' Unsere Vermutung' Ja, wir haben vermutet, dass der Zähler auch dort gleich ist.
Eric schreibt die Ergebnisse auf das Blatt.			Der Nenner am ende ist immer 12. Bei [illegible] der Aufgaben ist der zähler 10. Wir hatten die vermutung da der Zähler bei der Aufgabe übereinstimmt mit der Aufgabe zwei und wir hatten recht.

Abb. 7.3 Produktives Übungsmaterial zur Addition nicht-gleichnamiger Brüche, Lernendenprodukt zur Diagnose von Ute (Transkript Z3_P1, VV5, Ute 103)

Transkript Z3_P1, VV5, Ute 103
Gruppendiskussion; Diagnose der Facetten mathematischer Potenziale, die im Bearbeitungsprozess der Lernenden zur Zahlenmauer bei Brüchen zu Tage treten
Konkrete Fragestellung: Welche Lernenden zeigen welche Facetten mathematischer Potenziale?

102	Fortbildnerin	[…] Zurück auf den Beobachtungsauftrag: Was haben wir denn ge-sehen, auch wenn wir uns gewünscht hätten, noch etwas Anderes zu sehen. Also was – welche Facetten konnte man sehen? Wer oder – wem konnte man welche Facetten zuschreiben?
103 a	Ute	Also, bei Erik fand ich das mit dem Kognitiven ganz offensichtlich an dieser Stelle, weil er begründet, weil alles auf 12 geht. Also er
b		denkt da einfach mehr.
		Der Frank rät dann einfach mal ein Viertel, ein Achtel, ein Halb.
c		Das fällt ihm halt grad so ein. Das sind halt die Brüche.
d		Ähm und der Erik, der hat da ´nen Grund warum er da eins austau-schen will. Während der Frank dann ja sagt, ah dann können wir auch alles tauschen.
e		Also das ist dann so *[Pause 3 sec]* wahrscheinlich nicht ganz ver-standen warum der Erik unbedingt diesen einen Bruch ausgetauscht haben möchte.

Ute fokussiert hier die individuellen Potenziale sowohl von Erik (Zeile 103a:
„Also, bei Erik fand ich das mit dem Kognitiven ganz offensichtlich an dieser Stelle, weil er begründet, weil alles auf 12 geht. Also er denkt da einfach
mehr."), als auch von Frank (Zeile 103b: „Der Frank rät dann einfach mal ein
Viertel, ein Achtel ein halb. Das fällt ihm halt grad so ein. Das sind halt Brüche."). In Abgrenzung zu Frank stellt sie bei Erik die prägnante Demonstration
der ||kognitiven Facette mathematischer Potenziale|| heraus. Um dies zu beschrei-
ben, nutzt sie insbesondere die Kategorie des ||Begründens|| (Zeile 103d: „Ähm
und der Erik, der hat da ´nen Grund, warum er da eins austauschen will. Während
der Frank dann ja sagt, ah dann können wir auch alles tauschen."). Diese findet
sich auch im Kategorienangebot als Prozessbeschreibungskategorie wieder; sie
nutzt sie hier bereits intuitiv.

Um im weiteren Verlauf Franks eher unsystematisches Vorgehen zu beschreiben, fehlt ihr jedoch eine gute Beschreibungssprache, ggf. auch die entsprechenden Diagnosekategorien (Zeile 103e: „Also das ist dann so [Pause 3 sec] …
wahrscheinlich nicht ganz verstanden, warum der Erik unbedingt diesen einen
Bruch ausgetauscht haben möchte."). Das Kategorienangebot der Zusammenstellung typischer kognitiver Aktivitäten in Explorationsprozessen könnte hier
die Möglichkeit bieten, den weiteren Prozessverlauf differenziert zu beschreiben.

Dies könnte die Prozessbezogenheit der Analysen stärken und Utes Diagnose auf konkrete kognitive Aktivitäten beziehen. So könnte sie herausstellen, dass Frank im Rahmen des Explorationsprozesses zur Stufe des ‖Ausprobierens‖ vordringt, jedoch Schwierigkeiten mit dem ‖Vermuten‖ als nächsten Schritt hat. Diese Stufe hat Erik wiederum bereits erreicht und ist bereits dabei zu ‖begründen‖.

Das Fallbeispiel von Utes Diagnose ist relativ typisch für die gesamte Teilnehmendengruppe zu Beginn des Zyklus 3: Die Teilnehmenden orientierten sich zwar bereits an einem <Prozessfokus> und konnten einzelne ‖kognitive Facetten mathematischer Potenziale‖ individuell zuschreiben, ihnen fehlte jedoch oft eine prägnantere Beschreibungssprache und die differenzierten Diagnosekategorien in Bezug auf die kognitiven Aktivitäten der Schülerinnen und Schüler, um die Szene in einer angemessenen Systematik zu diagnostizieren.

Fallbeispiel Ute – Teil 2: Diagnosepraktiken nach der Einführung eines prozessbezogenen Kategorienangebots
Das folgende Transkript zeigte eine Szene, in der die Lehrkräfte zuvor die Treppenaufgabe zu den additiven Zerlegungen (vgl. Abschnitt 2.5) als mathematischen Lerngegenstand bearbeitet haben und die dabei relevanten Explorationsprozesse fachlich und fachdidaktisch aufgearbeitet. In diesem Zuge wurde auch das Kategorienangebot aus Abb. 7.2 für die prozessbezogene, kategoriengeleitete Analyse und ihre Relevanz bei der Fokussierung der kognitiven Aktivitäten im Prozess erarbeitet. Ute beschreibt danach den Bearbeitungsprozess der Treppenaufgabe von vier Lernenden.

Ute zeigt in dieser Szene erneut einen klaren <Bearbeitungsprozessfokus>, denn sie nimmt nicht allein Bezug auf das Ergebnis, sondern auf den gesamten in der Vignette dargestellten Bearbeitungsprozess. Gleichzeitig beschreibt sie jedoch dieses Mal deutlich systematischer den Explorationsprozess. Sie nutzt die Kategorien des ‖Erfassens‖, ‖(Aus-)Probierens‖ und ‖Vermutens‖ explizit (Zeile 103b+c: „Also sie können es erfassen. Sie probieren ja aus zu zählen. Sie vermuten auch durch 3 Teilen plus 1.“), sowohl als Kategorie als auch als Beschreibungssprache.

Diese drei Stufen haben die Lernenden ihrer Analyse nach bereits absolviert. Im Anschluss identifiziert sie die Hürde (Zeile 103e: „[…] ganz blöde Rechenfehler“), die die Lernenden davon abhält, den nächsten Prozessschritt des ‖Systematisieren‖ zu absolvieren (Zeile 103 g: „Sie können aber auch nicht systematisieren, weil um zu systematisieren sie die richtigen Zahlen bräuchten.“). Die Subkategorien der Entdeckungstreppe, diejenigen Aktivitäten, die die Lernenden von Stufe zu Stufe bringen (‖Verstärken‖ und ‖Widerlegen‖), werden ebenfalls von ihr als Erklärungs- und Beschreibungskategorie verwandt (Zeile 103f: „Ehm- und deshalb können sie nicht rückwärtsgehen, verstärken und widerlegen.“).

Transkript Z3_P2, VV7, Ute 309

Gruppendiskussion; Analyse des Bearbeitungsprozesses der Treppenaufgabe unter Berücksichtigung des Kategorienangebots der kognitiven Aktivitäten bei Explorationsprozessen

Konkrete Fragestellung: Wie schätzt ihr den Prozess ein?

308	Fortbildnerin	Ok, wie würdet ihr das jetzt einschätzen?
309 a	Ute	Also ich würde sagen, dass die auf der Stufe des Vermutens stehen bleiben.
b		Also sie können es erfassen. Sie probieren ja aus zu zählen.
c		Sie vermuten auch ‚durch 3 teilen plus 1'.
d		Aber dann bleiben sie stehen, weil sie eben falsch rechnen.
e		Ganz blöde Rechenfehler machen, beziehungsweise dann eben nicht von der 8 ausgehen.
f		Ehm- und deshalb können sie nicht rückwärtsgehen, verstärken und widerlegen.
g		Sie können aber auch nicht systematisieren, weil um zu systematisieren, sie die richtigen Zahlen bräuchten.

Utes gesamte Diagnose zeigt, dass sie die angebotene metaphorische Struktur der Entdeckungstreppe, welche es im Verlauf des Bearbeitungsprozesses zu erklimmen gilt, als Denkkategorie für sich verinnerlicht hat. So spricht sie vom „rückwärtsgehen" als auch explizit von der „Stufe des Vermutens" (s. o., Zeile 103f). Hier inbegriffen ist auch das Verständnis für die Nicht-Linearität des Prozesses, der nicht nur treppaufwärts, sondern mit Rückschritten und Schleifen verlaufen kann (Zeile 103f).

Utes Diagnose zeigt exemplarisch, wie die Diagnosen der teilnehmenden Lehrkräfte durch die Einführung des Kategorienangebots qualitativ angereichert wurden. Sowohl im Hinblick auf eine einheitliche Beschreibungssprache, als auch in Bezug auf die für die Diagnosen genutzten Kategorien zeigte sich bei den Lehrkräften eine deutliche Verbesserung. Insbesondere die prozessbezogene Ausdifferenzierung der ||kognitiven Facette mathematischer Potenziale|| mit geeigneten ||kognitiven Aktivitäten|| ist nach der Einführung des Kategorienangebots deutlich häufiger zu rekonstruieren.

Um diese situativ rekonstruierbare Wirkung des Designelements zu verstetigen und zu vermeiden, dass sie nur unmittelbar nach dessen Einführung erfolgt, wurde das Kategorienangebot im weiteren Verlauf der Fortbildung regelmäßig wieder in die Arbeitsaufträge eingebunden.

Fallbeispiel Ute – Teil 3: Verinnerlichung der prozessbezogenen Kategorien
Im dritten Transkriptausschnitt, der aus einer späteren Diagnoseaktivität der Fortbildung zu einer Videovignette zur Treppenaufgabe (VV1, vgl. Anhang) stammt,
ist zu erkennen, dass Ute die Kategorien als auch die Beschreibungssprache
weiterhin nutzt, wenn auch nicht mehr in der plakativ wortwörtlichen Form
des zweiten Transkriptausschnitts. Sie nutzt hier zwar die Denk- und Wahrnehmungskategorien und ihren metaphorischen Zusammenhang in der Treppe nicht
mehr explizit, gleichwohl sind die adressierten kognitiven Aktivitäten ihr auch
weiterhin entnommen:

Transkript Z3_P2, VV1, Ute 411
Gruppendiskussion; Analyse des Bearbeitungsprozesses von vier Lernenden der Treppenauf-
gabeunter Berücksichtigung des Kategorienangebots
Konkrete Fragestellung: Was habt ihr gesehen? Was passiert hier?

411 a	Ute	Florian, der systematisiert und auch den Prozess voranbringt,
b		erste Vermutungen oder so [äußert] und der auch am Ende nochmal,
		wo die schon mit den ungeraden Zahlen nochmal rumgedönst sind
c		und eigentlich wieder auf alte Sachen zurückkommen, die schon lange
		begründet waren
d		und dass er sagt, mit allen ungeraden- habe ich ja schon geschrieben.
e		Also er bringt insofern [...], zeigt nochmal was schon da ist und bringt
		den Prozess auch gut weiter.
f		Er ist ein sehr guter Prozesssteuerer.
g		Also man sieht, dass die wirklich alle ganz andere Sachen haben
h		und Tom ist so einer, der sehr gut in Strukturen denkt.
i		Also schon spannend ja.

Ihre Diagnose erfolgt erneut sehr differenziert. Wie bereits im vorherigen
Beispiel stellt sie auch hier den diskontinuierlichen Verlauf des <Bearbeitungs-
prozesses> heraus. Umso mehr hebt sie daher die ordnenden Aktivitäten von
Florian hervor (Zeile 411a: „[...] den Prozess voranbringt", Zeile 411e+f: „[...]
zeigt nochmal was schon da ist und bringt den Prozess auch gut weiter.
Er ist ein sehr guter Prozesssteuerer."). Auch hier fokussiert sie den Bearbeitungsprozess statt der Produkte, zeigt also erneut ihre Orientierung des
<Bearbeitungsprozessfokus>.
    Außerdem nutzt sie die Sprache als auch die Kategorien des Kategorien-
angebots ||Vermuten||, ||Systematisieren|| und ||Begründen|| (Zeile 411b: „erste
Vermutungen oder so [äußert]", Zeile 411a: „Florian, der systematisiert", Zeile
411c: „und eigentlich wieder auf alte Sachen zurückkommen, die schon lange
||begründet|| waren."). Tom schreibt sie ||Strukturkompetenz|| zu (Zeile 411h: „und

Tom ist so einer, der sehr gut in Strukturen denkt"), eine Konkretisierung der ‖kognitiven Facette mathematischer Potenziale‖.

Insgesamt zeigt sich, dass sie die Aktivitäten-Kategorien der Explorationsprozesse nun verinnerlicht hat und damit eine hohe Diagnosequalität erreicht, die durch ihren Grad der Differenziertheit auf qualitativ höherem Niveau ist als im ersten Transkript vor Einführung des Kategorienangebots. Sowohl die Diagnosekategorien als auch die Denkfigur der aufsteigenden Explorationsprozesse aktiviert sie nun in eher impliziter, aber doch sehr wahrnehmungsschärfender Weise,

7.2.4 Verbreiterung der Analysen auf weitere Fälle: Übernahme der angebotenen Diagnosekategorien nach systematischer Einführung des Kategorienangebots in Zyklus 3

Übernahme und sprachliche Variation unmittelbar nach Einführung
Über das in Abschnitt 7.2.3 analysierte Fallbeispiel von Ute hinaus, zeigte sich auch bei weiteren Lehrkräften des Zyklus 3, dass sie das Angebot prozessbezogener Kategorien für die Diagnose von Explorationsprozessen aufgriffen, sowohl die angebotene Beschreibungssprache als auch die damit verbundenen Denkfiguren zu ihren Zusammenhängen. Dies soll hier durch Verbreitung der Analysen auf weitere Fälle gezeigt werden. Dazu wurden in Tabelle 7.4 und 7.5 alle Äußerungen zu Aktivitäten in Explorationsprozessen aufgeführt.

Tabelle 7.4 setzt ein an dem zweiten Tag des ersten Präsenztreffens von Zyklus 3, an dem das Kategorienangebot durch die Fortbildnerinnen eingeführt wurde (Turn 308). Aufgelistet sind dann spaltenweise alle Turns mit ihren expliziten und analogen Erwähnungen nach diesem Moment.

Ähnlich wie am Fallbeispiel von Ute gezeigt (vgl. Abschnitt 7.2.3), formulierten auch andere Lehrkräfte unmittelbar nach der Einführung des Kategorienangebots ihre Diagnosen mit sprachlicher und inhaltlicher Nähe zum Kategorienangebot (explizite Nutzung der Sprache in der anschließenden Diagnoseaufgabe: Turn 309, 311, 328, 334). Die Abb. 7.2 wurde nach der initialen Einführung nicht mehr visuell präsentiert, lag den Lehrkräften aber in Form eines Handouts vor.

In den darauffolgenden beiden Diagnoseaktivitäten, welche wie immer anhand von Videovignetten vorgenommen wurden (ab Turn 354), waren die Formulierungen zwar sprachlich etwas weiter weg, doch die Kategorien wurden bei anderer

Benennung inhaltlich weiterhin zur Prozessbeschreibung genutzt. So nimmt bei-spielsweise Sina den höchsten Prozessschritt des „Begründens" in den Blick, wenn sie davon spricht, dass sie zur Förderung der dargestellten Lernenden-gruppe gerne an der „Ausformulierung der Erklärung" ansetzen möchte (Turn 407, vgl. Tabelle 7.4). Auch wenn sie nicht explizit von der Stufe des Begrün-dens spricht, so nimmt sie als letzten Schritt ihrer Prozessbeschreibung die von den Lernenden angedachte Begründung ihrer Lösung in den Blick, fokussiert hier insbesondere die kommunikative Ausgestaltung dieser Erklärung und adressiert somit die Aktivität des ‖Begründens‖ in sprachlich analoger Weise.

Sinas Beispiel zeigt den Unterschied zwischen Diagnosesprache und Diagno-sekategorien: Die Kategorien können auch dann als Denk- und Wahrnehmungs-schärfung fungieren, wenn sie sprachlich anders realisiert werden.

Explizite Nutzung und sprachliche Variation beim nächsten Treffen
Im zweiten Präsenztreffen von Zyklus 3 wurden zu Beginn die wichtigsten Inhalte des ersten Treffens wiederholt. Dazu zählte auch das Kategorienangebot der kognitiven Aktivitäten für Explorationsprozesse. Die Fortbildnerinnen prä-sentierten dazu Abb. 7.2 in Form eines kurzen visuellen Impulses zu Beginn der Fortbildung, ohne aber weitere Hinweise oder Kommentare hierzu einfließen zu lassen. Dennoch nutzten die Lehrkräfte in den ersten Diagnoseaktivitäten die Sprache des Kategorienangebots durchaus explizit, wie Tabelle 7.5 zeigt.

So nahm z. B. Benno bei der Diagnose einer Videovignette, welche die Bear-beitung der Treppenaufgabe durch Lernende einer der teilnehmenden Lehrkräfte zeigte, eine Prozessbeschreibung vor, in der er explizit die Sprache des Kate-gorienangebots nutzte (vgl. Tabelle 7.5). Er identifizierte den Fortschritt der Lernenden explizit auf der Stufe des Vermutens (211: „Ja sie kommen über das Vermuten nicht raus. Also da werden Thesen aufgestellt und dann wird verifiziert, falsifiziert.").

Über die explizite Verwendung der sprachlichen Angebote hinaus zeigen die Lehrkräfte, dass sie das Kategorienangebot als Denkfigur zur Prozessbe-schreibung nutzen. Sina nutzt beispielsweise die Hierarchisierung der kognitiven Aktivitäten, so wie sie das Kategorienangebot durch seine Treppenstruktur vor-schlägt. Sie setzt dazu verschiedene Arten des Probierens miteinander in Bezug und vergleicht das unsystematische Probieren (Turn 255: „[…] sie machen jetzt nicht wahllos fünf, acht, zwölf und so weiter […]") mit dem systematischen (Turn 255: „[…], sondern es sind immer Zahlenfolgen, die sie ausprobieren. Das ist ja schon ne Strategie. Zu sagen es muss irgend ne Folge geben, von

Tabelle 7.4 Überblick zu Transkriptstellen zum Aufgreifen der Diagnosekategorien in Zyklus 3, Präsenz 1 und 2 (Turns der Verweis durch Fortbildenden bzw. Verwendung durch Teilnehmende)

	1. Diagnose-aktivität	2. und 3. Diagnoseaktivität (Beginn 354)	Beispiel
Verweis auf Kategorienangebot (allgemein)	2x	Explizit: 308 (Einführung)	Explizit: 433	–
Explizite / analoge Verwendung durch Teilnehmende			
Erfassen	–	–	–
Ausprobieren	7x	Explizit: 328	Explizit: 448, 497, 578 Analog: 388, 480, 485	388 Sina: „Die hatten diese Dreierstufe und haben halt gesagt, alle Zahlen die durch 3 teilbar sind. Und dann hab ich gedacht, ok, dann versuchen die auf 4 das jetzt anzuwenden und dann einfach im Grunde das gleiche nochmal mit den Vierern zu machen. Die haben aber dann ja festgestellt, dass das da nicht passt."
Vermuten	11x	Explizit: 311, 309	Explizit: 380, 386, 411 Analog: 385, 388, 393, 431, 432, 480	393 Silas: „Also das, was sie bei drei- herausgefunden haben, wollten sie auf vier Stufen anwenden und haben damm- dabei festgestellt, dass das nicht funktioniert."

(Fortsetzung)

Tabelle 7.4 (Fortsetzung)

	1. Diagnose-aktivität	2. und 3. Diagnoseaktivität (Beginn 354)	Beispiel
Systematisieren	8x	Explizit: 309, 311, 334	Explizit: 411, 593 Analog: 427,432,487	427 Fabian: „Auf der kognitiven Ebene denke ich das auch, weil die diese Zweier, Dreier und Viererstufen sozusagen als oberen Abschluss identifiziert haben. Das ist ja eigentlich ein Muster, das sie erkannt haben mit dem die dann weiterarbeiten können- ja."
Begründen	1x		Analog 407	407 Sina: „[…] Die auch versuchen zu formulieren. […]. Ne' dann heißt es hier ja da kannst du immer drei darunter packen- und- drei darunter packen, müsste man ja theoretisch versuchen können auch zu formulieren mit der Summe ne? Und immer eins weniger […] Jetzt muss die Erklärung nur noch besser formuliert werden, n ne?"

Tabelle 7.5 Überblick zu Transkriptstellen zum Aufgreifen der Diagnosekategorien in Zyklus 3, Präsenz 3 und 4 (Turns der Verweis durch Fortbildenden bzw. Verwendung durch Teilnehmende)

		1. Diagnose-aktivität	2. und 3. Diagnoseaktivität (Beginn 354)	Beispiel
Verweis auf Kategorienangebot (allgemein)	3x	Explizit: 187	Explizit: 454 Analog: 565	–
Explizite / analoge Verwendung durch Teilnehmende				
Erfassen	–	–	–	–
Ausprobieren	8x	Explizit: 21, 205, 255, Analog: 246	Explizit: 301 Analog: 304, 317, 591	591 Amelie: „Dann sagen die ja, oder schreiben es auf, entdecken das, oder was weiß ich, wie man das alles macht. Aber die finden heraus, dass diese Aufgabe gar nicht rein passt, weil man eben nicht mal zehn, sondern mal 100 nehmen musste."
Vermuten	9x	Explizit: 211, 259 Analog: 21, 190, 255,268,	Analog: 322, 679, 693	211 Benno: „Ja sie kommen über das Vermuten nicht raus. Also da werden Thesen aufgestellt und dann wird verifiziert, falsifiziert."

(Fortsetzung)

Tabelle 7.5 (Fortsetzung)

		1. Diagnose-aktivität	2. und 3. Diagnoseaktivität (Beginn 354)	Beispiel
Systematisieren	10x	Explizit: 192, 226, 263, 280 Analog: 190,255, 257	Analog: 321, 333, 347	255 Sina: „Er nennt zwar quadrieren, aber das heißt die Zahlenfolgen, sie machen jetzt nicht wahllos fünf, acht, zwölf und so weiter, sondern es sind immer Zahlenfolgen, die sie ausprobieren. Das ist ja schon ne Strategie. Zu sagen es muss irgend ne Folge geben, von der wir hier sprechen."
Begründen	5x	Explizit: 268,269,270 279	Explizit: 697	268 Esther: „Also ich find vor allem der Emil der versucht auch immer schon zu begründen."

der wir hier sprechen."). In ihrer Diagnose nutzt sie die Kategorie des Systematisierens in differenzierter Abgrenzung zum Probieren und zeigt daran den Bearbeitungsfortschritt der Lernenden auf.

Tabelle 7.5 zeigt über die beiden dargelegten Beispiele hinaus, dass auch im zweiten Präsenztreffen die Sprache und die Denk- und Wahrnehmungskategorien des Kategorienangebots von den Lehrkräften genutzt wurden. An Tag 1 dieses zweiten Präsenztreffens wurde das Kategorienangebot noch einmal explizit durch die Fortbildenden adressiert (Turn 187). Wie in der Tabelle zu erkennen ist, wurde die Sprache als auch und vor allem die Denkkategorien des Kategorienangebots im Anschluss explizit für die Diagnoseaktivität genutzt. Sie nutzen oft synonyme Ausdrücke, die auf eine Verinnerlichung der Kategorien statt Ablesen aus der Graphik hindeuten. Die explizite Verwendung der angebotenen, gemeinsamen Sprache ließ bereits bei der zweiten Diagnoseaktivität nach; in der dritten wurde sie gar nicht mehr genutzt. An Tag 2 lässt auch die synonyme Verwendung der Kategorien im Rahmen der Diagnoseaktivitäten nach, was auch auf andere Bearbeitungsprozesse (nicht Explorationsprozesse) in den angebotenen Vignetten zurück zu führen ist). Gleichwohl muss die nachlassende Nutzung auch als Indiz gedeutet werden, dass für die Etablierung einer konstanten und nachhaltigen Nutzung sowohl der vereinheitlichten Diagnosesprache als auch der Wahrnehmungs- und Denkkategorien zur differenzierten Strukturierung der Diagnosen ein vermehrter Rückbezug auf das Kategorienangebot erfolgen muss, bevor die Verinnerlichung nachhaltig wird.

Für die Reaktivierung des bereits Gelernten in Bezug auf die Kategorien zur Beschreibung der kognitiven Aktivitäten in Explorationsprozessen könnte eine erneute Adressierung, evtl. auch explizite Darbietung des Kategorienangebots ggf. eine Gelingensbedingung bilden.

Fazit zur Theoriebildung von explanativen und präskriptiven Theorieelementen
Die qualitative Rekonstruktion gibt Einblicke in die situativen Wirkungsweisen des Designelements des prozessbezogenen Kategorienangebots. Nicht nur die hier exemplarisch dargestellten Diagnosen von Ute, sondern auch die Diagnosen der anderen Teilnehmenden, konnten durch dessen Einführung auf die situativen Potenziale in den kognitiven Aktivitäten der Explorationsprozesse fokussiert werden.

Die teilnehmenden Lehrkräfte eigneten sich nicht nur eine gemeinsame Sprache zur Beschreibung der Prozesse an, sondern übernahmen auch bei Nutzung anderer Vokabeln die Kategorien und differenzierten damit den Blick auf die kognitiven Aktivitäten der Schülerinnen und Schüler aus. Die Nutzung

der Kategorien der ||Kognitiven Aktivitäten||, aus denen das Kategorienange-
bot bestand (vgl. Abb. 7.2), führte zu einer differenzierteren Diagnose des
Bearbeitungsprozesses der Lernenden. Die zugrundeliegende Orientierung <Bear-
beitungsprozessfokus> ist dadurch gestärkt und verstetigt worden. So konnten
sowohl die bereits bewältigten kognitiven Aktivitäten identifiziert als auch der
Fortschritt im Explorationsprozess lokalisiert werden. Als Folge dessen fiel es
den Lehrkräften deutlich leichter, die inhaltliche Hürde der Lernenden auszuma-
chen, indem sie also die absolvierten Prozessschritte auf der einen und den nun
notwendigen nächsten Schritt auf der anderen Seite in den Blick nehmen konnten.
   Die Treppenmetapher der Abb. 7.2 bot eine strukturierte Denkfigur des
sukzessive-voranschreitenden Erkenntnisprozesses, mit deren Hilfe die Lehrkräfte
tiefergehende Diagnosepraktiken vollziehen konnten. Wie Goodwin (1994) es
für das Konstrukt *professional vision* beschreibt, ermöglichten es die differenzierte Beschreibungssprache und die damit verbundenen kognitiven Strukturen
den Lehrkräften, deutlich differenzierter zu identifizieren, was in der zu beobachtenden Situation als relevant zu setzen ist. Dadurch konnten sie sodann
besser diagnostizieren. Hier zeigt sich, wie das Kategorienangebot die kognitive Funktion der Sprache unterstützt (Maier und Schweiger 1999). Die Sprache
des Kategorienangebots dient hier neben der kommunikativen Vereinheitlichung klar auch dem Erkenntnisgewinn. Die begriffliche Repräsentation des zu
diagnostizierenden Gegenstands führt zur Fokussierung, zur „Verdichtung des
Informationstransports" (ebd., S. 11). Dass die kognitiven Aktivitäten in einer
strukturierten Denkfigur gedacht und benannt werden können, sorgt dafür, dass
sie gesehen und verarbeitet werden können. Das Kategorienangebot wirkt also in
zweierlei Hinsicht: sowohl zur differenzierten, einheitlichen Versprachlichung als
auch zur Unterstützung der fokussierten Diagnosefähigkeit der Lehrkräfte.
   Diese ausdifferenzierten Diagnosepraktiken könnten sich auf Förderpraktiken
positiv auswirken, und in der Tat wurde in einer Analyse bereits nachgewie-
sen, dass die Lehrkräfte gezielter planten, „welche beobachteten Aktivitäten
sich herausheben lassen, um deren Relevanz und Qualität für die Lernenden zu
explizieren und systematisieren" (Prediger und Rösike, S. 166).
   Da jede fokussierte Förderung eine treffsichere Diagnose voraussetzt, ist
diese eine wichtiger Entwicklungsschritt. Allerdings wird das nächste Kapitel
zeigen, dass klar zwischen der <kurzfristigen> und der <langfristigen Pro-
zessorientierung> unterschieden werden muss. Die unmittelbare Wirkung des
Kategorienangebots im Hinblick auf die rekonstruierbaren Orientierungen und

Kategorien, die von den Lehrkräften genutzt werden, stellt sich vorwiegend als <kurzfristig> dar. Das bedeutet, dass die Lehrkräfte im Rahmen ihrer Diagnose den ‖Bearbeitungsprozess‖ in den Blick nehmen und hier deutlich differenzierter wahrnehmen, diagnostizieren und lokalisieren können, gleichzeitig aber nicht automatisch auch den ‖Lernprozess‖ in seinem etwas längerfristigen Verlauf in den Blick nehmen. Ihre Diagnosen fokussieren also den Prozess, jedoch zunächst in einer <kurzfristigen> Perspektive, wie in Kapitel 9 zu zeigen sein wird.

Insgesamt konnten die zwei in Kapitel 7 vorgestellten Designelemente (Kategorienangebot der 5 Facetten und Kategorienangebot der kognitiven Aktivitäten) die kategoriengeleitete Diagnose der Lehrkräfte sichtbar stärken. Stärkung bedeutet dabei zum einen die Ausweitung der aktivierten Kategorien, wie in Kapitel 1 gezeigt wurde, aber auch die tiefergehende und ausdifferenzierte Diagnose durch ausdifferenzierte Wahrnehmungs- und Denkverstärker. Die kommunikative Kraft zeigte sich in einer gemeinsamen Beschreibungssprache, die kognitive Kraft als Denkverstärker in der wiederkehrenden Nutzung der Denkfiguren über aufbauende Aktivitäten-Schrittigkeiten.

Abschließend kann also konstatiert werden, dass explizite Kategorienangebote und ihre systematische Einübung in vignettenbasierten Diagnoseaktivitäten zur Weiterentwicklung der Diagnosepraktiken der Lehrkräfte substanziell beizutragen scheinen. Für den spezifischen Fortbildungsgegenstand der mathematischen Potenzialförderung scheint insbesondere der Fokus auf die kognitiven Aktivitäten eine produktiv ausdifferenzierende Wirkung zu haben im Hinblick auf die differenzierte Diagnose der Bearbeitungsprozesse.

Als präskriptive Konsequenzen wird die übergeordnete Kategorie der ‖kognitiven Aktivitäten‖ daher in die Spezifizierung des Fortbildungsgegenstands aufgenommen, d. h. sie wird empirisch begründet in das gegenstandsspezifische Expertisemodell aufgenommen. Das Designelement von Kategorienangeboten und ihre explizite Einübung könnte auch für andere Fortbildungsgegenstände auf seine Wirkungen untersucht werden.

Zusammenfassend konnte im Hinblick auf die Einführung des Designelements der zwei Kategorienangebote also festgestellt werden, dass sich die Prozessbezogenheit der Diagnosen klar nachzeichnen konnte, jedoch in erster Linie in Bezug auf den dargelegten, unmittelbaren Bearbeitungsprozess. Hinsichtlich der Fortentwicklung der Kategoriengeleitetheit der Diagnosen konnte sich das Designelement ebenfalls als förderlich erweisen, wenngleich der Effekt im Sinne der unterschiedlichen Professionalisierungsziele durchaus hinderliche Aspekte aufweist. So führte die differenzierte Nutzung der Kategorien des Designelements häufig zu Diagnosen, die zwar individuelle Potenziale ausmachen und zuschreiben konnten, jedoch nicht automatisch Förderimpulse oder –perspektiven mitdachten.

Um den Zusammenhang differenzierter zu untersuchen schlossen sich weitere qualitative Untersuchungen an, welche in Kapitel 8 dargelegt werden.

Leitkategorien für das Wahrnehmen und Denken bei Diagnose- und Förderpraktiken

8

Durch die qualitativen Analysen der unterschiedlichen Diagnosepraktiken und ihrer inhaltlichen Fokussierung, bzw. der anschließend anvisierten Förderimpulse zeigte sich in Kapitel 7, dass die Lehrkräfte sehr unterschiedliche Aspekte mathematischer Potenziale wahrnehmen. In diesem Kapitel wird diese Beobachtung differenzierter untersucht. Es wird gezeigt, dass die Lehrkräfte dabei in sehr heterogener inhaltlicher Ausrichtung und Qualität den Bearbeitungsprozess bzw. eine hypothetisch anschließende Förderperspektive in den Blick nehmen (vgl. Abschnitt 8.1 bis 8.3). Empirisch rekonstruiert wird dabei, dass die Lehrkräfte in unterschiedlichen Situationen von drei verschiedenen Leitkategorien geführt werden. Es handelt sich bei den Leitkategorien also nicht um durchgängige Denk- und Handlungsmuster, die zu einem Lehrkräftetyp gehören; vielmehr sind sie als drei Denk- und Wahrnehmungskategorien zu verstehen, die von den gleichen Lehrkräften situativ als relevant gesetzt werden, um eine Situation wahrzunehmen und in ihr zu handeln (Prediger und Buró 2020).

Die jeweils situativ dominanten Leitkategorien sind im vorliegenden Forschungsprojekt verbunden mit Perspektiven auf die Lernenden, ihre Lern- und Bearbeitungsprozesse sowie mathematische Potenziale als wahrzunehmenden Gegenstand. In Prediger und Rösike (2019) wurden sie noch als Diagnoseperspektiven bezeichnet; im weiteren Verlauf der Analysen für das vorliegende Dissertationsprojekt und durch kollegiale Beratungen mit einem angrenzenden Projekt (Prediger und Buró 2020) erwiesen sich jedoch die Leitkategorien auch als relevant für die Förderpraktiken. Die Leitkategorien haben als wichtigste Kategorien im Expertisemodell eine klare Verortung, indem sie die unterschiedlichen inhaltlichen Fokussierungen während der *Diagnosepraktiken* der Lehrkräfte

K.-A. Rösike, *Expertise von Lehrkräften zur mathematischen Potenzialförderung*, Dortmunder Beiträge zur Entwicklung und Erforschung des Mathematikunterrichts 47, https://doi.org/10.1007/978-3-658-36077-1_8

beeinflussen, sowie im unmittelbarem Zusammenhang stehen mit den anschließenden Förderpraktiken (vgl. Expertisemodell Kapitel 3). Die Rekonstruktion der drei Leitkategorien hat somit auch dazu beigetragen, den Hintergrund der daraus resultierenden Diagnose- und Förderpraktiken und ihrer Zusammenhänge zu verstehen.

Der Job *Potenziale aktivieren* steht in der folgenden systematischen Analyse der Praktiken nur im Hintergrund, denn im Rahmen der untersuchten Fortbildungen ist das Aktivieren von Potenzialen durch die entwickelten Lernarrangements durch das Projektteam geleistet und für die Lehrkräfte unterstützt worden. Dabei wurden die Designprinzipien (vgl. Abschnitt 2.4) berücksichtigt und entsprechende Aufgaben gemeinsam mit den teilnehmenden Lehrkräften besprochen, hinsichtlich der Designprinzipien analysiert und im Anschluss in ihrem Unterricht erprobt (vgl. Kapitel 6).

Im vorliegenden Kapitel wird in erster Linie das Zusammenspiel der Leitkategorien mit den Diagnose- und Förderpraktiken der Lehrkräfte dargelegt. Beide Praktiken sind in der Unterrichtspraxis meist eng verbunden, auch wenn sie in der Laborsituation der Fortbildung fokussierend auf einen Job thematisiert werden. Es zeigt sich, dass das Verständnis der Lehrkraft von guter Förderung diejenigen Aspekte der zu diagnostizierenden Situation beeinflusst, welche sie unmittelbar relevant setzt und fokussiert. Ihr Blick auf die Situation wird also davon gelenkt, welche Kategorien sie aktiviert und für ihre Diagnose nutzt. Aspekte, die sie nicht wahrgenommen hat, kann sie im Anschluss nicht im Rahmen ihrer Förderung adressieren. Die Analysen betrachten daher beide Jobs, also das Diagnostizieren und Fördern mathematischer Potenziale, stets gemeinsam, fokussieren in dem jeweiligen Unterkapiteln jedoch einen der beiden und die Wirkungsrichtung des Zusammenhangs. Zu betonen ist dabei noch einmal, dass der Job *Potenziale fördern* eingegrenzt wurde auf die Lernbegleitung in der Interaktion (vgl. Abschnitt 3.2.3).

Im Folgenden werden die drei rekonstruierten Leitkategorien und ihr Zusammenspiel mit typischen Diagnose- und Förderpraktiken exemplarisch an Transkriptauszügen aus Zyklus 2 und 3 dargestellt: ||Potenzialstärkung||, ||Aufgabenbewältigung|| und ||Potenzialindikation||. Die zweite und dritte Leitkategorie haben sich als weniger produktiv für die Gestaltung potenzialförderlicher Lernprozesse gezeigt; dieser Zusammenhang wird anschließend durch Rekonstruktion typischer Praktiken der Lehrkräfte in Abhängigkeit von der jeweiligen Leitkategorie ausgeführt. Rekonstruiert wird zudem, welche weiteren Orientierungen und Kategorien typischerweise zusammen mit den Leitkategorien auftauchen. Dabei wird aus den im Expertisemodell zusammengefasst notierten Orientierungen wie <Prozess-

vs. Produktfokus> jeweils nur die lokal aktivierte Ausprägung aufgeführt, z. B. <Produktfokus>.

8.1 Leitkategorie Potenzialstärkung und die damit zusammenhängenden Diagnose- und Förderpraktiken

Die Leitkategorie ‖Potenzialstärkung‖ ist die fruchtbarste der drei Leitkategorien. Sie passt zu dem theoretisch eingeführten dynamischen Potenzialbegriff und den daraus resultierenden Prinzipien der mathematischen Potenzialförderung mit langfristiger Orientierung (vgl. Abschnitt 3.2.3). Sie wird von den Lehrkräften aktiviert, wenn sie ihren diagnostischen Blick auf die Lernenden selbst bzw. ihr Lernen richten und dabei eine Förderung, die über die Situation hinausgeht, in den Blick nehmen. Das heißt, die Lehrkräfte fokussieren bei ihren Diagnosen nicht die aktuell zu bewältigenden Hürden im Bearbeitungsprozess, sondern vielmehr diejenigen gezeigten Ressourcen der Lernenden, die es mittel- und langfristig zu stärken gilt. Dieser <Lernprozessfokus> lässt sich deutlich vom <Bearbeitungsprozessfokus> abgrenzen. Anders als bei der ‖Potenzialstärkung‖ geht es bei der Fokussierung des Bearbeitungsprozesses vielmehr um den kurzfristigen Prozess der Bearbeitung einzelner Aufgaben, maximal noch um jenen zum Ende der Stunde hin. Das Arbeitsprodukt meint hier die Fertigstellung einzelner Aufgaben bzw. der im Rahmen der Schulstunde zu bewältigenden Aufgaben. Der Lernprozess bzw. das Lernprodukt werden eher in der Perspektive der <langfristigen Förderung> gesehen und daher über die Stunde hinaus, vielleicht sogar über die Unterrichtseinheit hinaus betrachtet. Dabei fokussieren die Lehrkräfte den nachhaltigen, langfristigen Lernprozess der Schülerinnen und Schüler, unabhängig vom Gegenstand der Unterrichtsstunde oder –einheit und dessen kurzfristiger Bewältigung.

Die Leitkategorie ‖Potenzialstärkung‖ befähigt die Lehrkräfte dazu, über die aktuelle Situation bzw. den aktuellen Lern- und Bearbeitungsprozess einzelner Aufgaben hinaus zu denken, Potenziale unabhängig von den situativen Bedarfen der Aufgabenbewältigung wahrzunehmen und diese in ihren Förderungen in den Blick zu nehmen. Sowohl in der Diagnose als auch in der anschließenden Förderung zeigt sich diese Leitkategorie als besonders produktiv.

Wenn Lehrkräfte die Leitkategorie ‖Potenzialstärkung‖ nutzen, achten sie beim Diagnostizieren von Potenzialen vor allem in <ressourcenorientierter> Form auf ‖Potenziale‖ statt ‖Defizite‖. Sie richten ihren Blick auf die ‖Facetten mathematischer Potenziale‖, meist in Form von absolvierten ‖kognitiven Aktivitäten‖, die es über die aktuelle Situation hinaus zu stärken lohnt. Haben sie diese Aspekte bereits bei der Planung ihres Unterrichts im Kopf (Job: *Potenziale aktivieren*), so nutzen sie häufig die ‖Mathematische Reichhaltigkeit‖, um möglichst hohes ‖Kompetenz- und Autonomieerleben‖ zu ermöglichen.

Vor allem für die beiden Jobs *Potenziale diagnostizieren und fördern* zeigt sich, dass im Zuge der Leitkategorie ‖Potenzialstärkung‖ die mathematischen ‖Potenziale als dynamisch statt angeboren‖ verstanden werden. Die grundsätzliche Aufgabe des Aktivierens und Förderns dieser Potenziale – und auch die Verantwortung für deren Förderung – liegt dann bei der Lehrkraft und kann nicht ausschließlich auf die Disposition des Lernenden abgetreten werden (vgl. Abschnitt 2.2 und 2.3). Außerdem zeigt sich häufig, dass <Potenziale als ggf. noch latent> verstanden werden, sodass auch noch fragile Kompetenzen wahrgenommen und als zu fördern verstanden werden können.

8.1.1 Diagnosepraktiken unter der Leitkategorie Potenzialstärkung

Im Folgenden wird beispielhaft anhand der Diagnosepraktiken von Clara und Amelie während des zweiten Präsenztages der ersten Fortbildungssitzung aus Zyklus 3 dargelegt, wie Arbeitsprozessen mit der Leitkategorie ‖Potenzialstärkung‖ diagnostiziert werden.

Transkript Z3_P2, VV14, Clara & Amelie, 65-67
Gruppendiskussion; Reflexion über eine Videovignette, in der zwei Lernende eine Aufgabe
zur Prozentrechnung lösen (am Vortag gesehen und analysiert)
Konkrete Fragestellung: Woran kann ich als Lehrkraft mathematische Potenziale
festmachen?

65 a	Clara	Ja für mich war das wichtig, das wichtige an der Situation, dass- im Endeffekt was sie- eh was du sagtest. Entschuldigung.
b		Ehm, und zwar, weil wir auch darüber gesprochen hatten, dass es ganz wichtig ist, wenn man mal auf eine Wand fährt, praktisch, dann beim Denken.
c		Dann aber doch noch mal die Kurve zu kratzen und nochmal in eine andere Richtung weiterzudenken.
d		Klar, der hätte nie weitergedacht, wenn sein Nachbar nicht so eifrig gewesen wäre.
e		Aber er hat dann- weitergedacht und nochmal in eine andere Richtung, und das dann nochmal versucht.
f		Und das- war für mich dann der springende Punkt. Weniger ob es sich jetzt um Einsen und Dreien und Nullen handelt. Einfach, ehm, dieses sich wieder drauf einlassen. Das ist ja so wertvoll.
66	Fortbildnerin	Amelie.
67 a	Amelie	Für mich war- die Schlussszene ganz bedeutend, wo er dann sagt, ja, ich kann Mathe- oder weiß ich nicht [*kurzes Gemurmel*].
b		Und die Fest- diese Feststellung nimmt er ja mit für das nächste Mal.
c		Da versucht er wahrscheinlich, wenn er sich erinnert, da dranzubleiben und dieses Potenzial, hatten wir ja gestern auch gesagt, als Prozess zu sehen, hilft da an dieser Stelle.

Clara spricht in ihrer Diagnose nicht von den inhaltlichen Fortschritten
der Lernenden, sondern fokussiert ausschließlich ihr Arbeitsverhalten. Sie diagnostiziert eine hohe Ausprägung der ‖persönlichen und affektiven Facette
mathematischer Potenziale‖, wenn sie positiv herausstellt, dass die Lernenden
unterschiedliche Lösungswege ausprobieren und beharrlich an der Bearbeitung
festhielten (Zeile 65b: „[…] wenn man mal auf eine Wand fährt, praktisch,
dann beim Denken. Dann aber doch noch mal die Kurve zu kratzen und nochmal in eine andere Richtung weiterzudenken.“). Dabei nimmt sie keinen Bezug
zur aktuellen Aufgabe, sondern formuliert ihre Aussage globaler, unabhängig
von der unmittelbaren Situation (Zeile 65f: „Einfach, ehm, dieses sich wieder
drauf einlassen. Das ist ja so wertvoll.“). Sie stellt eine ‖metakognitive Kom-
petenzfacette‖ heraus, die für die Lernenden <langfristig> von Wert sein und
somit Stärkung erfahren könnte, um stabilisiert zu werden. Dabei bleibt allerdings offen, ob sie hier nur identifiziert, welche Potenziale der Schüler zeigt (in

einem <statischen Potenzialbegriff>) oder ob sie Potenziale sucht, die sie explizit im nächsten Schritt stärken möchte (in einem <dynamischen Potenzialbegriff>). Letzteres würde als Aktivierung der Leitkategorie ‖Potenzialstärkung‖ kodiert.

Amelie geht noch einen Schritt weiter und expandiert die Diagnose explizit über die gerade zu beurteilende Situation hinaus (Zeile 67b: „Und die Fest- diese Feststellung nimmt er ja mit für das nächste Mal."). Dabei ist ihr Diagnoseobjekt die ‖persönliche und affektive Kompetenzfacette‖ in Gestalt des ‖mathematischen Selbstkonzepts‖ des Schülers (Zeile 67a: „Für mich war-- die Schlussszene ganz bedeutend, wo er dann sagt, ja, ich kann Mathe-"). Sie formuliert sehr explizit, dass sie hier mit der Leitkategorie ‖Potenzialstärkung‖ diagnostiziert, indem sie sogar betont, dass die Stärkung einzelner ‖Facetten mathematischer Potenziale‖ über die aktuelle Bearbeitungssituation hinaus zur Potenzialförderung und –festigung beitragen kann (Zeile 67c: „Da versucht er wahrscheinlich, wenn er sich erinnert, da dranzubleiben und dieses Potenzial, hatten wir ja gestern auch gesagt, als Prozess zu sehen, hilft da an dieser Stelle."). Sie hat dabei im Blick, dass in der dargestellten Bearbeitungssituation der Lernenden die Möglichkeit zur <langfristigen> Förderung bzw. Stärkung der mathematischen Potenziale liegt.

Amelie fokussiert vorhandene ‖Ressourcen‖, hier konkret das ‖mathematische Selbstkonzept‖ (Zeile 67a). Insbesondere die Tatsache, dass sie expliziert, was sie an der Situation als Potenziale ausmacht und dass sie diese Facette über die konkrete Situation hinaus für stärkungswürdig hält (Zeile 67c: „Da versucht er wahrscheinlich, wenn er sich erinnert, da dranzubleiben und dieses Potenzial, hatten wir ja gestern auch gesagt, als Prozess zu sehen hilft da an dieser Stelle.") unterstreicht hier die vorhandene Leitkategorie ‖Potenzialstärkung‖.

Sowohl bei Amelie als auch bei Clara zeigt sich, dass sie einen <Prozessfokus> einnehmen; zum einen wird die unmittelbare Szene unabhängig vom Arbeitsprodukt betrachtet, zum anderen nehmen sie aber (Amelie sicher und Clara vermutlich) auch – zum Teil explizit – eine <langfristige> Förderung in den Blick, wenn sie über die Stärkung einzelner ‖Kompetenzfacetten‖ für folgende Abschnitte der individuellen Lernprozesse nachdenken.

Dieser Leitkategorie liegt weiterhin die Orientierung <Potenziale als ggf. noch latent> zugrunde; auch fragile oder erstmals gezeigte Kompetenzen werden als langfristig förder- und stärkbar wahrgenommen. So benennt Clara bspw. sehr explizit, dass sie die von ihr diagnostizierten Potenziale zwar situativ gebunden sieht und auch die Grenzen dieser Zuschreibung erkennt (Zeile 65d: „Klar der hätte nie weitergedacht, wenn sein Nachbar nicht so eifrig gewesen wäre."), nimmt aber dennoch die konkret sichtbaren Potenziale der Lernenden in den Blick (Zeile 65 e: „Aber er hat dann- weitergedacht und nochmal in eine andere Richtung und das dann nochmal versucht und das- war für mich dann der springende

Punkt.“). Solche Keime mathematischer Potenziale dennoch wahrzunehmen und als stärkbar zu deklarieren, bildet die Grundlage für eine <langfristige> Förderung und begründet sodann die Förderpraktik der ‖Potenzialstärkung‖.

Die dargestellten Beispiele geben bereits erste Hinweise dafür, dass der <Prozessfokus>, welcher insbesondere die <Langfristigkeit> der individuellen Lernprozesse in den Blick nimmt, für die Lehrkräfte andere Anknüpfungspunkte und Förderimpulse denkbar macht, als es ein <Prozessfokus> mit <kurzfristiger> Förderperspektive tut (vgl. Abschnitt 8.2 zur Leitkategorie ‖Aufgabenbewältigung‖).

Die Leitkategorie ‖Potenzialstärkung‖ zeigte sich als besonders produktiv und förderlich, wenn mathematische <Potenziale als dynamisch> wahrgenommen werden und ist somit als klares Professionalisierungsziel zu formulieren. Ihr Zusammenhang mit produktiven und unproduktiven Förderpraktiken wird daher in Abschnitt 8.2 noch eingehender beleuchtet.

8.1.2 Förderpraktiken unter der Leitkategorie Potenzialstärkung

Wie bereits in Abschnitt 8.1.1 dargelegt, handelt es sich bei der Leitkategorie ‖Potenzialstärkung‖ um die produktivste der drei Leitkategorien. In diesem Abschnitt wird gezeigt, dass dies nicht nur für den Job *Potenziale diagnostizieren* gilt, sondern auch für den Job *Potenziale fördern*.

In der folgenden Szene aus der Fortbildung analysieren die Lehrkräfte gemeinsam eine Videovignette, welche so geschnitten wurde, dass eine möglichst realitätsnahe Szene aus dem Unterrichtsalltag nachempfunden werden kann. In der Videovignette arbeiten vier Lernende an der Treppenaufgabe und entwickeln zunächst ohne die Intervention der Lehrkraft eine Gleichung zur Beschreibung der mathematischen Struktur der Zweiertreppe. Diese stellt immer ungerade Zahlen dar. Abweichend von der üblichen Termdarstellung der ungeraden Zahlen ($2n + 1$) formalisieren die Lernenden die ungeraden Zahlen mit der Gleichung $x = x + 1$. Die Videovignette stoppt in dem Moment, dem die Lernenden ihre Frage an die Lehrkraft formulieren („Frau G., ist das richtig?). Im Folgenden wird der Förderansatz der Fortbildungsteilnehmerin Sina analysiert, welchen sie ungefähr in der Mitte der im Anschluss stattfindenden Diskussion in der Fortbildung präsentiert.

Zu Beginn ihres Wortbeitrags zeigt Sina, dass sie in der Situation nicht die falsch aufgestellte Gleichung fokussiert, sondern vielmehr den Umstand an sich, dass die Lernenden eine Verallgemeinerung in Form einer Gleichung angestrebt

haben (Zeile 609b: „Also zum einen könnte man da vielleicht auch einfach sagen-
ehm- so, die haben jetzt einen Term aufgestellt. Das ist schon mal ein guter
Ansatz."). Sie nutzt hier zunächst eine Ressourcen- statt Defizitorientierung. Dass
sie dennoch den Fehler in der Formalisierung der Lernenden sieht, sich aber
konkret dagegen entscheidet, hier anzusetzen, expliziert sie im weiteren Verlauf
(Zeile 609e: „Ich glaube, da wäre relativ schnell klar geworden, das Gleich-
zeichen gehört da nicht hin, sondern ich muss die beiden Reihen miteinander
addieren, ne? Weil ich bilde ja die Summe.").

Transkript Z3_P2, VV8, Sina, 609
Gruppendiskussion; Reflexion über eine Videovignette, in der vier Lernende im Zuge der
Bearbeitung der Treppenaufgabe eine Gleichung zur allgemeinen Struktur der Zweiertreppe
entwickeln und diese der Lehrkraft präsentieren möchten
Konkrete Fragestellung: Wie würdet ihr nun reagieren? Welche Impulse könnt ihr setzen?

550	Fortbildnerin	Also, so realistisch wie möglich. Ihr kommt an den Tisch und das ist alles, was ihr gehört habt. Wie würdet ihr nun reagieren?
...		...
609 a	Sina	Ich könnte mir da jetzt zwei Möglichkeiten vorstellen.
b		Also zum einen könnte man da vielleicht auch einfach sagen- ehm- so, die haben jetzt einen Term aufgestellt. Das ist schon mal ein guter
c		Ansatz.
d		Da ist schon ganz viel drin, mit dem man was machen kann- eh und dann vielleicht einfach mal so in die Richtung zu sagen, jetzt nehmt euch das konkrete Beispiel, schreibt den Term doch mal da
e		drunter und dann versucht mal.
		Ich glaube, da wäre relativ schnell klar geworden, das Gleichzeichen gehört da nicht hin, sondern ich muss die beiden Reihen miteinander
f		addieren, ne? Weil, ich bilde ja die Summe.
		Ich- da wäre vielleicht auch einer drauf gekommen, wenn die das einfach mal als Bild gehabt hätten und dieses Beispiel, was sie hin-
g		geschrieben haben, in den Term einsetzen oder anwenden.
h		...
		Also, dass die sehen, ich hab´ die eine, die erste Stufe und die zweite
i		Stufe, die zweite Stufe ist x plus eins.
f		Ich hab´ die erste, findet da mal ne Regelmäßigkeit.
		Setzt mal ein für x. Also so in die Richtung vielleicht.

Diese ressourcenorientierte Fokussierung liegt ihrer anvisierten Förderung
zugrunde, denn sie will die Lernenden diesen Gedankenstrang weiter verfolgen
lassen und dazu ermutigen, ihren Ansatz zu konkretisieren (Zeile 609d: „[...]
jetzt nehmt euch das konkrete Beispiel, schreibt den Term doch mal da drunter
und dann versucht mal."). Sie entscheidet sich also, den formalen Fehler zunächst

außer Acht zu lassen; vielmehr setzt sie an der Strukturkompetenz der Lernenden an (Zeile 609i: „Ich hab´ die erste, findet da mal ´ne Regelmäßigkeit.").
Damit würde sie den Lernenden ein bestätigendes Feedback geben, welches den eingeschlagenen Lösungsweg unterstützt, ohne gleichzeitig zu vernachlässigen, dass sich derzeit im Ansatz der Lernenden noch ein formaler Fehler befindet. Diesen möchte sie die Lernenden aber selbst finden lassen, indem sie ihnen vorschlagen möchte, die allgemein formulierte Gleichung durch Zahlenbeispiele zu konkretisieren. Ihr Fokus liegt beim Auslösen dieses kognitiven Konflikts aber nicht auf dem Erkennen des Fehlers, sondern vielmehr auf dem Festhalten an der guten gedanklichen Struktur der allgemeinen Form und der Nachbesserung dieser (Zeile 609h: „Also dass die sehen, ich hab´ die eine, die erste Stufe und die zweite Stufe, die zweite Stufe ist x plus eins.").

Indem Sina hier nicht auf eine konkrete Lösung der Aufgabe hinarbeitet, sondern an der dahinterliegenden mathematischen Struktur ansetzt, strebt sie eine langfristigere Förderung an, als es in der reinen ‖Aufgabenbewältigung‖ der Fall wäre. Letztere Leitkategorie leitet die Lehrkräfte häufig insbesondere auf den nächsten notwendigen Schritt im Lösungsprozess und lässt die Förderimpulse dadurch deutlich kleinschrittiger und kurzfristiger werden (vgl. Abschnitt 8.2.2). Dies zeigt sich häufig auch in einer unterschiedlichen Fokussierung im Hinblick auf den Prozess, welchen die Lernenden durchlaufen. Während im Sinne der ‖Potenzialstärkung‖ meist ein <Lernprozessfokus>, also eine mittel- oder langfristige Perspektive eingenommen wird, zeigen die Lehrkräfte unter der dominanten Leitkategorie ‖Aufgabenbewältigung‖ häufig eher eine <Bearbeitungsprozessfokus> (vgl. Abschnitt 8.2.2).

Neben einer Impulssetzung zur Unterstützung des Lern- bzw. Lösungsprozesses, die oft an der ‖kognitiven Facette‖ mathematischer Potenziale ansetzt, kann die Leitkategorie ‖Potenzialstärkung‖ im Sinne der Förderung auch an überfachlichen Aspekten der Situation ansetzen.

Im folgenden Transkript fokussiert Esther (Zyklus 3) im Zuge der Diagnose einer Videovignette, in der ebenfalls vier (andere) Lernende die Treppenaufgabe bearbeiten, die ‖affektive Facette‖ mathematischer Potenziale.

Transkript Z3_P2

Gruppendiskussion; Reflexion über eine Videovignette, in der vier Lernende im Zuge der Bearbeitung der Treppenaufgabe eine Struktur für die geraden Zahlen zu finden versuchen Konkrete Fragestellung: Wie würdet ihr hier nun weiterkommen wollen?

237	Fortbildnerin	Also welche Potenziale sehen wir jetzt hier? Und wie würdet ihr das, was ihr jetzt gerade an Ideen entwickelt habt, also, wie würdet ihr da jetzt da noch weiterkommen wollen? Wir sind jetzt ja schon sehr schnell jetzt sehr weit gekommen, aber was dann jetzt so die nächste Qualität wäre. Wie würdet ihr das einsortieren?
...		...
248 a	Esther	Also eine Facette finde ich diesen Bereich Beharrlichkeit.
b		Also da hat man sie ja mal gekriegt, und sie sind da dann ja wirklich trotz allem Frust, den sie zwischendurch geholt haben, dran geblie-
c		ben dann.
d		Und ich glaub, daran kann man sie, glaube ich, auch bestärken und sagen: „Hier guck mal, ihr seid drangeblieben, dann seid ihr zum Ergebnis gekommen. Dann gebt das nächste Mal nicht so schnell auf. [...]"

Esther fokussiert die Beharrlichkeit der Lernenden bei der Bearbeitung der Aufgabe (Zeile 248a/b: „Also eine Facette finde ich diesen Bereich Beharrlich-keit. Also, da hat man sie ja mal gekriegt und sie sind da dann ja wirklich trotz allem Frust, den sie zwischendurch geholt haben, dran geblieben dann."). Diese die ||affektive Facette|| möchte sie durch ihren bestärkenden Feedback-Impuls sta-bilisieren (Zeile 248c: „[...] und ich glaub, daran kann man sie, glaube ich, auch bestärken [...]"); sie intendiert jedoch nicht nur eine positive Rückmeldung, son-dern expliziert, dass sich die Lernenden dieser Beharrlichkeit (als Konkretisierung der ||affektiven Facette mathematischer Potenziale||) bewusst werden und sich in der nächsten schwierigen Bearbeitung daran erinnern mögen (Zeile 248d: „„Hier guck mal, ihr seid drangeblieben, dann seid ihr zum Ergebnis gekommen. Dann gebt das nächste Mal nicht so schnell auf. [...]").

Esther löst hier ihren Impuls deutlich von der unmittelbaren Situation und verlässt somit den <Bearbeitungsprozessfokus>. Vielmehr fokussiert sie diejeni-ge ||Facette mathematischer Potenziale||, die es sich ihrer Meinung nach über die aktuelle Situation hinaus zu stärken und damit zu stabilisieren lohnt. Sie nimmt deutlich einen <Lernprozessfokus> ein, indem sie Kompetenzen adres-siert, die die Lernenden auch unabhängig vom aktuellen Lösungsprozess zeigen und zukünftig nutzen können. Durch den bestärkenden Feedback-Impuls ermög-licht sie den Lernenden ein ||Kompetenzerleben|| unabhängig von der korrekten

Lösung der Aufgabe. Die Lehrkraft spiegelt ihnen dadurch eine Kompetenzfacette, welche sie positiv hervorhebt, ohne dabei darauf einzugehen, dass in diesem Moment die eigentliche Aufgabe noch nicht gelöst wurde.

Transkript Z2_P3, VV2, Sophie, 79
Gruppendiskussion; Reflexion über eine Videovignette, in der zwei Schülerinnen produktives Übungsmaterial zur Nullstellenberechnung bearbeiten.
Konkrete Fragestellung: Wie können wir das, was wir hier an Strukturkompetenz sehen, noch weiter stärken?

76	Fortbildnerin	Ja, genau das wäre jetzt meine Frage gewesen. Was können wir hier erwarten? Und wie können wir das, was wir hier an Strukturkompetenz sehen, noch weiter stärken?
...		...
79 a	Sophie	Was die halt -, oder wo die Schwierigkeiten haben, ist das, was sie rausgefunden haben, auch zu versprachlichen und zwar mathematisch korrekt zu versprachlichen.
b		Also, die haben, glaube ich, schon verstanden, wie das Prinzip
c		funktioniert, aber das eben nicht eigentlich das „abgeleitet plus 1" da steht, sondern das in Klammern da steht und also,
d		dass man das noch ein bisschen differenzierter auch irgendwie begründen. oder formulieren muss.
e		Das ist glaube ich auch was, das man üben muss. Also dass die Schüler auch üben, das zu formulieren [...].

Die Leitkategorie ‖Potenzialstärkung‖ kann sich allerdings auch in einer weniger ressourcenorientierten Form als in Sinas und Esthers Beispiel äußern. Im Folgenden zeigt Sophie (Zyklus2), dass sie zwar deutlich stärkere Tendenzen einer <Defizitorientierung> zeigt, ihre Förderung aber dennoch an situationsübergreifenden Aspekten ansetzt, deren Stärkung sich langfristig positiv auf den Lernprozess der Schülerinnen und Schüler auswirken kann.

Trotz der expliziten, fokussierten Frage der Fortbildnerin, welche gezielt auf die Kompetenzen und die Stärkung dieser hindeutet, nimmt Sophie zunächst eine <Defizitorientierung> ein (Zeile 79a: „oder wo die Schwierigkeiten haben, ist das, was sie rausgefunden haben, auch zu versprachlichen und zwar mathematisch korrekt zu versprachlichen"), obwohl sie gleichzeitig durchaus erkennen kann, welchen Erkenntnisstand die Lernenden bereits erreicht haben (79b:„ Also, die haben glaube ich schon verstanden, wie das Prinzip funktioniert [...]"). Sie identifiziert die Hürde der Lernenden und zeigt auf, wo noch Schwierigkeiten bestehen. Gleichzeitig richtet sie ihre anvisierten Förderimpulse jedoch so aus, dass sie den Lernenden über die aktuelle Situation hinaus helfen können und sie

<langfristige Förderung> erfahren (Zeile 79d: „Das ist glaube ich auch was, das man üben muss. Also das die Schüler auch üben, das zu formulieren."). Bevor sie diese situationsübergreifende Perspektive einnimmt, zeigt sie allerdings auch, wie diese eher langfristige Kompetenz des mathematisch formalen Formulierens (Nutzen von Fachsprache) in der aktuellen Situation genutzt werden müsste (79c: „aber das eben nicht eigentlich das „abgeleitet plus 1" da steht, sondern das in Klammern da steht und also,"). Sie setzt ihre Förderung hier bei der ‖linguistischen Facette mathematischer Potenziale an‖. Sie macht dabei deutlich, dass die Lernenden diese Facette noch ausbauen können, schreibt ihnen also diese Kompetenz nicht ab, wenngleich sie sie zu diesem Zeitpunkt noch nicht zeigen konnten. Möglicherweise könnte dem zugrunde liegen, dass sie <Potenziale als ggf. noch latent> auffasst, doch lässt sich diese Interpretation nicht allein absichern aus der Referenz zur Möglichkeit bestimmte Kompetenzen noch einzuüben. Gleichzeitig zeigt sie, dass sie Potenziale nicht als angeboren bzw. als statisches Attribut der Lernenden begreift, welches nicht veränder- oder entwickelbar ist. Der Umstand, dass sie eine Entwicklung dieser Kompetenz durch das Üben erwartet, lässt vermuten, dass sie <Potenziale als dynamisch statt angeboren> begreift.

Die drei Auszüge aus den Diagnose- und Förderaktivitäten der Lehrkräfte im Rahmen der Fortbildung zeigen exemplarisch, welche Förderpraktiken mit der Leitkategorie ‖Potenzialstärkung‖ einhergehen können. Die Lehrkräfte tendieren im Zuge dieser Praktik eher zu einer <langfristigen Förderung>. Dabei fokussieren sie meist nicht nur den <Bearbeitungsprozess>, sondern nehmen eher einen <Lernprozessfokus> ein. Sie adressieren in ihren Förderungen dann eine der ‖5 Facetten mathematischer Potenziale‖, in den oben genannten Beispielen die ‖kognitive‖ oder ‖linguistische Facette‖. Die Adressierung einer situativ erkennbaren Kompetenz als über die Situation hinaus entwickelbar, lässt auf ein Verständnis mathematischer Potenziale schließen, welche diese als <dynamisch statt angeboren> begreifen, und darüber hinaus die Möglichkeit in Betracht zieht, dass sie <ggf. noch latent> vorhanden sind. Zum einen ist somit überhaupt die Möglichkeit einer Förderung im Sinne der Stärkung inbegriffen (nur dynamische Aspekte lassen sich beeinflussen, also auch fördern), zum anderen geht es davon aus, dass einmalig gezeigte Potenziale durch Stärkung stabilisiert werden können.

Alle drei Lehrkräfte zeigen hier die Nutzung der potenzialstabilisierenden Moderation, einem der Werkzeuge für den Job *Potenziale fördern* (vgl. Abschnitt 3.2.3). Insbesondere die explizite Spiegelung guter Leistung in Form von Feedback tragen dabei zur ‖Potenzialstärkung‖ bei und ermöglichen den Lernenden ein unmittelbares ‖Kompetenzerleben‖.

8.2 Leitkategorie Aufgabenbewältigung und die damit zusammenhängenden Diagnose- und Förderpraktiken

Die Leitkategorie ‖Aufgabenbewältigung‖ wird von Lehrkräften aktiviert, wenn sie ihre Praktiken davon leiten lassen, die Schülerinnen und Schüler bei der erfolgreichen Bearbeitung einer konkreten Aufgabe zu unterstützen. Gravemeijer et al. (2016) haben diese „tendency to think of mathematics education in terms of individual tasks that have to be mastered by students" mit dem Begriff der task propensity bereits benannt (ebd., S. 35), und auch in verwandten Projekten konnte diese Orientierung der Lehrkräfte beobachtet werden (Prediger & Buró 2019; Prediger 2020). Leitend sowohl für das Diagnostizieren als auch das Fördern ist dabei der Wunsch, die Schülerinnen und Schüler dazu zu befähigen die unmittelbar zu bearbeitende Aufgabe erfolgreich, sprich mit korrekter Lösung, zu bewältigen. Dabei werden i. d. R. die übergeordneten Lernziele, prozessbezogene Fähigkeiten und langfristige Förderung konkreter Kompetenzen, die auch über die betreffende Aufgabe hinaus relevant wären, nicht fokussiert.

Die zur ‖Aufgabenbewältigung‖ gehörenden Förderpraktiken fokussieren meist die Unterstützung der Lernenden in einer <kurzfristigen Förderung>. Das bedeutet, die Förderimpulse richten sich auf die unmittelbar relevanten Bedarfe zur Bewältigung der aktuellen Aufgabe, ungeachtet der mittel- und langfristig ggf. förderwürdigen Potenziale, die die Lernenden im Rahmen des Bearbeitungsprozesses bereits gezeigt haben. Dabei wird meist der <Bearbeitungsprozess- und Arbeitsproduktfokus> eingenommen.

Passend zu diesen Förderpraktiken richten die Lehrkräfte ihre Diagnoseaufmerksamkeit auf die gerade ausgeführten ‖Zwischenergebnisse‖ und ggf. ‖kognitiven Aktivitäten‖ der Lernenden, aber dabei vor allem die unmittelbar zu bewältigenden ‖Hürden‖ im Bearbeitungsprozess. Dies bringt häufig eine Fokussierung der aktuellen ‖Defizite‖ statt der ‖Potenziale‖ mit sich.

8.2.1 Diagnosepraktiken unter der Leitkategorie Aufgabenbewältigung

Im Folgenden wird beispielhaft an einem Transkriptausschnitt aus Zyklus 3 (1. Fortbildungssitzung, 2. Tag) dargelegt, wie sich die Aktivierung der Leitkategorie ‖Aufgabenbewältigung‖ in den Diagnosepraktiken der Lehrkräfte ausdrückt und welche Konsequenzen sich für das Diagnoseobjekt sowie für eine möglicherweise anschließende Förderpraktik ergeben. Der Transkriptauszug wurde bereits in Abschnitt 8.2 analysiert bzgl. der Nutzung des Kategorienangebots.

Transkript Z3_P2, VV7, Ute 309
Gruppendiskussion; Reflexion über eine Videovignette, in der drei Schülerinnen die Treppenaufgabe bearbeiten, jedoch an der Struktur der Dreiertreppe haken. Die Lehrkräfte erhielten kurz vorher das Kategorienangebot (vgl. Kapitel 8.2) zur differenzierten Diagnose von kognitiven Aktivitäten bei Erkundungsprozessen.
Konkrete Fragestellung: Zweite Analyse der gleichen Videovignette, welche zuvor bereits ohne das Kategorienangebot zur Diskussion stand.

308	Fortbildnerin	Ok, wie würdet ihr das jetzt einschätzen?
309 a	Ute	Also ich würde sagen, dass die auf der Stufe des Vermutens stehen bleiben.
b		Also sie können es erfassen. Sie probieren ja aus zu zählen. Sie vermuten auch durch 3 teilen plus 1.
c		Aber dann bleiben sie stehen, weil sie eben falsch rechnen.
d		Ganz blöde Rechenfehler machen, beziehungsweise dann eben nicht von der 8 ausgehen.
e		Ehm- und deshalb können sie nicht rückwärtsgehen, verstärken und widerlegen.
f		Sie können aber auch nicht systematisieren, weil um zu systematisieren sie die richtigen Zahlen bräuchten.

Der Auftrag in der Fortbildungsszene war, einen Bearbeitungsprozess der Treppenaufgabe von vier Lernenden zu analysieren bzw. diagnostizieren. Ute fokussiert in ihrer Diagnose zunächst auf die bereits absolvierten ‖kognitiven Aktivitäten‖ (Zeile 309b: „Also sie können es erfassen. Sie probieren ja aus zu zählen. Sie vermuten auch […].") und lokalisiert so ihren derzeitigen Fortschritt im Lern- und Bearbeitungsprozess. Als nächstes nimmt sie die akute ‖Hürde‖ in den Blick (Zeile 309c-e: „Aber dann bleiben sie stehen, weil sie eben falsch rechnen. Ganz blöde Rechenfehler machen, beziehungsweise dann eben nicht von der 8 ausgehen. Ehm- und deshalb können sie nicht rückwärtsgehen, verstärken und widerlegen. Sie können aber auch nicht systematisieren, weil um zu systematisieren sie die richtigen Zahlen bräuchten."). Obwohl Ute hier ganz klar differenziert diagnostiziert, wie der Bearbeitungsprozess verläuft und durch das zuvor thematisierte Kategorienangebot (vgl. Abschnitt 7.2) auch gezielt die ‖kognitiven Aktivitäten‖ fokussiert, verharrt sie in der Leitkategorie der ‖Aufgabenbewältigung‖. Sie fokussiert den derzeitigen Fortschritt im Bearbeitungsprozess (Zeile 309a: „[…] die auf der Stufe des Vermutens stehen bleiben.") und lokalisiert die gegenwärtige Hürde (Zeile 309d: „Ganz blöde Rechenfehler machen, beziehungsweise dann eben nicht von der 8 ausgehen."), die die Lernenden als nächstes zu bewältigen haben (Zeile 309f: „Sie können aber auch nicht systematisieren, weil um zu systematisieren sie die richtigen Zahlen bräuchten.").

Anders als bei der Leitkategorie ‖Potenzialstärkung‖ führt die der ‖Aufgabenbewältigung‖ die Lehrkräfte eher dazu, den Bearbeitungsprozess in <kurzfristiger Orientierung> zu fokussieren. Ute betrachtet hier also die kognitiven Aktivitäten, die die Lernenden absolvieren, bezieht diese aber ausschließlich auf den aktuell absolvierten Prozess der Bearbeitung. Wenn aus dieser Diagnosepraktik eine Förderentscheidung abzuleiten ist, dann vermutlich eher für die <kurzfristige> Unterstützung der ‖Aufgabenbewältigung‖, nicht für den ‖langfristigen‖ Weiterentwicklungsprozess bzgl. der diagnostizierten ‖kognitiven Aktivitäten‖.

Diese Vermutung über die passenden Förderpraktiken wird in der folgenden Szene expliziter belegbar, in welcher Nicole und Madleen ebenfalls eine Vignette zur Bearbeitung der Treppenzahlen analysieren. Auch sie aktivieren für ihre Diagnose die Leitkategorie ‖Aufgabenbewältigung‖ und sprechen über mögliche Förderimpulse.

Transkript Z3_P2, VV7, Madleen und Nicole, 238-243
Gruppendiskussion; Reflexion über eine Videovignette, in der drei Schülerinnen die Treppenaufgabe bearbeiten, jedoch an der Struktur der Dreiertreppe haken.
Konkrete Fragestellung: Welchen Impuls könnt ihr nun setzen (vgl. 238)?

238	Fortbildnerin	[…]. Stellt euch vor […], ihr kommt an den Tisch, was ist das was sie brauchen als Input von euch als Input? [*Pause 3 sec*] Madleen.
239	Madleen	Ehm, ich würde glaube ich die- vielleicht nochmal auf die Plättchen hinweisen und sagen, dass sie es einfach mal ausprobieren sollen- mit ihren Plättchen. Ich glaube das würde ihnen viel bringen.
240	Fortbildnerin	Mhm. [*nickt*]
241	Madleen	Dann würden sie es sofort sehen.
242	Fortbildnerin	Nicole.
243	Nicole	Ich würde in 'ne ähnliche Richtung gehen und vielleicht auch provokativ, während die die 12 rauslegen, drei Haufen mit 12 machen oder so.
244	Fortbildnerin	Mhm.

In der Videovignette haben die drei Mädchen bei der Bearbeitung der Treppenaufgabe bereits herausgefunden, dass die Zweiertreppen immer ungerade

Zahlen darstellen. Nun versuchen sie eine ähnliche Zahlenstruktur für die Dreiertreppen zu finden, stocken dabei aber sowohl durch Rechen- als auch durch Strukturierungsfehler.

Die Fortbildnerin gibt nach ersten Diagnosen durch die Lehrkräfte nun den Auftrag, hypothetisch anschließende Impulse zu generieren (Zeile 238, „Stellt euch vor...“). Madleen äußert die Idee, den Lernenden durch einen Wechsel des Darstellungsmittels zu helfen (Zeile 239, „Ehm, ich würde glaube ich die- vielleicht nochmal auf die Plättchen hinweisen und sagen, dass sie es einfach mal ausprobieren sollen- mit ihren Plättchen. Ich glaube das würde ihnen viel bringen.“). Sie hat dabei vor allem die unmittelbare Hürde im Sinn, nämlich die Struktur der Dreiertreppen zu identifizieren. Ihr Impuls zielt darauf ab, diesen nächsten Schritt im Bearbeitungs- und Löseprozess zu bewältigen.

Noch stärker unterstützend und lenkend ist Nicoles angedachter Impuls (Zeile 243, „Ich würde in ´ne ähnliche Richtung gehen und vielleicht auch provokativ, während die die 12 rauslegen, drei Haufen mit 12 machen oder so.“). Durch Vorgabe konkret zu testender Zahlen, sowie darüber hinaus noch vorgegebene Anordnungen möchte sie die Lernenden dabei unterstützen, die aktuelle Hürde zu überwinden und die nächste Erkenntnis zu gewinnen. Ungeachtet der Frage, welcher Qualität die angedachten Impulse aus mathematikdidaktischer und lerntheoretischer Sicht sind, lässt sich festhalten, dass beide Lehrkräfte in erster Linie an die ‖Bewältigung der gestellten Aufgabe‖ denken. Ihre Impulse richten sich an den aktuellen Hürden aus und fußen auf der Orientierung der <kurzfristigen> Förderung.

8.2.2 Förderpraktiken unter Leitkategorie Aufgabenbewältigung

Ähnlich wie für die Leitkategorie ‖Potenzialstärkung‖ rekonstruiert wurde, ist auch für Förderpraktiken in der Leitkategorie ‖Aufgabenbewältigung‖ ein klarer Zusammenhang zwischen den beim Diagnostizieren fokussierten Aspekten einer Situation und den darauf aufbauenden Förderpraktiken zu erkennen. Gleichzeitig wirken neben den konkreten in den Blick genommenen Diagnoseobjekten auch die dahinterliegenden Orientierungen auf die Diagnose- und Förderpraktiken, wie in diesem Unterkapitel dargelegt werden wird.

Das erste Transkript dokumentiert eine Szene aus dem Zyklus 3, in der die Lehrkräfte im Anschluss an eine dargebotene Videovignette zunächst eine Diagnose vornehmen, und im Anschluss von der Fortbildnerin gebeten werden, mögliche Förderimpulse zu skizzieren.

Maria expliziert in ihrem Vorschlag zunächst einmal, dass sie die Lernenden zu einem Darstellungswechsel motivieren würde, um sie noch mehr ausprobieren zu lassen (Zeile 497a: „Dieses Ausprobieren, mit Material rumspielen, das tun Schüler ja eigentlich immer gerne."). Sie betont außerdem, dass dies einen „relativ schnelle[n] Zugang" ermöglicht (Zeile 497b, außerdem Zeile 497e). Das Ergebnis dieser Phase des Ausprobierens versteht Maria hier als die nächste Stufe im <Bearbeitungsprozess> (Zeile 499: „Was ja dann nachher rauskommt, das ist ja dann im Prinzip wieder der nächste Schritt.). Maria betont die kleinschrittige und lösungsprozessbezogene Art der Impulsgebung sehr explizit und unterstreicht dadurch sogar selbst ihre Aufgabenbewältigungsperspektive.

Transkript Z3_P2, VV8, Marie, 497-499
Gruppendiskussion; Reflexion über eine Videovignette, in der vier Lernende die Treppenaufgabe bearbeiten und versuchen, eine allgemeine Formel zur Ermittlung von Treppenzahlen zu entwickeln
Konkrete Fragestellung: Welchen Moderationsimpuls würdet ihr hier setzen? (in Anlehnung an die konkreten Moderationsimpulse, vgl. Abschnitt 3.2.3)

497 a	Maria	Dieses Ausprobieren, mit Material rumspielen, das tun Schüler ja eigentlich immer gerne.
b		Deshalb find ich, ist das eigentlich ein relativ schneller Zugang.
c		Ja, da guck doch mal, da sind sie erstmal alle dabei eigentlich.
d		Ich glaube kaum, dass da irgendein Schüler sagt, nee mach ich nicht, kann ich nicht.
e		So einmal mit [*unverständlich*] rumspielen, das ist ja eigentlich ein schneller Zugang.
498	Fortbildnerin	Silas' Schüler machen das. Die kenne ich auch.
499	Maria	Was ja dann nachher rauskommt, das ist ja dann im Prinzip wieder der nächste Schritt.

Weniger ausdrücklich zeigen im Folgenden Madleen und Nicole in unterschiedlicher Weise, wie sie ihre Förderung im Sinne der ||Aufgabenbewältigung|| gestalten würden; eine dritte Kollegin (Maria) schlägt zur gleichen Videovignette einen anderen Impuls vor. Die drei Förderansätze werden im Folgenden kontrastiert.

Auch hier sahen die Lehrkräfte zunächst eine Videovignette (hier VV7, vgl. Anhang), in der drei Schülerinnen die Treppenaufgabe bearbeiten. Nachdem die Lernenden bereits die Struktur der Zweiertreppen gefunden haben, versuchen sie nun eine ähnlich allgemeine Systematik für die Darstellung von Zahlen in Form der Dreiertreppen zu finden. Dazu untersuchen sie durch drei teilbare Zahlen auf ihre Darstellbarkeit als Dreiertreppe. Im Fall der 36 kommen sie auf

$36:3 = 12$ und versuchen nun, die 36 als Dreiertreppe darzustellen ($11 + 12 + 13$), beginnen jedoch die erste Stufe mit dem Quotienten 12 und erhalten somit nicht die gewünschte Dreiertreppe.

Die Lehrkräfte sollen nun überlegen, welche Impulse sie geben würden, wenn sie unmittelbar nach der dargebotenen Szene zu der Lernendengruppe kommen würden (Zeile 238: „Stellt euch vor, ihr kommt an den Tisch, wie würdet ihr reagieren?").

Transkript Z3_P2, VV7, Madleen, Nicole und Maria, 238-246
Gruppendiskussion; Reflexion über eine Videovignette, in der drei Schülerinnen die Treppenaufgabe bearbeiten und die allgemeine Struktur der Dreiertreppen anhand des Beispiels 12-13-14 zu ermitteln
Konkrete Fragestellung: Stellt euch vor zweite Frage, ihr kommt an den Tisch, wie würdet ihr reagieren? (in Anlehnung an die konkreten Moderationsimpulse, vgl. Abschnitt 3.2.3)

238	Fortbildnerin	[…] Stellt euch vor, ihr kommt an den Tisch, wie würdet ihr reagieren? [*Pause 3 sec*] Madleen.
239 a	Madleen	Ehm, ich würde glaube ich die- vielleicht nochmal auf die Plättchen hinweisen
b		und sagen, dass sie es einfach mal ausprobieren sollen- mit ihren Plättchen. Ich glaube das würde ihnen viel bringen.
240	Fortbildnerin	Mhm. [nickt]
241	Madleen	Dann würden sie es sofort sehen.
242	Fortbildnerin	Nicole.
243	Nicole	Ich würde in 'ne ähnliche Richtung gehen und vielleicht auch provokativ, während die die 12 rauslegen, drei Haufen mit 12 machen oder so.
244	Fortbildnerin	Mhm.
245	Nicole	Dass die quasi schon dazu aufgefordert werden, das zu verschieben. Aber das wäre quasi noch ne- höhere Etage.
246	Maria	Ich würde mal fragen, ob sie erklären können, was sie da tun.

Madleen wählt als ersten Impuls den Verweis auf ein anderes Darstellungsmittel, hier die Plättchen, um damit einen Darstellungswechsel anzuregen (Zeile 239a: „Ehm, ich würde glaube ich die- vielleicht nochmal auf die Plättchen hinweisen."). Dabei möchte sie die Lernenden dazu ermutigen, das Legen der Zahl 36 auf diesem Wege noch einmal auszuprobieren (Zeile 239b: „dass sie es einfach mal ausprobieren sollen- mit ihren Plättchen. Ich glaube das würde ihnen viel bringen."). Sie fokussiert dabei die <kurzfristige Förderung> im Sinne der ‖Aufgabenbewältigung‖, da das Ziel ihrer Impulssetzung in erster Linie die erfolgreiche Bearbeitung der unmittelbar zu bewältigenden Aufgabe ist. Die Hürde der Lernenden (s. o.) wurde zuvor bereits identifiziert; Madleens Impuls setzt genau dort an. Ihr Impuls zum Ausprobieren des Legens mit Wendeplättchen intendiert, dass die Lernenden die Verteilung der Plättchen auf die drei Stufen vornehmen und somit erkennen, dass sie nicht mit dem Quotienten die unterste Treppenstufe realisieren, sondern die mittlere. Dies unterstreicht sie auch dadurch, dass sie die Annahme äußert, die Lernenden würden es dann „sofort sehen" (Zeile 241). Im Sinne des Prozesses fokussiert Madleen hier den unmittelbaren <Bearbeitungsprozess>, und darin den nächsten nötigen Schritt auf dem Weg zur Lösung.

Nicole fokussiert noch dezidierter den nächsten Schritt im Bearbeitungsprozesses. Ihre Hilfestellung wäre noch enger inhaltlich lenkend, denn sie schlägt vor den Lernenden vorgefertigte Häufchen von Wendeplättchen darzubieten (Zeile 243: „Ich würde in 'ne ähnliche Richtung gehen und vielleicht auch provokativ, während die die 12 rauslegen, drei Haufen mit 12 machen oder so."). Beide Lehrkräfte streben an, dass die Lernenden selbst zur Erkenntnis gelangen, wenn auch mit erheblicher inhaltlicher Unterstützung. Während Madleen jedoch lediglich auf eine Änderung des Darstellungsmittels verweisen möchte, schlägt Nicole schon eine konkrete Darstellung vor, nämlich die Repräsentation der Aufgabe 36:3 = 12. Dass dieser Impuls die Lernenden stärker inhaltlich lenkt als es der von Madleen vorgeschlagene Impuls, benennt sie selbst im weiteren Verlauf (Zeile 245: „Dass die quasi schon dazu aufgefordert werden, das zu verschieben. Aber das wäre quasi noch ne- höhere Etage.").

Einen reichhaltigeren Impuls schlägt wiederum Maria vor. Anders als Madleen und Nicole, die eher eine inhaltliche Hilfestellung anbieten (Zech 1996), geht Maria über den unmittelbar zu erledigenden nächsten Schritt im Bearbeitungsprozess hinaus und bittet die Lernenden, ihr Vorgehen zu erläutern (Zeile 246: „Ich würde mal fragen, ob sie erklären können, was sie da tun."). Welche Intention sie damit verfolgt, erklärt sie im Weiteren nicht. Der Impuls als solcher kann aber die Lernenden dazu anleiten, ein tieferes inhaltliches Verständnis zu gewinnen und regt darüber hinaus zur Sprachhandlung des Erklärens an (zum Zusammenhang von konzeptuellem Verständnis und der Sprachhandlung des Erklärens, siehe Erath 2017).

Hier wird die unterschiedliche Ausrichtung der Förderimpulse in Anlehnung an die dominante Leitkategorie ‖Aufgabenbewältigung‖ deutlich: während Madleen und Nicole einen <Bearbeitungsprozessfokus> einnehmen und dadurch eine <kurzfristige Förderung> anvisieren, die in erster Linie auf den nächsten notwendigen Schritt in der unmittelbar zu bewältigenden Aufgabe zielt, löst sich Maria von dieser Situationsgebundenheit. Auch wenn ihr Impuls zur Lösung der Aufgabe beitragen kann, so befördert er darüber hinaus die allgemeine Erkenntnis der Lernenden und kann zur Fortentwicklung von (prozessbezogenen) Kompetenzen beitragen, die die Lernenden über die Situation hinaus nutzen können. Ihre Förderperspektive ist dadurch etwas <langfristiger> bzw. kann langfristigere Entwicklungen anstoßen. Die eher <defizitorientierte> Impulsgebung im Sinne der ‖Aufgabenbewältigung‖, die sich an der nächsten unmittelbaren Hürde ausrichtet, macht somit die Förderpraktiken enger angeleitet, wohingegen offenere, ggf. sogar ‖potenzialstärkende‖ Impulse die Situation erweitern und öffnen könnten.

An dem Beispiel der von Maria vorgeschlagenen Förderpraktik zeigt sich noch einmal, dass die dominanten Leitkategorien lediglich zu situationsgebundenen Praktiken führen und keine Lehrertypen darstellen. Während Maria in der ersten Szene im Sinne der ‖Aufgabenbewältigung‖ agierte, so zeigt sie in der zweiten Situation deutlich stärkere Tendenzen der ‖Potenzialstärkung‖ mit einer <langfristigeren Orientierung> als es im Zuge der Leitkategorie der ‖Aufgabenbewältigung‖ üblicherweise der Fall ist.

Die Leitkategorie ‖Aufgabenbewältigung‖ zeigt sich auch über das vorliegende Projekt hinaus als sehr gewichtig. Auch Prediger und Buró (2020) und Prediger (2020a) konnten im Rahmen ihres Projekts zur Professionalisierung von Lehrkräften für den inklusiven Unterricht feststellen, dass für die Lehrkräfte die Leitkategorie ‖Aufgabenbewältigung‖ oft handlungsleitend ist. Die Dominanz dieser Leitkategorie erwächst aus dem professionellen Alltag der Lehrkräfte: die erfolgreiche Bearbeitung von Aufgaben spielt spätestens in Klassenarbeiten, aber auch im typischen Unterrichtsalltag eine gewichtige Rolle. Zur Leistungsüberprüfung sowohl bei Schul- und Hausaufgaben, aber vor allem im Rahmen von Klassenarbeiten wird in den meisten Fällen die korrekte Bearbeitung von Aufgaben herangezogen. Sowohl für die Lehrkräfte als auch für die Lernenden ist dadurch die Bewältigung von Arbeitsaufträgen meist der Indikator für Kompetenz- und Fähigkeitszuschreibungen.

8.3 Leitkategorie Potenzialindikation und die damit zusammenhängenden Diagnose- und Förderpraktiken

Die Leitkategorie ‖Potenzialindikation‖ zeigt sich immer dann, wenn die Lehrkräfte in erster Linie den derzeitigen Kenntnis- und Fähigkeitsstand der Lernenden beurteilen. Beim Bewältigen des Jobs *Potenziale diagnostizieren* suchen sie nach Facetten bzw. Hinweisen, die sie über das Ausmaß der individuellen mathematischen ‖Potenziale‖ informieren und gründen darauf ihre Diagnose, oft als reine Analyse des Ist-Zustands. Zur differenzierten Beurteilung können Lehrkräfte bei der Leitkategorie ‖Potenzialindikation‖ die ganze Breite der ‖5 Facetten mathematischer Potenziale‖ heranziehen. Während diese Leitkategorie die Lehrkräfte dazu anhält, in erster Linie auf ‖Potenziale‖ statt auf ‖Defizite‖ zu schauen, so hindert es sie dennoch daran, eine bestimmte Form – oder überhaupt eine – Förderung vorzunehmen.

Mit dieser eher auf den <statischen Potenzialbegriff> bezogenen Diagnosepraktik ist nämlich nicht zwangsläufig das Verständnis verbunden, auch für den Job *Potenziale fördern* zuständig zu sein. Falls doch, dann eher im Sinne des sinnvoll und anregungsreichen Beschäftigens als im Sinne der Stärkung der Potenziale. Für den Job *Potenziale fördern* erwies sich die Leitkategorie daher eher als unproduktiv und hemmend. Dies wird in Abschnitt 8.2 weiter ausgeführt, wenn die an die Diagnosen anschließenden Förderpraktiken differenziert erörtert werden.

8.3.1 Diagnosepraktiken unter der Leitkategorie Potenzialindikation

Im Folgenden werden zwei Beispiele für Diagnosepraktiken in der Leitkategorie ‖Potenzialindikation‖ vorgestellt.

Transkript Z3_P1, VV5, Ute und Amelie, 89-92
Gruppendiskussion; Reflexion über eine Videovignette, in der drei Lernende produktives Übungsmaterial (Zahlenmauern, Addition von Brüchen) bearbeiten. Die Schülerinnen und Schüler sind in der Szene konkret dabei, eine Strukturanalogie herzustellen und zuvor ent-deckte Schemata auf eine neue Zahlenmauer zu übertragen.
Konkrete Fragestellung: Woran erkennt ihr mathematisches Potenzial? Was fällt euch in der Szene auf? (Teilnehmender Elmar hatte bereits eine erste Einschätzung erläutert, FB para-phrasiert in Sprache der 5 Facetten mathematischer Potenziale)

89 a	Fortbildnerin	Also, jetzt mal auf die Facetten zurück zu kommen. Kognitiv zeigt Erik Kompetenz x'. (Elmar nickt zustimmend „Ja")
b		Weil er die Struktur erkannt hat in erster Linie. Ute?
90 a	Ute	Also ich finde bei Erik ist ein totales Interesse sichtbar.
b		Er wollte richtig die Aufgabe rauskriegen und lösen und er hat 'ne ganz hohe Planungskompetenz. [...] Der Erik.
91	Fortbildnerin	Mhm. Amelie
92 a	Amelie	Aber ich... also die Tina hatte gar keine Möglichkeit.
b		Also sie saß ab davon, sie konnte nicht auf dieses Blatt gucken.
c		Sie hat davon gar nichts gesehen und Erik hat das sehr an sich geris-sen.
d		Ich würde gar nicht absprechen, dass Tina – nur, weil sie zurückhal-tender ist, kein mathematisches Potenzial hat.

Nachdem Elmar bereits auf eine sichtbare Kompetenzfacette zu sprechen kam, die von der Fortbildnerin paraphrasiert und in die Sprache der ||5 Facetten mathematischer Potenziale|| übertragen wurde, nimmt Ute eine weitere ||Potenzia-lindikation|| vor. Sie fokussiert dabei zunächst das sichtbare Interesse, indem sie seine ||Beharrlichkeit|| als Ausprägung der ||persönlichen und affektiven Facette mathematischer Potenziale|| in den Blick nimmt (Zeile 90a: „Also ich finde bei Erik ist ein totales Interesse sichtbar. Er wollte richtig die Aufgabe rauskriegen und lösen."). Im Anschluss attribuiert sie Erik eine hohe ||Planungskompetenz|| als Ausprägung der ||metakognitiven Facette mathematischer Potenziale|| (Zeile 90b: „[...]er hat 'ne ganz hohe Planungskompetenz.")

Im Folgenden äußert auch Amelie ihre Einschätzungen zu den gezeigten Kom-petenzen der Lernenden, nimmt aber anders als Ute vor allem die Schülerin Tina in den Blick. In der Szene hat Tina einen sehr geringen Redeanteil und kommt dadurch nicht in die Position, ihr Potenziale offen zu zeigen. Amelie beschreibt genau diese Gruppenkonstellation (Zeile 92 a/b: „Aber ich... also die Tina hatte gar keine Möglichkeit. Also sie saß ab davon, sie konnte nicht auf dieses Blatt gucken. Sie hat davon gar nichts gesehen und Erik hat das sehr an sich gerissen."). Dadurch zeigt sie eher einen <Prozessfokus> anstelle des für die Leitkategorie häufig vorzufindenden <Produktfokus>. Anstatt zu attestieren, dass Tina am Ende der Bearbeitung keine Potenziale gezeigt hat und somit keine Attribution bestimmter Facetten erfahren kann, betrachtet sie den gesamten Bearbeitungsprozess in differenzierter Weise und schlüsselt auf, welche Rollen die Lernenden eingenommen haben und was sie als Lehrkraft daraus für Schlüsse ziehen kann – oder eben nicht. Anschließend expliziert sie diese Einschätzung sogar noch (Zeile 92d: „Ich würde gar nicht absprechen, dass Tina – nur, weil sie zurückhaltender, ist kein mathematisches Potenzial hat."). Obwohl Amelie den Prozess nuanciert betrachtet und ihre Diagnosen differenziert vornimmt, ist dennoch zu erkennen, dass das Ziel ihrer Diagnose die Zuschreibung bestimmter Kompetenzfacetten zu einzelnen Lernenden ist. Sie würde gerne, so wie es Ute in Zeile 90a und 90b getan hat, für Tina eine differenzierte Zuschreibung von ‖Kompetenzfacetten‖ vornehmen, kann dies aber aufgrund ihrer Zurückhaltung zum jetzigen Zeitpunkt nicht vornehmen. Dies expliziert sie auch. Gleichzeitig hält sie fest, dass die mangelnde Aussagemöglichkeit nicht automatisch bedeutet, dass Tina nicht über diese Kompetenzen verfügt.

Ute attribuiert bei ihrer Diagnose Kompetenzfacetten in statischer Form. Sie trifft Ist-Aussagen (Zeile 90b: „[…] er hat ´ne ganz hohe Planungskompetenz."), die den derzeitigen Leistungsstand des Schülers beschreiben. Gleichzeitig nimmt sie keine Entwicklungsbereiche oder zu stärkende Potenzialfacetten in den Blick. Dem zugrunde kann ein statisches Potenzialverständnis liegen, welches den im Expertisemodell anvisierten Orientierungen <Potenziale als dynamisch statt angeboren> sowie <Potenziale als ggf. noch latent> zumindest nicht zuträglich ist. Beide Lehrkräfte scheinen diese Orientierungen hier noch nicht verinnerlicht zu haben, zumindest nutzen sie sie in dieser Situation nicht zum Diagnostizieren und Fördern mathematischer Potenziale. Weder eine kurz- noch eine langfristige Förderung wird hier angedacht, sondern vielmehr geht es um eine Zuschreibung von bereits gemeisterten Zwischenergebnissen im Bearbeitungsprozess oder erlangten Kompetenzen.

Ute zeigt an dieser Stelle zwar eine sehr kompetenzorientierte Sicht auf den Bearbeitungsprozess der Lernenden, formuliert ihre Diagnosen jedoch als statische Zuschreibungen, über welche Fähigkeiten Erik bereits verfügt. Es ergibt sich aus der Diagnose keine unmittelbare Handlungsnotwendigkeit bzw. auch keine perspektivische Sichtweise auf die mathematischen Potenziale des Lernenden. Neben der kompetenzorientierten Diagnose und der Identifikation der bereits vorhandenen Kompetenzen könnte Ute die Stärkung dieser Fähigkeiten in den Blick nehmen. Die „hohe Planungskompetenz" (Zeile 90b), die sie ihm zuschreibt, könnte sie ihm explizit zurückmelden und ihm seine Kompetenz im Hinblick auf die ‖metakognitive Potenzialfacette‖ zurückspiegeln. Sie würde ihm so seine Fähigkeit bewusstmachen und sie für mittel- oder langfristig folgende

Arbeitsprozesse stärken. Wie diese situative Beschreibung des individuellen Vermögens der Lernenden unter Einfluss der Leitkategorie ‖Potenzialindikation‖ eine Förderperspektive auf den Lernprozess hindern kann, wird in Abschnitt 8.2 weiter ausgeführt.

Auch der folgende Transkriptauszug charakterisiert typische Diagnosepraktiken unter der Leitkategorie ‖Potenzialindikation‖. Benno und seine Kollegen diagnostizieren hier eine Videovignette, in der vier Jungen die Treppenaufgabe bearbeiten.

Transkript Z3_P2, VV1, Benno, 398-403
Gruppendiskussion; Reflexion über eine Videovignette, in der vier Schüler die Treppenaufgabe als reichhaltige Erkundungsaufgabe bearbeiten. Die Lehrkräfte erhielten kurz vorher das Kategorienangebot (vgl. Kapitel 8.2) zur differenzierten Diagnose typischer kognitiver Aktivitäten in Erkundungsprozessen.
Konkrete Fragestellung: Zweite Analyse der gleichen VV, welche zuvor bereits ohne das Kategorienangebot zur Diskussion stand.

398	Fortbildnerin	Mhm, Benno.
399	Benno	Aber- sie sind ja nachher dann auf diese- 10 gekommen- bei vier Stufen und so als …
400	Fortbildnerin	Genau
401 a	Benno	… Grund. Also sie sind ja im Grunde genommen zum Ziel gekommen.
b		Ich war jetzt auch nicht so sehr beim Inhalt, sondern hab mich gefragt, wo liegen die Potenziale und da, was macht diese Gruppe aus?
c		Und da eh- hab´ ich ´ne ganz klare Rollenverteilung *[unverständlich]*
d		erkannt.
e		Der Kai hat sehr starke Problemlösekompetenzen, der eh- Florian
f		auch.
g		Die spielen sich da auch so ein bisschen den Ball zu.
		Und eh- der Florian hat noch die Kompetenz, dass der die Sachen, die Regeln versucht aufzuschreiben. Also für die Gruppe ja?
402	Fortbildnerin	Mhm.
403 a	Benno	Und eh- Lukas und Tom, die da so gegenübersitzen.
b		Die ehm- die präzisieren und eh- und stellen Fragen und untermauern so die Sachen.
c		Werden aber auch von dem Kai, der hat auch ´ne sehr große soziale Kompetenz, werden die auch mit eingebunden und gefragt.
d		Ja, und die- die geben dann wieder den Ball zurück.
e		So ein bisschen Pingpong- und deswegen scheint das eh so ganz gut zu funktionieren.

Aus Bennos Äußerungen lässt sich rekonstruieren, dass er individuelle Potenziale diagnostiziert und sie in Form eine Beschreibung des Ist-Zustands den einzelnen Lernenden zuschreibt. Er beginnt seine Diagnose mit einem expliziten <Arbeitsproduktfokus>, indem er den erfolgreichen Abschluss der Bearbeitung adressiert (Zeile 401a: „Also sie sind ja im Grunde genommen zum Ziel gekommen."). Nachdem er dies konstatiert hat, ändert er ausdrücklich das fokussierte Diagnoseobjekt und nimmt nicht mehr die inhaltliche Bearbeitung, sondern die individuellen Kompetenzen der Lernenden in den Blick (Zeile 401b/c: „Ich war jetzt auch nicht so sehr beim Inhalt, sondern hab mich gefragt, wo liegen die Potenziale und da, was macht diese Gruppe aus? Und da eh- hab´ ich ´ne ganz klare Rollenverteilung [unverständlich] erkannt"). So schreibt er Kai als auch Florian Kompetenzen im Bereich der ‖kognitiven Facette mathematischer Potenziale‖ zu (Zeile 401e: „Der Kai hat sehr starke Problemlösekompetenzen, der eh- Florian auch."). Charakteristisch für die Leitkategorie ‖Potenzialindikation‖ ist hierbei, dass die Lehrkräfte faktische Aussagen in globaler Form treffen. Die betreffenden Lernenden „haben" bestimmte Kompetenzen oder zeigen in ihrem Verhalten, dass sie sie besitzen.

Dabei ist die Orientierung, dass <mathematische Potenziale ggf. noch latent> vorhanden und nicht als ‖Lernprodukt‖ stabil verfügbar ist, meist nicht vorherrschend. Auch Benno nimmt diese eher stabilen Zuschreibungen vor. Nachdem er Kai und Florian die ‖kognitive Facette‖ als verfügbare Kompetenz zuschreibt, attestiert er letzterem darüber hinaus noch Kompetenzen im Hinblick auf die ‖kommunikativ-sprachliche Facette‖ bzw. die ‖metakognitive Facette‖ (Zeile 401 g: „Und eh- der Florian hat noch die Kompetenz, dass der die Sachen, die Regeln versucht aufzuschreiben. Also für die Gruppe ja?"). Anschließend verlässt er die rein <produktorientierte> Diagnose und nimmt den ‖Bearbeitungsprozess‖ in den Blick. Darin macht er sodann an den ausgeführten ‖kognitiven Aktivitäten‖ die individuellen Kompetenzen fest. (Zeile 403 a-e: „Und eh- Lukas und Tom, die da so gegenübersitzen. Die ehm- die präzisieren und eh- und stellen Fragen und untermauern so die Sachen. Werden aber auch von dem Kai, der hat auch ´ne sehr große soziale Kompetenz, werden die auch mit eingebunden und gefragt. Ja, und die- die geben dann wieder den Ball zurück. So ein bisschen Pingpong- und deswegen scheint das eh so ganz gut zu funktionieren") Im Zuge der Prozessbeschreibung schreibt er Kompetenzen im Hinblick auf die ‖kognitive Facette‖ zu und macht dies an ihren (‖kognitiven‖) Aktivitäten fest (Zeile 403b: „[…] präzisieren, […] Fragen [stellen] und untermauern"). Kai wiederum spricht er die ||soziale Facette|| zu und macht dies an seiner Tätigkeit des Einbindens anderer Gruppenmitglieder fest.

Aus Bennos Diagnose lässt sich rekonstruieren, dass die Leitkategorie ||Potenzialindikation|| zwar durchaus eine <ressourcenorientierte> Perspektive auf die individuellen Potenziale der Lernenden unterstützen kann, sie jedoch zunächst auf eine reine Beschreibung bzw. Diagnose des Ist-Zustands fokussiert. Benno kann hier dezidierte Zuschreibungen unterschiedlicher individueller Potenziale innerhalb der Lernendengruppe vornehmen, visiert aber keine weitere Intervention bzw. Förderimpulse an. Letzteres könnte allein in Form einer Rückmeldung dieser Stärken und Potenziale ausgestaltet werden und würde dadurch bereits der Stärkung dieser Potenziale zuträglich sein. Dies wird im folgenden Abschnitt deutlich.

8.3.2 Förderpraktiken unter der Leitkategorie Potenzialindikation

Die Leitkategorie ||Potenzialindikation|| ist im Hinblick auf die Förderpraktiken der Lehrkräfte die unproduktivste im Vergleich zu den Leitkategorien ||Potenzialstärkung|| und ||Aufgabenbewältigung||. Anders als bei den zuvor dargelegten Leitkategorien nehmen die Lehrkräfte im Sinne der ||Potenzialindikation|| eher einen <Produktfokus> ein, während der Bearbeitung- und Lernprozess oft gänzlich außer Acht gelassen wird. Vielmehr attribuieren Lehrkräfte bei Aktivierung dieser Leitkategorie einzelnen Lernenden bereits erworbene bzw. dargebotene Kompetenzen im Sinne einer Performanz- oder Leistungserfassung. Diese statische Form der Diagnose im Sinne der Zuschreibung steht im Widerspruch zu der der im Fortbildungsgegenstand verankerten Auffassung von <Potenziale als dynamisch statt angeboren> sowie dem Anerkennen des Umstands, dass <Potenziale ggf. noch latent> vorhanden sein kann, wenngleich im Sinne der Identifikation individueller Potenziale eine klare <Ressourcenorientierung> zu erkennen sein kann.

Transkript Z3_P1, VV5, Ute und Amelie, 89-92
Gruppendiskussion; Reflexion über eine Videovignette, in der drei Lernende produktives
Übungsmaterial (Zahlenmauern, Addition von Brüchen) bearbeiten. Die Schülerinnen und
Schüler sind in der Szene konkret dabei, eine Strukturanalogie herzustellen und zuvor ent-
deckte Schemata auf eine neue Zahlenmauer zu übertragen.
Konkrete Fragestellung: Woran erkennt ihr mathematisches Potenzial? Was fällt euch in der
Szene auf? (Teilnehmender Elmar hatte bereits eine erste Einschätzung erläutert, FB para-
phrasiert in Sprache der 5 Facetten mathematischer Potenziale)

89 a	Fortbildnerin	Also, jetzt mal auf die Facetten zurück zu kommen. Kognitiv zeigt Erik Kompetenz x. (*Elmar nickt zustimmend „Ja"*)
b		Weil er die Struktur erkannt hat in erster Linie. Ute?
90 a	Ute	Also, ich finde, bei Erik ist ein totales Interesse sichtbar.
b		Er wollte richtig die Aufgabe rauskriegen und lösen und er hat 'ne ganz hohe Planungskompetenz. [...] Der Erik.
91	Fortbildnerin	Mhm. Amelie?
92 a	Amelie	Aber ich... also die Tina hatte gar keine Möglichkeit.
b		Also, sie saß ab davon, sie konnte nicht auf dieses Blatt gucken.
c		Sie hat davon gar nichts gesehen und Erik hat das sehr an sich geris-
d		sen.
		Ich würde gar nicht absprechen, dass Tina – nur, weil sie zurückhaltender ist, kein mathematisches Potenzial hat.

Der Zusammenhang der Diagnose- und Förderpraktiken bei dieser Leitkategorie ist auch hier deutlich zu erkennen: wird die Diagnose in Form einer
Beschreibung bzw. Bewertung des Ist-Zustandes vorgenommen, indem einzelnen Lernenden individuelle Stärken (oder Schwächen) zugeschrieben werden, so
ergibt sich daraus selten ein Förderansatz.

Im Folgenden wird dies an einer Szene aus Zyklus 3 aufgezeigt, in der Ute
und Amelie die Bearbeitung produktiven Übungsmaterials von drei Lernenden
der sechsten Klasse analysieren (dieses Transkript wurde bereits ausführlich in
Abschnitt 7.2.3 analysiert).

Ute nimmt eine klare <Ressourcenorientierung> ein und schreibt Erik eine
hohe ‖Planungskompetenz‖ als ‖metakognitive Facette mathematischer Poten-
ziale‖ zu (Zeile 90b). Außerdem stellt sie seine ‖Beharrlichkeit‖ als ‖affektive
Facette mathematischer Potenziale‖ heraus (Zeile 90b: „Er wollte richtig die
Aufgabe rauskriegen und lösen [...]"). Gleichzeitig nimmt sie keine Fördermöglichkeit in den Blick. Dies würde nicht automatisch bedeuten, dass sie einen
Impuls im Sinne einer Intervention leisten müsste, sondern auch ein Feedback
bspw. zur Stärkung des ‖Kompetenzerlebens‖ wäre hier als Moderation denkbar.
Damit ist nicht konnotiert, dass Ute diesen Impuls nicht möglicherweise setzen
würde bzw. den Effekt nicht erkennen könnte. Vielmehr wird deutlich, dass die

Perspektive, welche bereits bei der Diagnose eingenommen wird, die Ausrichtung und Qualität einer möglichen Förderung beeinflusst, bzw. wie im Falle der ‖Potenzialindikation‖ für diese sogar hinderlich sein kann.

8.4 Zusammenfassende Gegenüberstellung der Diagnose- und Förderpraktiken in drei Leitkategorien

Insgesamt lassen sich so – anhand der ausgewählten fünf Fallbeispiele und vieler weiterer Szenen aus dem Datenmaterial – drei verschiedene Leitkategorien und ihr Zusammenspiel mit den Diagnose- und Förderpraktiken von Lehrkräften empirisch rekonstruieren. Sie legen jeweils unterschiedliche Perspektiven auf den Lern- und Bearbeitungsprozess nahe und sind mit unterschiedlichen Potenzial-Konzepten verbunden.

Die drei Leitkategorien sind als zentrales Analyseergebnis der Forschungsarbeit sowohl explanatives als auch präskriptives Theorieelement. So konnten durch die drei Leitkategorien die Diagnose- und Förderpraktiken differenziert beschrieben und der inhärente Zusammenhang von Orientierungen, Denk- und Wahrnehmungskategorien sowie didaktischen Werkzeugen erklärt warden (Abb. 8.1). Gleichzeitig können sie dabei helfen den Fortbildungsgegenstand konkreter zu fassen und diesen zu strukturieren bzw. spezifizieren (vgl. Kapitel 6).

- Die Leitkategorie ‖Aufgabenbewältigung‖ bringt vorwiegend die Fokussierung der akuten ‖Hürden‖ im ‖Bearbeitungsprozess‖ mit sich, die in erster Linie zu einer <kurzfristigen Förderung> im Sinne der erfolgreichen Bearbeitung der aktuellen Aufgabe leitet. Dabei können die ‖5 Facetten mathematischer Potenziale‖ durchaus in kompetenzorientierter Weise in den Blick genommen werden, doch werden meist die bereits absolvierten ‖kognitiven Aktivitäten‖ bis zum jetzigen Zeitpunkt diagnostiziert, um darauf aufbauend den nächsten Bearbeitungsschritt zu unterstützen.
- Die Leitkategorie ‖Potenzialindikation‖ ist in erster Linie an der Attribution der sichtbar werdenden ‖5 Facetten mathematischer Potenziale‖ interessiert. Sie leitet die Lehrkräfte dazu an, <Potenziale als individuelle Eigenschaften> zu verstehen und sie den Lernenden zuzuschreiben. Anders als die beiden anderen Leitkategorien nehmen die Lehrkräfte unter dem Einfluss dieser Leitkategorie häufig einen <Produktfokus> ein. Im Sinne der Leistungsfeststellung ist dies zwar nachvollziehbar, zeigt sich jedoch für die weitere Förderung als eher unproduktiv.

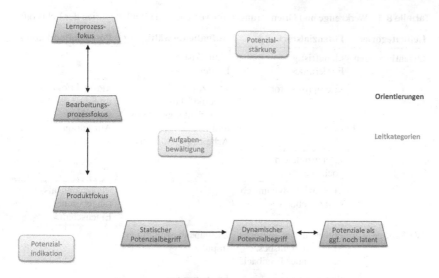

Abb. 8.1 Zusammenhang von Leitkategorien und Orientierungen

- Die Leitkategorie ‖Potenzialstärkung‖ hat die <langfristige> Stärkung von Potenzialen im Blick und damit den <dynamischen Potenzialbegriff> zugrundeliegend. Sie kann sich auf alle fünf ‖Facetten‖ als ‖Ressourcen‖ beziehen, und zwar jeweils mit der Fragestellung, welche davon stabilisiert und weiter gestärkt werden kann. Die Leitkategorie ‖Potenzialstärkung‖ ist damit diejenige, die mit den in der Fortbildung fokussierten Kategorien, Orientierungen und daraus resultierenden Diagnose- und Förderpraktiken für mathematische Potenziale am besten korrespondiert.

Die Nähe der Leitkategorie ‖Potenzialstärkung‖ zu den Fortbildungsgegenständen bedeutet nicht, dass nicht auch die anderen beiden Leitkategorien plausible und berechtigte Perspektiven der Lehrkräfte darstellen (Prediger et al. 2015). Diese zu verstehen und auf ihre Hintergründe zu befragen, ist daher ebenso Ziel der empirischen Rekonstruktionen, um sie in fruchtbarerer Weise in die Fortbildung einzubinden und dann weiter zu entwickeln (Tabelle 8.1).

Tabelle 8.1 Werkzeuge und Orientierungen für verschiedene Leitkategorien der Lehrkräfte

Leitkategorien	Potenzialstärkung	Aufgabenbewältigung	Potenzialindikation
Orientierungen	\<langfristige Förderung>	\<kurzfristige Förderung>	
	\<Lernprozessfokus>	\<Prozess vs. Produktfokus> \<Bearbeitungsprozess- und Arbeitsproduktfokus>	\<Produktfokus> im Sinne der statischen Attribution
	\<Potenziale ggf. noch latent>		
	\<Potenziale dynamisch statt angeboren>		\<Potenziale als (angeborene) Eigenschaft>
Werkzeuge	Potenzialstabilisierende Moderation, insbes. bestärkendes Feedback	Aufgabenbewältigungs- impulse	
	Strategien zur Prozessbeobachtung	Strategien zur Prozessbeobachtung	

8.5 Erweiterung der Leitkategorien als Ziel der Fortbildung

Die qualitative Rekonstruktion der drei Leitkategorien diente insbesondere dem Verständnis der Diagnose- und Förderpraktiken der Lehrkräfte im Hinblick auf mathematische Potenziale. Dadurch konnte „die innere Logik" des Handelns der Lehrkräfte im Rahmen der Fortbildung differenziert analysiert und vor dem Hintergrund der aktivierten Leitkategorie erklärt werden. Gleichzeitig ließen sich Implikationen für die weitere Spezifizierung des Fortbildungsgegenstands ebenso wie für das Re-Design der Fortbildung von Zyklus 3 ableiten.

Die Explizierung und Weiterentwicklung der drei Leitkategorien der Lehrkräfte wurde nach Zyklus 1 als zentraler Fortbildungsgegenstand in die Fortbildungsreihe zur Potenzialförderung aufgenommen. Dabei lag zunächst ein besonderer Fokus auf die Erweiterung der Leitkategorie ‖Aufgabenbewältigung‖ um die Leitkategorie ‖Potenzialindikation‖ (vgl. Kapitel 8). Nach den ersten Analysen der Diagnosen der Lehrkräfte in Zyklus 1 und 2 konnte festgestellt werden, dass dieses Professionalisierungsziel durch die Thematisierung der ‖5 Facetten mathematischer Potenziale‖, sowie im Besonderen durch die Einführung des Designelements des Kategorienangebots unterstützend verfolgt und erreicht wurde.

Gleichzeitig fiel auf, dass die Diagnosepraktiken mit der Leitkategorie ‖Potenzialindikation‖ im Hinblick auf die potentiell anschließbaren Förderpraktiken noch nicht die gewünschte Fruchtbarkeit aufwies Auch wenn sich die ‖Potenzialindikation‖ als eher statische und unproduktive Leitkategorie gezeigt hat, so diente sie im Rahmen der Fortbildung insbesondere dazu, gemeinsam mit den Lehrkräften einen gezielten Blick auf die Potenziale der Lernenden zu richten, ihre ressourcenorientierte Diagnose zu festigen und in diesem Zuge vor allem den diagnostischen Blick auf die ‖5 Facetten mathematischer Potenziale‖ zu schärfen. Die Abgrenzung zur Leitkategorie ‖Potenzialstärkung‖ war Ergebnis der Analysen in Zyklus 2 (Prediger, Schnell & Rösike 2018, 2020) und stellte sich als produktivste Leitkategorie bezogen auf die prozessbezogene, ressourcenorientierte Diagnose heraus, als sie den nachhaltigen, situationsübergreifenden Förderpraktiken zugrunde lag. Daher wurde sie im Laufe des Zyklus 2 zunehmend systematisch angeleitet und als Fortbildungsziel verfolgt.

8.5.1 Überblick zu den Häufigkeiten der rekonstruierten Leitkategorien

Die folgende kurze Analyse zeigt, dass dieses Fortbildungsziel noch nicht vollständig erreicht wurde. Es gelang nicht, die Lehrkräfte nachhaltig zu veranlassen, die Leitkategorie ‖Potenzialstärkung‖ in überwiegendem Maße zu nutzen. Dies wird insbesondere im Vergleich der quantitativen Nutzung der drei Leitkategorien deutlich.

Für die Analyse wurden aus den Fortbildungsvideos zu ausgewählten Videovignetten-Diskussionen des Zyklus 2 und 3 die klar zuordnungsbaren Aussagen bzgl. der Diagnose- und Förderpraktiken zu mathematischen Potenzialen erfasst und quantitativ ausgewertet. Diese Aussagen stammen aus den kollektiven Diskussionen im Rahmen der Diagnose- und Förderaktivitäten innerhalb der Fortbildungen.

Um zu ergründen, wie dominant die Leitkategorien nicht nur im individuellen Gebrauch, sondern in der Gesamtheit der Teilnehmendengruppe sind, wurden dennoch in den Äußerungen die jeweils auftauchenden Leitkategorie gezählt. Gezählt wurden ausschließlich klar zuordnungsbare Aussagen, Lehrkräfte ohne diesbezügliche Äußerungen sind in Tabelle 8.2 nicht aufgeführt, ähnlich in 8.3

Tabelle 8.2 Häufigkeiten der Explizierung der dominanten Leitkategorien in den Äußerungen der Lehrkräfte in Fortbildungsaktivitäten des Zyklus 2

Lehrkraft	‖Aufgaben-bewältigung‖	‖Potenzial-indikation‖	‖Potenzial-stärkung‖
Emma	1	3	0
Sophie	7	5	1
Conrad	0	1	1
Bruno	4	3	0
Katharina	0	2	0
Kirsten	1	1	0
Marlene	5	5	1
Julia	4	5	0
Stefanie	1	1	0
Sabrina	3	2	0
Gregor	2	0	0
Nina	5	3	1
Alice	1	2	1
Henry	1	2	0
Absolute Häufigkeit Relative Häufigkeit	35 47 %	35 47 %	5 7 %

und 8.4 (in 8.4 ist Maria lediglich mit abgebildet, da sie in 8.3 mit vielen Äußerungen vertreten ist. In Präsenztreffen 3 und 4 hatte sie zwar keine Wortbeiträge, ist der Vollständigkeit halber jedoch trotzdem aufgeführt).

Zur Quantifizierung der aktivierten Leitkategorien in der Breite der Teilnehmenden wurden für Zyklus 2 alle Diskussionen im Rahmen der Diagnose- und Förderaktivitäten ab der dritten Sitzung ausgewertet (Z2, P3-P8). Die qualitativen Rekonstruktionen sind jeweils nur im Kontext der spezifischen Erhebungssituationen der Fortbildung zu interpretieren: häufig wurden andere Aspekte der Situation bereits in vorangegangenen Äußerungen von anderen Teilnehmenden benannt, sodass Lehrkräfte ggf. Aspekte unerwähnt ließen, die sie wohlmöglich dennoch wahrgenommen haben. Es gilt daher die Regel, nicht Gesagtes auch nicht zu interpretieren. Im Rahmen erster Diagnosen wurden ggf. Förderintentionen nicht verbalisiert, obwohl sie mitgedacht wurden. Auch sind die aufgeführten Äußerungen der Lehrkräfte jeweils nur Momentaufnahmen und zeigen ausschließlich die gerade aktivierte Leitkategorie, nicht aber ein stabiles personenspezifisches

Denkmuster. Dies zeigt sich auch in Tabelle 8.2, aus der ersichtlich wird, dass die Teilnehmenden durchaus in unterschiedlichen Situationen verschiedene Leitkategorien nutzen.

In Tabelle 8.2 für Zyklus 2 zeigt sich, dass die Leitkategorien ‖Aufgabenbewältigung‖ und ‖Potenzialindikation‖ jeweils in 47 % der erfassten Äußerungen in den ausgewählten Videovignetten-Diskussionen rekonstruiert werden konnten. Sie leiteten also das Denken und Handeln der Lehrkräfte deutlich dominanter als die als Fortbildungsziel spezifizierte Leitkategorie der ‖Potenzialstärkung‖, die in 7 % der erfassten Äußerungen rekonstruiert wurde. Gleichzeitig ist herauszustellen, dass fast alle Lehrkräfte verschiedene Leitkategorien aktivierten, nur Katharina aktivierte lediglich eine. Dennoch konnten 9 von 14 Lehrkräften die Leitkategorie der ‖Potenzialstärkung‖ überhaupt nicht aktivieren. Als Ursache dafür lässt sich vermuten, dass die Analyseaufträge der Fortbildenden in Zyklus 2 noch nicht in ausreichender Form auf die produktiven Leitkategorien zugeschnitten waren.

Tabelle 8.3 Häufigkeiten der Explizierung der dominanten Leitkategorien in Zyklus 3 (Präsenzsitzung 1 und 2)	**‖Aufgabenbewältigung‖**	**‖Potenzialindikation‖**	**‖Potenzialstärkung‖**
Amelie	0	1	1
Benno	6	2	3
Carlos	0	1	2
Elmar	1	5	2
Esther	2	1	2
Fabian	2	1	0
Maria	13	2	5
Marlies	2	1	1
Sabine	1	1	0
Silas	0	2	1
Sina	8	4	5
Ute	6	7	2
Absolute Häufigkeit Relative Häufigkeit	41 44 %	28 30 %	24 26 %

Für die ersten beiden Präsenzsitzungen des Zyklus 3 zeigt Tabelle 8.3 ein deutlich anderes Bild. Die Anteile der einzelnen Leitkategorien in den zuordnungsbaren Aussagen waren deutlich gleichmäßiger verteilt. So lässt sich die

Leitkategorie ||Aufgabenbewältigung|| in 44 % der Aussagen rekonstruieren, der Leitkategorie ||Potenzialindikation|| in 30 %. Die Leitkategorie ||Potenzialstärkung|| dominiert hier zumindest 26 % der zuordnungsbaren Aussagen und ist somit fast so stark vertreten wie die ||Potenzialindikation||. Dies gibt einen – wenn auch angesichts der Fallzahlen vorsichtig zu interpretierenden – Hinweis darauf, dass die Etablierung von Fokusfragen in der ersten Sitzung die Aktivierung der Leitkategorie ||Potenzialstärkung|| erfolgreicher zu scaffolden scheint (vgl. Abschnitt 8.5.2).

In der dritten und vierten Präsenzsitzung des Fortbildungszyklus 3 dagegen nahm der Anteil der Leitkategorie ||Potenzialstärkung|| wieder leicht ab und betrug nur noch 19 %, wenn auch in zufälliger Schwankungsbreite kleiner Fallzahlen (Tabelle 8.4). In dieser Sitzung war die Leitkategorie der ||Potenzialindikation|| mit 47 % der analysierten Aussagen am stärksten rekonstruierbar, gefolgt von der ||Aufgabenbewältigung|| mit 42 %.

In den Präsenzsitzungen 3 und 4 haben die Lehrkräfte vorwiegend an den Videos gearbeitet, die sie während der Distanzphase in ihren eigenen Unterrichten erhoben haben. Die Arbeit an den im eigenen Unterricht erhobenen Videos (Sherin und Dyer 2017; Sherin und van Es 2009) könnte sich hier als Einflussfaktor auf die Verwendung der Leitkategorien zeigen. Sowohl die ||Potenzialindikation|| als auch die ||Aufgabenbewältigung|| sind für die meisten Lehrkräfte vertraute Leitkategorien, die häufig im Unterrichtsalltag zu beobachten sind. Bei der Diagnose von Videovignetten, insbesondere bei der Suche nach Potenzialen der Lernenden, könnten insbesondere die Lehrkräfte, die ihre eigenen Schülerinnen und Schüler auf den Videos diagnostizieren, in eine bewertende Rolle fallen und in Form von Leistungszuschreibungen die Szenen beurteilen. Ein solcher Zusammenhang ist zum jetzigen Zeitpunkt jedoch lediglich hypothetisch und bedürfte der anschließenden Beforschung in Folgeprojekten.

Dass auch in Zyklus 3 bei allen Lehrkräften mehr als eine aktivierte Leitkategorie rekonstruiert werden konnte, unterstreicht noch einmal den Umstand, dass es sich den Leitkategorien keine Lehrkräftetypen zuordnen lassen. Vielmehr handelt es sich um situativ aktivierte Kategorien, die in diesem konkreten Zusammenhang das Denken und Wahrnehmen der Lehrkräfte leiten. In Abhängigkeit von Situationsfaktoren oder Erfahrungen kann die gleiche Lehrkraft eine andere Leitkategorie aktivieren.

Dies ist für die Fortbildungen hoch relevant: nur wenn davon ausgegangen werden kann, dass unterschiedliche Leitkategorien aktiviert werden können und die Lehrkräfte durch Fortbildung, Reflexion und Vergegenwärtigung der unterschiedlichen Effekte der Leitkategorien bewusst zur Aktivierung einzelner

Tabelle 8.4 Häufigkeiten der Explizierung der dominanten Leitkategorien in Zyklus 3 (Präsentsitzung 3 und 4)

	‖Aufgaben-bewältigung‖	‖Potenzial-indikation‖	‖Potenzial-stärkung‖
Amelie	4	4	2
Benno	6	3	1
Carlos	1	1	0
Elmar	2	1	3
Esther	0	5	2
Fabian	2	2	0
Maria	0	0	0
Marlies	1	1	1
Sabine	0	2	0
Silas	0	1	0
Sina	3	4	1
Ute	3	1	0
Absolute Häufigkeit Relative Häufigkeit	22 42 %	25 47 %	10 19 %

Leitkategorien motiviert werden können, ist eine Entwicklung im Rahmen von Fortbildungen überhaupt möglich.

8.5.2 Fokusfragen als Designelemente zur Erweiterung des Repertoires an Leitkategorien

Hintergrund
Die Professionalisierung der Diagnose- und Förderpraktiken auch durch Erweiterung des Repertoires an Leitkategorien war klar definiertes Ziel der Fortbildungen. Um das kategoriengeleitete Diagnostizieren zu unterstützen, wurden in Zyklus 2 und 3 ein immer systematischer werdendes Kategorienangebot eingesetzt, um die Lehrkräfte beim prozessbezogenen, kategoriengeleiteten Diagnostizieren sowohl hinsichtlich der Beschreibungssprache als auch im Hinblick auf ihren potenzialstärkenden Blick auf die Lernsituationen zu unterstützen.

Ziel war es, die Lehrkräfte zu befähigen, in reichhaltigen Situationen Potenziale diagnostizieren zu können, ihre zu fördernden Keime identifizieren und diese im Anschluss durch gezielte potenzialförderliche Impulse stärken zu können. Dazu benötigen sie sowohl Kategorien, die sie das Potenziale entsprechend diagnostizieren ließen, als auch ein Handlungsrepertoire zur anschließenden Förderung. Die Leitkategorien spielen hier eine entscheidende Rolle, da sie die Diagnose- und Förderpraktiken prägen können.

In den ersten Sitzungen von Zyklus 2 hatte sich gezeigt, dass die Lehrkräfte vorwiegend im Sinne der Leitkategorien ‖Aufgabenbewältigung‖ und ‖Potenzialindikation‖ wahrnehmen und denken. Es lässt sich vermuten, dass diese Praktiken durch die Berufspraxis der Lehrkräfte begünstigt wird. Die eher statische Leistungsfeststellung im Sinne einer Performanzmessung, so wie sie im Rahmen des Schulalltags von den Lehrkräften gefordert wird, sowohl bei Klassenarbeiten als auch dann zum Ende eines Schulhalbjahres, hat viele Analogien zu Praktiken mit ‖Potenzialindikation‖. Die Leitkategorie der ‖Aufgabenbewältigung‖ weist ihrerseits viele Berührungspunkte mit kurzfristigen Förderpraktiken bspw. bedingt durch die Stundentaktung im Schulalltag auf, welche ggf. dazu motiviert, zum Ende der Stunde eine bearbeitete Aufgabe als Abschluss anzustreben. Es lässt sich daher annehmen, dass die Denk- und Handlungsmuster, welche durch diese beiden Leitkategorien zusammengefasst werden, für die Lehrkräfte aus der beruflichen Praxis bekannt und routiniert eingeübt sind, sodass sie diese auch im Rahmen der Fortbildung intuitiv aktivieren.

Um dennoch die Entwicklung der Leitkategorie ‖Potenzialstärkung‖ zu unterstützen, wurde zur Mitte des Zyklus 2 zunächst explorativ, in Zyklus 3 dann systematisch ein Designelement etabliert, welches der Aktivierung dieser Leitkategorie zuträglich sein sollte, und zwar das der Fokusfragen.

Einführung des Designelements Fokusfragen in Sitzung 3 des Zyklus 2
Fokusfragen wurden eingesetzt, um die Diagnosen der Lehrkräfte zu schärfen und ihre Aufmerksamkeit gezielt zu fokussieren (Prediger und Zindel 2017; Sherin und van Es 2009). Dabei ging es nicht ausschließlich um das Diagnoseobjekt, sondern vor allem um die Anreicherung der Leitkategorien. Neben den ohnehin schon flexibel und sicher abrufbaren Leitkategorien ‖Aufgabenbewältigung‖ und ‖Potenzialindikation‖ sollte dadurch insbesondere die Aktivierung der Leitkategorie ‖Potenzialstärkung‖eingeübt werden.

· Folgende Fokusfragen wurden im Rahmen des Zyklus 2 iterativ entwickelt und zunehmend systematisch eingesetzt:

(FF1)   Wo stehen die Lernenden und was brauchen sie zum Bewältigen der Aufgabe? (Leitkategorie Aufgabenbewältigung)

(FF2)   Welche mathematischen Potenziale kann ich bei welchen Lernenden an ihren kognitiven, metakognitiven und kommunikativen Aktivitäten erkennen? (*Leitkategorie Potenzialindikation*)

(FF3)   Welche Potenziale flammen in den Lernsituationen kurzzeitig auf, die sich zu stärken und weiter zu nutzen lohnt? (*Leitkategorie Potenzialstärkung*)

Die Fokusfragen wurden auf den Präsentationsfolien verschriftlicht (vgl. Abb. 8.2) und durch die Fortbildnerin erläutert. Nachdem sie initial und mit ausführlichen Erläuterungen eingeführt wurden, sind sie im Anschluss vor jeder Diagnose- und Förderaufgabe im Zuge einer Videopräsentation erneut benannt bzw. visualisiert worden, sodass sie vor den eigentlichen Diagnose- bzw. Förderaktivitäten ins Gedächtnis gerufen wurden.

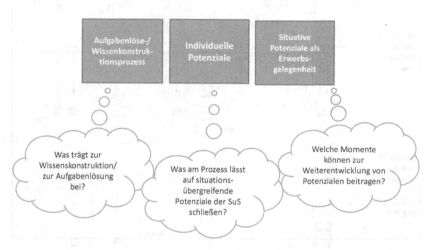

Abb. 8.2 Einführung der Fokusfragen im Rahmen der Fortbildungsreihe 2 (Sitzung 4)

Wie bereits erläutert, zeigten die Lehrkräfte in den ersten Sitzungen von Zyklus 2 klare Tendenzen, ihre Diagnosen vorwiegend im Sinne der Leitkategorien ‖Aufgabenbewältigung‖ und ‖Potenzialindikation‖ auszurichten. Durch die Fokusfragen sollten zum einen die unterschiedlichen Perspektiven der Diagnosen in Abhängigkeit von den unterschiedlichen Leitkategorien verdeutlicht werden, und zum anderen insbesondere die Leitkategorie ‖Potenzialstärkung‖ in den Fokus gerückt werden.

Analysen zur Wirkung der eingeführten Fokusfragen in Zyklus 2
Um zu analysieren, inwiefern dies gelungen ist, wurde die Aktivierung der Leitkategorien auch im zeitlichen Verlauf analysiert. Die visualisierten Analyseergebnisse zu den Zeitverläufen in Abb. 8.3 zeigen, dass die Lehrkräfte in Zyklus 2 nach wie vor starke Schwierigkeiten hatten, die Leitkategorie ‖Potenzialstärkung‖ zu aktivieren. Vielmehr dominierten auch nach Einführung der Fokusfragen die

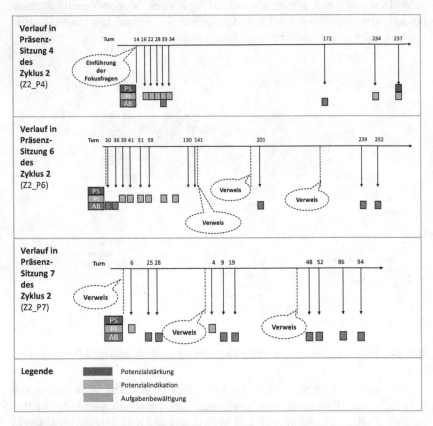

Abb. 8.3 Verwendung der Leitkategorien im Fortbildungsverlauf Zyklus 2 mit Darstellung der Einführung und des erneuten Verweises auf die Fokusfragen

Leitkategorien ||Aufgabenbewältigung|| und ||Potenzialindikation|| im Rahmen der Diskussionen zu den Videovignetten.

Während im vierten Präsenztreffen nach der erstmaligen Einführung der Fokusfragen nach wie vor die Leitkategorie der ||Potenzialindikation|| vorherrschend war, konnte zumindest einmalig eine Diagnose im Sinne der Leitkategorie ||Potenzialstärkung|| beobachtet werden. In den folgenden Präsenztreffen von Zyklus 2 (Z2_P6 und Z2_P7, siehe Abb. 8.3) ist es den Fortbildungen trotz wiederholtem Verweis auf die Fokusfragen nicht gelungen, bei den Lehrkräften die Leitkategorie der ||Potenzialstärkung|| zu aktivieren.

Weiterentwicklung des Designelements Fokusfragen in Zyklus 3
Aufgrund der Analyseergebnisse zur nur begrenzten Wirkung in Zyklus 2 wurde das Designelement der Fokusfragen für Zyklus 3 weiterentwickelt. Die initiale

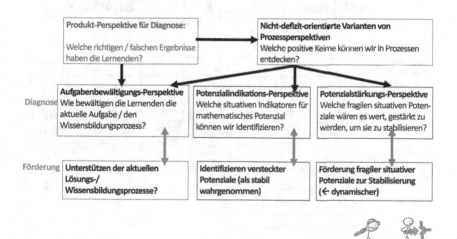

(Prediger, Schnell & Rösike, 2016)

Abb. 8.4 Zusammenfassung der Einführung unterschiedlicher Diagnoseperspektiven, Z3_P2

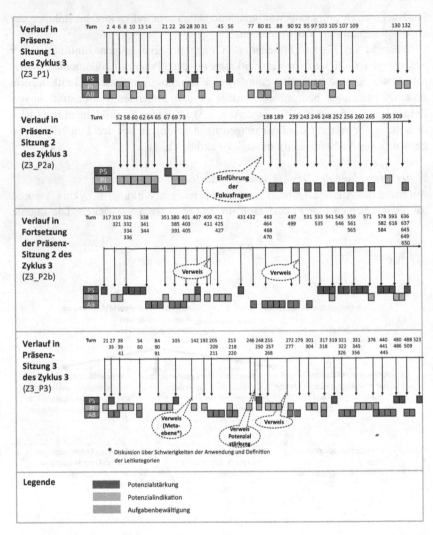

Abb. 8.5 Verwendung der Leitkategorien im Fortbildungsverlauf Zyklus 3 mit Darstellung des Inputs Fokusfragen

Einführung der Fokusfragen und die damit eingeführten Leitkategorien wurden prominenter gestaltet und als Diagnoseperspektiven in ihrem Bezug zu den möglichen Förderansätzen erläutert (vgl. Abb. 8.4).

Anhand einer Videovignette (VV7, vgl. Anhang) arbeiteten die Fortbildnerinnen die unterschiedlichen Diagnoseperspektiven beispielhaft durch und verdeutlichten daran, welche Kategorien jeweils genutzt werden bzw. welche Aspekte der identischen Situation durch die unterschiedlichen Perspektiven in den Fokus rücken. Zusammenfassend erhielten die Teilnehmenden dann einen Überblick über alle drei Perspektiven und die entsprechenden Fragen für das Diagnostizieren und Fördern (vgl. Abb. 8.5).

Expliziert wurde im Zyklus 3 also die Metaebene: während in Zyklus 2 den Lehrkräften zwar die Fokusfragen erläutert und im Prozess eingeübt wurden, haben die teilnehmenden Lehrkräfte in Zyklus 3 darüber hinaus explizite Erläuterungen zum Zusammenhang der Leitkategorien (für die Lehrkräfte genannt Diagnoseperspektiven) mit den Förderansätzen erhalten. Durch die explizite Benennung der Unterschiede und Auswirkungen auf die jeweiligen Diagnose- und Förderpraktiken sollte ein noch stärkeres Bewusstsein, sowie ein klareres Verständnis für die Notwendigkeit und den Nutzen der neu zu etablierenden Leitkategorie, für Lehrkräfte genannt Potenzialstärkungsperspektive erzeugt werden. Damit wurde der Fortbildungsgegenstand durch Explizierung von Verknüpfungen weiter strukturiert.

Analysen zur Wirkung der metakognitiv eingebetteten Fokusfragen in Zyklus 3
Auch für das überarbeitete Designelement der metakognitiv eingebetteten Fokusfragen wurden die situativen Wirkungen im Verlauf untersucht. Wie auch für Zyklus 2 wurden für Zyklus 3 die in den Äußerungen rekonstruierbaren Leitkategorien ausgezählt.

In Abb. 8.5 lässt sich erkennen, dass die Lehrkräfte vor dem Input zu den unterschiedlichen Diagnoseperspektiven vorwiegend im Sinne der Leitkategorie ‖Potenzialindikation‖ diagnostizieren (vgl. Z3_P1 vollständig, Z3_P2, Turn 52–73). Nach dem ausführlichen initialen Input (Z3_P2, Turn 182) übernehmen sie zunächst vorwiegend die Leitkategorie ‖Aufgabenbewältigung‖ (Turn 188–309). Gegebenenfalls lässt sich dies auch auf die starke Betonung der notwendigen Prozessbezogenheit der Diagnosen zurückführen, welche ebenfalls einen Anteil im Input der Fortbildnerinnen hatte.

Nachdem die Fortbildnerinnen immer wieder auf den Zusammenhang zur Förderung hinweisen, aktivieren die Lehrkräfte im weiteren Diskussionsverlauf der Videovignetten immer häufiger die Leitkategorie ‖Potenzialstärkung‖ (Turn 317–431). In der abschließenden Diagnoseaktivität (Turn 533–650) nehmen die Aussagen, welche sich klar der Leitkategorie ‖Potenzialstärkung‖ zuordnen lassen, sogar den größten Teil ein.

In Abb. 8.5 zeigt sich, dass die Lehrkräfte im dritten Präsenztreffen (Z3_P3), welches nach einer dreimonatigen Distanzphase stattfand, nach anfänglichen visuellen Impulsen zu den Inhalten des ersten Präsenztermins unmittelbar in der Lage sind, alle drei Leitkategorien zu aktivieren (ab Turn 35). Im Rahmen der Diskussion von Videovignetten aus ihrem eigenen Unterricht kamen die Fortbildnerinnen immer wieder explizit oder aber durch visuelle Darbietung der Fokusfragen auf die drei Leitkategorien zurück. Die Leitkategorien ‖Aufgaben-bewältigung‖und ‖Potenzialindikation‖ dominierten hier noch klar den Großteil der Diagnosen, doch auch der ‖Potenzialstärkung‖ konnten einige der Aussagen zugeordnet werden. Gleichzeitig ist zu bemerken, dass die Lehrkräfte sich der unterschiedlichen Diagnoseperspektiven bewusst waren, und ihre Kenntnis für ein Problembewusstsein für den Wechsel zwischen den Perspektiven nutzen konnten. Sie konnten auf einer Meta-Ebene über diese Schwierigkeiten sprechen und auf Verständnisschwierigkeiten selbstständig hinweisen (Abb. 8.5, Z3_P3, „Verweis Metaebene").

Die stärkere Flexibilität in der Verwendung der drei Leitkategorien in Zyklus 3 gibt erste – wenn auch vorsichtig zu interpretierende – Hinweise darauf, dass das Designelement der Fokusfragen durch metakognitive Einbettung in den Zusammenhang von Diagnose und Förderung in seiner Wirkung anscheinend gestärkt werden kann. Die Lehrkräfte scheinen durch ein tieferes Verständnis der Notwendigkeit und des Nutzens der unterschiedlichen Diagnoseperspektiven für ihre Förderpraktiken eher in Lage, die drei Leitkategorien gezielt und flexibel zu aktivieren, also das Repertoire entsprechend zu erweitern.

Zusammenfasssende Betrachtung der zur Umsetzung des Fortbildungsziels „Erweiterung des Repertoires an Leitkategorien um Potenzialstärkung"
Das Fortbildungsziel, das Kategorienrepertoire der Lehrkräfte um die Leitkategorie ‖Potenzialstärkung‖ zu erweitern, wurde im Zyklus 3 vermutlich besser erreicht als in Zyklus 2. Nachweisbar waren bei den beobachteten Lehrkräften eine etwas häufigere Nutzung der Leitkategorie ‖Potenzialstärkung‖, und auch ihr Anteil im Vergleich zu den beiden anderen Leitkategorien ‖Aufgabenbewältigung‖ und ‖Potenzialindikation‖ konnte gesteigert werden. Sowohl das Design-Element der Fokusfragen, als auch ihre metakognitive Einbettung, d. h. die explizite Thematisierung der Relevanz der ‖Potenzialstärkung‖ auf einer Metaebene, könnten sich somit in Zyklus 3 als fruchtbar gezeigt haben.

Neben der rein quantitativen Steigerung der anteiligen Verwendung der Leitkategorie zeigten die Lehrkräfte außerdem eine deutlich höhere Flexibilität im

Hinblick auf die Nutzung der Leitkategorien. So waren sie in der Lage flexibel auf die unterschiedlichen Fokusfragen zu reagieren und diese im Sinne der anvisierten Leitkategorie zu beantworten.

Die nach wie vor erkennbare Dominanz der Leitkategorien ‖Potenzialindikation‖ und ‖Aufgabenbewältigung‖ ist vermutlich mit ihrer Relevanz im unterrichtlichen Schulalltag verbunden. So führt die stetig notwendige Leistungsfeststellung, bspw. durch Tests, Klassenarbeiten oder Zeugnisnoten, zu einer routinierten Attribution von Kompetenzen zu individuellen Schülerinnen und Schülern. Die Lehrkräfte sind es durch ihre professionellen Routinen gewohnt, Leistung, Kompetenzen und Potenziale im Sinne einer statischen Attribution festzustellen. Die Leitkategorie der ‖Potenzialindikation‖ ist im Sinne der „Trainings-Arbeits-Übereinstimmung" (Kauffeld et al. 2008) durch die Praxis geprägt.

Ähnlich ist es mit der Leitkategorie der ‖Aufgabenbewältigung‖: auch hier ist zu vermuten, dass die Präferenz der Lehrkräfte für diese Leitkategorie mit der Relevanz für ihre etablierten Diagnose- und Förderpraktiken verbunden sein könnte. Die Taktung des Unterrichts in fest vorgeschriebenen Zeitfenstern und das Grundbedürfnis nach Kompetenzerleben bedingt, dass Lernende Arbeitsaufträge auch bewältigen sollen. Zudem wird Aufgabenbewältigung oft als Voraussetzung für Lernprozesse gesehen, daher ist die kurzfristige Orientierung auf ‖Aufgabenbewältigung‖ plausibel, selbst wenn die langfristigen Lernprozesse zumindest zeitweise aus dem Blick geraten können (Prediger und Buró 2020).

Für das finale Design der Fortbildung zur mathematischen Potenzialförderung, welche für das DZLM entwickelt wurde, ist die Leitkategorie der ‖Potenzialstärkung‖ und die damit einhergehenden Verständnisse des <dynamischen Potenzialbegriffs> zunehmend in den Mittelpunkt gerückt. Dies zeigt sich sowohl durch eine noch explizitere Thematisierung, sowie vor allem durch eine Steigerung der Erprobungs- und Anwendungsmöglichkeiten in Form von Diagnose- und Förderaktivitäten, die die Lehrkräfte zur Aktivierung der ‖Potenzialstärkung‖ anleiten sollen (vgl. Abschnitt 6.2.4).

Fazit und Ausblick 9

In diesem Kapitel werden die erarbeiteten Forschungs- und Entwicklungsprodukte noch einmal zusammengefasst und diskutiert. Zunächst erfolgt eine Darstellung der Entwicklungs- und Forschungsprodukte (9.1.1 und 9.1.2) und sowie ihre Einordnung in den bestehenden theoretischen Hintergrund. Abschließend werden die Grenzen der Forschungsarbeit abgesteckt und ein Desiderat für anschließende Forschungsvorhaben formuliert (9.2), bevor Implikationen für die Fortbildungsebene, sowie die Qualifizierung von Multiplikatorinnen und Multiplikatoren gezogen werden.

9.1 Zusammenfassung und Reflexion zentraler Ergebnisse

Aus den theoretischen Grundlagen zu mathematischen Potenzialen (Kapitel 2) und der theoriegeleiteten Konzeptualisierung gegenstandsspezifischer Expertise (Kapitel 3) wurde das Entwicklungsinteresse sowie die Forschungsfragen für die vorliegende Arbeit abgeleitet (Kapitel 4). Diese sind in Tabelle 9.1 noch einmal übersichtlich zusammengefasst. Die Entwicklungs- und Forschungsprodukte werden im Folgenden diskutiert.

Zentrales Entwicklungsinteresse des vorliegenden Design-Research-Projekts war die Entwicklung einer Fortbildung zur mathematischen Potenzialförderung (E1, vgl. Tabelle 9.1). Das zentrale Entwicklungsprodukt ist ein Fortbildungsmodul, bestehend aus zwei Bausteinen, welches in das Fortbildungsangebot des Deutschen Zentrum für Lehrerfortbildung Mathematik eingegliedert wird (vgl. Abschnitt 6.2.4, insbesondere Tabelle 6.2 und 6.3). In den ersten zwei Designexperiment-Zyklen wurde die Fortbildung über einen längeren Zeitraum

© Der/die Autor(en), exklusiv lizenziert durch Springer Fachmedien Wiesbaden GmbH, ein Teil von Springer Nature 2022
K.-A. Rösike, *Expertise von Lehrkräften zur mathematischen Potenzialförderung*, Dortmunder Beiträge zur Entwicklung und Erforschung des Mathematikunterrichts 47, https://doi.org/10.1007/978-3-658-36077-1_9

Tabelle 9.1 Zusammenfassung des Entwicklungsinteresses und der Forschungsfragen

Entwicklungsinteresse und Forschungsfragen der vorliegenden Arbeit	
Entwicklungsinteresse der vorliegenden Arbeit (Kapitel 6)	
E1:	Entwicklung einer gegenstandsspezifischen Fortbildung zur mathematischen Potenzialförderung
E2:	Verfeinerung der Spezifizierung und Strukturierung des Fortbildungsgegenstands, d. h. des gegenstandsspezifischen Expertisemodells zur mathematischen Potenzialförderung und der Bezüge seiner Komponenten zueinander
E3:	Entwicklung gegenstandsspezifischer Designelemente für eine Fortbildung zur mathematischen Potenzialförderung
Forschungsfragen der vorliegenden Arbeit (Kapitel 7 und 8)	
F1:	Welche Diagnose- und Förderpraktiken für mathematische Potenziale sind bei Lehrkräften rekonstruierbar?
F2:	Welche Kategorien und Orientierungen erweisen sich für die Weiterentwicklung der Expertise als besonders relevant (Ausdifferenzierung des Expertisemodells)?
F3:	Wie lassen sich diese Praktiken, Orientierungen und Kategorien durch die Designelemente der Fortbildung weiterentwickeln?

(12 bzw. 18 Monate) gestreckt. Aus Gründen der Zeitökonomie als auch des bestehenden Systems der Lehrkräftefortbildung wurde die Fortbildung im letzten Zyklus komprimiert durchgeführt, um ihre Wirkung auch im anvisierten finalen Umsetzungsmodus zu erproben.

Um die iterativen Bezüge zwischen Entwicklung und Forschung darstellen zu können, werden im Folgenden jeweils die „WAS-Fragen" (E1/E2 und F1/F2 in Abschnitt 9.1.1) zusammengefasst und die „WIE-Fragen (E1/E3/F3 in Abschnitt 9.1.2) danach thematisiert.

9.1.1 Zusammenfassung der Ergebnisse zur Spezifizierung und Strukturierung des Fortbildungsgegenstands

Ausgangspunkt für die Spezifizierung der potenzialförderlichen Praktiken, Orientierungen und Denk- und Wahrnehmungskategorien von Lehrkräften war der Diskussionsstand der Disziplin zur Konzeptualisierung mathematischer Potenziale (Leikin 2009a; Sheffield 2003; Sheffield et al. 1995; National Council of Teachers of Mathematics (NCTM) 1995). Das übergreifende Projekt DoMath, in dem dieses Dissertationsprojekt eingebettet ist, greift zurück auf einen dynamischen Potenzialbegriff, wie er in der amerikanischen Forschungsgruppe um Linda Sheffield (Sheffield 1999; Sheffield 2003; Sheffield et al. 1995) und dem National Council of Teachers of Mathematics ebenso wie in der Gruppe um die israelische Forscherin Roza Leikin (Leikin 2009a, 2011; Leikin et al. 2009c; Leikin und Lev 2007; Leikin et al. 2009b; Applebaum und Leikin 2007) für die internationale Diskussion bereits lange herausgearbeitet wurde. In der deutschen wissenschaftlichen Debatte um Begabung und Potenziale, vor allem aber in der Umsetzung von Begabtenförderung innerhalb des deutschen Schulsystems ist er jedoch noch nicht in der Breite angekommen, wie auch Schnell und Prediger (2017) betonen. Dies gilt umso mehr für die partizipative Akzentuierung, mit der Bildungsungerechtigkeiten überwunden und auch Potenziale berücksichtigt werden sollen, die nicht in bildungsnahen Elternhäusern sowieso entdeckt und gefördert werden (Suh & Fulginiti, 2011; Schnell & Prediger 2017).

Aus dem partizipativen und dynamischen Potenzialbegriff und den bestehenden unterrichtlichen Ansätzen zu seiner Förderung konnten Designprinzipien des potenzialförderlichen Unterrichts abgeleitet werden (Leikin 2010, 2011; Sheffield 1999; Sheffield 2003; Schnell & Prediger 2017) (vgl. Abschnitt 2.4), die in Unterrichtsmaterialien umgesetzt werden können, zu deren Nutzung allerdings Lehrkräfte erst gezielt professionalisiert werden müssen (Cramer et al. 2019; Leuchter 2009). Aus den Designprinzipien ließen sich drei Jobs für Lehrkräfte ableiten: *Potenziale aktivieren*, *Potenziale diagnostizieren* und *Potenziale fördern*, dabei wurde *Potenziale fördern* hier im engeren Sinne auf die Gesprächsführung im Unterricht bezogen (vgl. Abschnitt 3.2.3). Das *Aktivieren der Potenziale* kann wesentlich durch (zentral vorbereitbare) mathematisch reichhaltige und selbstdifferenzierende Aufgaben und Lernumgebungen unterstützt werden, potenzialförderlich wird der Unterricht allerdings nur dann, wenn Lehrkräfte dann Potenziale treffsicher *diagnostizieren* und durch entsprechende potenzialstärkende Gesprächsführung *fördern* (Abschnitt 3.2.3).

Aus diesem Forschungsstand wurde gemäß des Entwicklungsinteresses

E2: (Verfeinerung der) Spezifizierung und Strukturierung des Fortbildungsgegenstands (im gegenstandsspezifischen Expertisemodell zur mathematischen Potenzialförderung)

eine erste Spezifizierung des Fortbildungsgegenstands vorgenommen. Dazu wurde das explanative Theorieelement herangezogen, dass die Bewältigung der drei Jobs *Potenziale aktivieren*, *Potenziale diagnostizieren* und *Potenziale fördern* durch Erwerb und Kenntnis der entsprechenden Denk- und Wahrnehmungskategorien, didaktischen Werkzeuge und Orientierungen gelingen kann (Prediger 2019a; Prediger und Rösike 2019; Bromme 1992). Die Orientierungen sind dabei maßgeblich durch den partizipativen und dynamischen Potenzialbegriff bestimmt (Sheffield 2003; Suh & Fulginiti, 2011; Schnell & Prediger 2017), der eine Orientierung auf den Lernprozess voraussetzt (Sheffield 1999, Leikin 2009a; Hußmann et al. 2007).

Eine Verfeinerung der Spezifizierung und vor allem eine genauere Strukturierung, wie die verschiedene Komponenten zusammenhängen, wurde in den qualitativen Analysen mithilfe folgender Forschungsfragen vorgenommen:

F1: Welche Diagnose- und Förderpraktiken für mathematische Potenziale sind bei Lehrkräften rekonstruierbar?

F2: Welche Kategorien und Orientierungen erweisen sich für die Weiterentwicklung der Expertise als besonders relevant (Ausdifferenzierung des Expertisemodells)?

Die analysierten Fortbildungsaktivitäten betrafen in erster Linie die Praktiken zu den Jobs Potenziale diagnostizieren und Potenziale fördern und zeigten, wie eng diese verwoben sind.

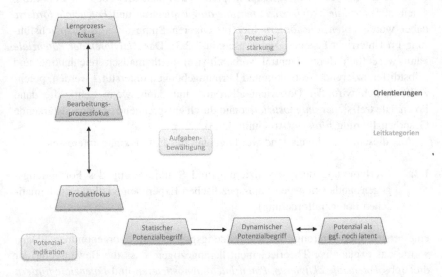

Abb. 9.1 Zusammenhang von Leitkategorien und Orientierungen

Insbesondere wurden drei Leitkategorien als strukturgebend für die Diagnose- und Förderpraktiken der teilnehmenden Lehrkräfte identifiziert: ‖Potenzialstärkung‖, ‖Potenzialindikation‖ und ‖Aufgabenbewältigung‖ (vgl. Abschnitt 8.1 und 8.2). Die Leitkategorien sind diejenigen Denk- und Wahrnehmungskategorien, die die Diagnose- und Förderpraktiken als nicht voneinander trennbar, sondern unmittelbar aufeinander bezogen herausarbeiten (Prediger und Buró 2020). Sie stehen in engem Zusammenhang mit den Orientierungen, wie Abb. 9.1 zeigt.

Die rekonstruierten Leitkategorien zeigten sich in unterschiedlicher Weise produktiv. Während die ‖Potenzialindikation‖ in erster Linie eine individuelle statische Attribution von Potenzialen im <Produktfokus> darstellt, sind die Leitkategorien ‖Aufgabenbewältigung‖ und ‖Potenzialstärkung‖ durch ihren <Prozessfokus> deutlich produktiver. Unter der dominanten Leitkategorie ‖Aufgabenbewältigung‖ fokussieren die Lehrkräfte den eher kurzfristigen <Bearbeitungsprozess>, wohingegen die ‖Potenzialstärkung‖ meist den langfristigen <Lernprozess> in den Blick nimmt (vgl. Abb. 9.1).

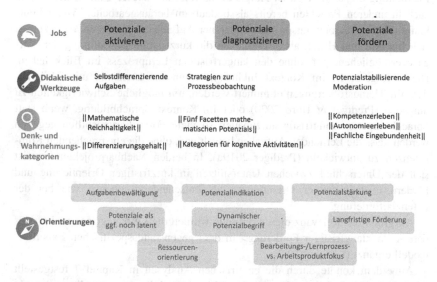

Abb. 9.2 Verfeinerte Spezifizierung und Strukturierung des Fortbildungsgegenstands Erweitertes gegenstandsspezifisches Expertisemodell zur mathematischen Potenzialförderung

Durch die Rekonstruktion der Leitkategorien konnte ein weiteres kategoriales und explanatives Theorieelement generiert werden, das erklärt, wie

Diagnose- und Förderpraktiken unmittelbar zusammenhängen. Als Erweiterung des Expertisemodells (vgl. Abb. 9.2) flossen die Leitkategorien in die verfeinerte Strukturierung des Fortbildungsgegenstands mit ein. Der Zusammenhang von Leitkategorien und Orientierungen (Abb. 9.1) hilft zudem als explanatives Theorieelement zu erklären, inwiefern die ‖Potenzialstärkung‖ potenzialförderlicher ist als die ‖Aufgabenbewältigung‖ oder ‖Potenzialindikation‖. Durch die Aufschlüsselung der Zusammenhänge innerhalb des Expertisemodells konnten Erklärungen für bestimmte Fokussierungen der Diagnose- und Förderpraktiken gefunden werden. Darüber hinaus lässt die differenzierte Kenntnis über die konstituierenden Elemente der Diagnose- und Förderpraktik der ‖Potenzialstärkung‖ Rückschlüsse über die notwendige Gestaltung von Fortbildungen zu, die diese Praktiken zum Professionalisierungsziel haben (vgl. Abschnitt 9.3).

Insbesondere erwies sich in der Abgrenzung von ‖Aufgabenbewältigung‖ und ‖Potenzialstärkung‖ die Orientierung an der <langfristigen Förderung> (in Abgrenzung zur <kurzfristigen Förderung> im Sinne der Unterstützung bei der Bearbeitung der unmittelbaren Aufgabe) als relevant. Dieser Unterschied wurde auch in anderen Projekten bereits als bedeutsam herausgearbeitet: Wenn Lehrkräfte nur die Bearbeitungsprozesse einzelner Aufgaben fokussieren, dann zeigen sich Impulse und Hilfen als relevant, die die kurzfristige Bewältigung der Aufgabe ermöglichen, ggf. ohne den längerfristigen Lernprozess im Blick haben. Dies erfolgt z. B. im Kontext Inklusion, wenn für Lernende mit Förderbedarf alle Herausförderungen eliminiert werden, um mögliche Schwierigkeiten zu umgehen (Prediger & Buró 2020) oder im Kontext Sprachbildung, wenn statt Sprachkompetenz langfristig aufzubauen so viele Formulierungshilfen gegeben werden, dass die Lernenden Aufgaben bewältigen, ohne die entsprechenden Kompetenzen zu entwickeln (Prediger 2019a). In beiden Nachbarprojekten erweist sich der Unterschied zwischen Unterstützen in kurzfristiger Orientierung und Fördern in langfristiger Orientierung als entscheidend, ebenso wie bei der Potenzialförderung.

Aufgrund der Relevanz dieser Befunde wurden die Leitkategorien und Orientierung an <langfristiger Förderung> in dem gegenstandsspezifischen Expertisemodell ergänzt (vgl. Abb. 9.2).

Außerdem konnte durch die empirischen Analysen in Kapitel 7 festgestellt werden, dass viele Lehrkräfte zunächst Diagnosepraktiken nutzen, die noch nicht so kategoriengeleitet und prozessbezogen waren, wie eigentlich intendiert. Die Diagnosepraktiken sollten daher durch Explizierung von Kategorien und des Prozessfokus unterstützt werden. Die hierzu fortentwickelten Denk- und Wahrnehmungskategorien wurden nach hinreichender Rekonstruktion als präskriptive Konsequenz in das Expertisemodell aufgenommen (vgl. folgender Abschnitt, vgl.

außerdem Abb. 9.2). Dieses neue kategoriale Theorieelement ‖Kategorien für kognitive Aktivitäten‖ führte zur Ausdifferenzierung des Expertisemodells und trug somit zur Spezifizierung und Strukturierung des Fortbildungsgegenstands bei. In nächster Konsequenz wurde das Design der Fortbildung entsprechend fortentwickelt und im folgenden Designexperiment-Zyklus mit dazu passenden unterstützenden Designelementen erprobt (vgl. Abschnitt 5.1.2, Abb. 5.2, vgl. außerdem Abschnitt 9.1.2).

Zusammenfassend zeigt sich, dass das Zusammenspiel von Diagnose- und Förderpraktiken im Hinblick auf mathematische Potenziale in dieser Dissertation besser aufgeschlüsselt und dadurch verstehbar gemacht werden konnte. Durch die deskriptiven Theorieelemente, die durch die Rekonstruktion der Diagnose- und Förderpraktiken generiert worden sind, konnten weiterhin kategoriale Elemente identifiziert werden, die in die Erweiterung des Expertisemodells einflossen. Diese führten in präskriptiver Konsequenz dazu, Zusammenhänge zwischen Orientierungen, Denk- und Wahrnehmungskategorien und im Speziellen Leitkategorien herzustellen und für die Fortbildung fruchtbar zu machen.

9.1.2 Zusammenfassung und Forschungs- und Entwicklungsergebnisse zur Ausgestaltung und Wirkung der Designelemente

Das Verständnis dieser Zusammenhänge in den Diagnose- und Förderpraktiken der Lehrkräfte und den ihnen zugrundeliegenden Orientierungen und Kategorien (dargestellt in Abb. 9.1) führte in nächster Konsequenz zur Fortentwicklung der gegenstandsspezifischen Designelemente für die Fortbildung, um E3 und F3 zu bearbeiten:

E3: Entwicklung gegenstandsspezifischer Designelemente für eine Fortbildung zur mathematischen Potenzialförderung

F3: Wie lassen sich diese Praktiken, Orientierungen und Kategorien durch die Designelemente der Fortbildung weiterentwickeln?

Insgesamt zeigte sich die Realisierung des Designprinzips Fallbezug mithilfe von Videovignetten aus eigenen Unterrichtserprobungen, das in vielen anderen Forschungsstudien untersucht wurde (Sherin und van Es 2009; Sherin und Dyer 2017), auch in dem hier vorliegenden Projekt als ertragreich. Die Videofallarbeit musste daher nicht als Ganzes beforscht werden, sondern vor allem im Hinblick auf zwei Teilaspekte, zu denen zwei Designelemente erst im Laufe der Zyklen 2 und 3 eingebaut wurden.

Designelement Kategorienangebote für kategoriengeleitetes, prozessbezogenenes Diagnostizieren
Zur Unterstützung des kategoriengeleiteten, prozessbezogenen Diagnostizierens wurde den Lehrkräften im Rahmen der Fortbildung ein Kategorienangebot zum Beschreiben der kognitiven Aktivitäten in Explorationsprozessen vorgestellt und seine Nutzung für das Diagnostizieren gemeinsam eingeübt. Wie in Abschnitt 7.2 gezeigt wurde, konnte das Kategorienangebot substanziell zur Weiterentwicklung der Diagnosepraktiken beitragen und insbesondere die Prozessbezogenheit dieser unterstützen. Außerdem konnte eine Vereinheitlichung der genutzten Denk- und Wahrnehmungskategorien, als auch der verwendeten Sprache beim Diagnostizieren beobachtet werden. Die differenzierte Beschreibungssprache und die damit verbundenen kognitiven Strukturen ermöglichten es den Lehrkräften, deutlich differenzierter zu identifizieren, was in der zu beobachtenden Situation als relevant zu setzen ist.

Am Einsatz der Entdeckungstreppe nach Schelldorfer (2007) als strukturiertes Kategorienangebot für das differenzierte kategoriengeleitete, prozessbezogene Diagnostizieren wird deutlich, wie wichtig die Kenntnis der relevanten Denk- und Wahrnehmungskategorien für die Expertise von Lehrkräften ist: die Kenntnis des möglichen Prozessverlaufs bei der Bearbeitung von explorativen Aufgaben, ebenso wie die Möglichkeit, die einzelnen Etappen differenziert zu benennen (vereinheitlicht durch das Kategorienangebot) kann es den Lehrkräften erst ermöglichen, die entsprechenden Denk- und Wahrnehmungskategorien zu nutzen. Diese Differenzierungen erst ermöglichen es nach Goodwin (1994), die zu diagnostizierende Situation zu bewerten bzw. die relevanten Situationsaspekte zu filtern und zu fokussieren. Ohne die Denk- und Wahrnehmungskategorien als Filter für relevante Aspekte bleiben Diagnose- und Förderpraktiken oft nicht treffsicher. Aus der Bekräftigung dieses Zusammenhangs erwächst t auch das Desiderat nach entsprechender Forschung zu essentiellen Denk- und Wahrnehmungskategorien für andere unterrichtsrelevanten Gegenstände, sowohl in stoffdidaktischer als auch in allgemein fachdidaktischer Hinsicht (vgl. auch Abschnitt 9.2).

Das Kategorienangebot zeigte sich also sowohl für kognitive als auch kommunikative Zwecke als produktiv (Maier und Schweiger 1999). Die Diskussionen innerhalb der Simulationen im Rahmen der Fortbildung konnten dadurch an Tiefe gewinnen und wurden ertragreicher. Die ||Kategorien für kognitive Aktivitäten||

wurden als präskriptive Konsequenz anschließend in das gegenstandsspezifische Expertisemodell mit aufgenommen (vgl. Abb. 9.2).

Zusammenfassend konnte also durch die deskriptive Beschreibung und die qualitative Analyse der durch die Lehrkräfte genutzten Denk- und Wahrnehmungskategorien bei der Diagnose mathematischer Potenziale herausgestellt werden, dass die Lehrkräfte im Verlauf der Fortbildung ihre kategoriengeleiteten Diagnosen ausschärfen konnten. Gleichzeitig bedurfte der <Bearbeitungsbzw. Lernprozessfokus> der Diagnosen der zusätzlichen Unterstützung. Durch Einführung eines Kategorienangebots zum Beschreiben der kognitiven Aktivitäten in Explorationsprozessen (in Anlehnung an Schelldorfer 2007, vgl. Abb. 7.2) konnten die Denk- und Wahrnehmungskategorien der Lehrkräfte erweitert werden. Dies führte zu differenzierteren Diagnosen und stärkte die Orientierung am <Bearbeitungs- bzw. Lernprozess>. Sowohl die Kategoriengeleitetheit als auch die Prozessbezogenheit der Diagnosen zeigte sich nach Einführung des Kategorienangebots gesteigert. Das Designelement wurde daher für das finale Fortbildungsdesign etabliert (vgl. auch Prediger und Rösike 2019).

Designelement Fokusfragen zur Ausweitung des Repertoires an Leitkategorien
Durch die Rekonstruktion der drei Leitkategorien ‖Aufgabenbewältigung‖, ‖Potenzialindikation‖ und ‖Potenzialstärkung‖ als eines der zentralen Analyseergebnisse wurde der Fortbildungsgegenstand weiter ausdifferenziert. Den Leitkategorien kommt als situativ leitende Kategorien eine gesonderte Stellung im Denk- und Wahrnehmungsprozess zu (Prediger und Buró 2020) (vgl. Kapitel 8 und 9.1.1). Da diese situativ relevant gesetzt werden können und somit nicht situationsübergreifende Muster darstellen, sondern vielmehr einzelne Szenen dominieren, lassen sie keinesfalls Rückschlüsse auf Typen von Lehrkräften zu. Vielmehr setzen die Lehrkräfte in unterschiedlichen Situationen einzelne Leitkategorien als relevant, wodurch ihre Diagnose- und Förderpraktiken dominiert werden. Gleichzeitig zeigt sich, dass die durch die Leitkategorie ‖Potenzialstärkung‖ mit den in der Fortbildung fokussierten Kategorien, Orientierungen und daraus resultierenden Diagnose- und Förderpraktiken für mathematische Potenziale am besten korrespondiert. Sie wurde daher für das finale Fortbildungsdesign explizit zum Fortbildungsgegenstand erklärt (ohne dabei die anderen beiden Leitkategorien außer Acht zu lassen).

Zur Anregung der Aktivierung aller drei Leitkategorien und ihrer flexiblen Verwendung wurde ein weiteres Designelement eingeführt. Durch drei Fokusfragen (in Anlehnung an Prediger und Zindel 2017) sollten die Lehrkräfte dazu angeregt werden einzelne Leitkategorien aktiv relevant zu setzen (vgl. Abschnitt 8.5).

Folgende Fokusfragen wurden im Rahmen des Zyklus 2 iterativ entwickelt und zunehmend systematisch eingesetzt:

(FF1)   Wo stehen die Lernenden und was brauchen sie zum Bewältigen der Aufgabe? (*Leitkategorie Aufgabenbewältigung*)

(FF2)   Welche mathematischen Potenziale kann ich bei welchen Lernenden an ihren kognitiven, metakognitiven und kommunikativen Aktivitäten erkennen? (*Leitkategorie Potenzialindikation*)

(FF3)   Welche Potenziale flammen in den Lernsituationen kurzzeitig auf, die sich zu stärken und weiter zu nutzen lohnt? (*Leitkategorie Potenzialstärkung*)

Während in Zyklus 2 die Wirkungen der Fokusfragen noch gering ausfielen, konnten durch weitere Adaptionen in Zyklus 3 die Diagnosepraktiken der Lehrkräfte deutlich stärker im Sinne der Leitkategorie ‖Potenzialstärkung‖ fokussiert werden. Neben der Einführung der Fragen selbst (wie in Zyklus 2 bereits geschehen), wurde in Zyklus 3 auch auf einer Metaebene der Zusammenhang von Diagnose- und Förderpraktiken thematisiert. Insbesondere die Relevanz und die möglichen Effekte der dominanten Leitkategorie ‖Potenzialstärkung‖ wurde durch die Fortbildnerinnen dargelegt. Darüber hinaus wurde im Sinne der Zielorientierung (vgl. Abschnitt 6.1.3) die Leitkategorie ‖Potenzialstärkung‖ und die damit einhergehenden Diagnose- und Förderpraktiken explizit als angestrebtes Professionalisierungsziel expliziert.

9.1.3 Fazit

An der Darstellung der Designelemente und ihrer empirischen Fundierung zeigt sich, wie eng Forschung und Entwicklung im Rahmen des Design-Research-Formats miteinander verknüpft sind. Alle Theorieelemente, die als Forschungsprodukt generiert werden konnten, werden unmittelbar zur Fortentwicklung des Fortbildungsdesigns und ggf. der Entwicklung konkreter Designelemente genutzt, umgekehrt hätten sie ohne designbasierte Forschung nicht als relevant identifiziert werden können.

Das vorliegende Design-Research-Projekt konnte substanziell dazu beitragen, die Expertise von Lehrkräften zur mathematischen Potenzialförderung sowohl in deskriptiver als auch präskriptiver Form zu erfassen. In Form des gegenstandsspezifischen Expertisemodells konnten die entsprechenden Denk- und

Wahrnehmungskategorien, Orientierungen, didaktischen Werkzeuge und nun auch Leitkategorien identifiziert, strukturiert und spezifiziert werden.

Durch die Verknüpfung von Forschung und Entwicklung konnte neben den Theoriebeiträgen ein gegenstandsspezifisches Fortbildungsdesign entwickelt werden, welches neben den fortbildungsmethodischen Designprinzipien, die gegenstandsunabhängig aus der Literatur übernommen werden konnten, auch empirisch fundierte fortbildungsdidaktische, d. h. gegenstandsbezogene Designelemente aufweist.

9.2 Grenzen des Design-Research-Projekts und Ausblick auf mögliche Anschlussstudien

Die Ergebnisse sind vor dem Hintergrund wichtiger Begrenzungen einzuordnen, die zugleich die Richtung für mögliche Anschlussstudien weisen.

Das für die Forschungsarbeit gewählte Forschungsformat Design-Research ermöglichte es, sowohl Entwicklungs- als auch Forschungsprodukte zu generieren. Ihre Grenzen und daraus resultierende Möglichkeiten für die Anschlussforschung werden im Folgenden skizziert.

Grenzen der Forschungsprodukte und mögliche Anschlussuntersuchungen

- Die gegenstandsspezifische Ausgestaltung des Expertisemodells ermöglichte eine differenzierte Ausformulierung des Fortbildungsgegenstands der mathematischen Potenzialförderung. Die systematische Analyse wurde jedoch ausschließlich auf die Videodaten und Äußerungen aus den Fortbildungssitzungen selbst bezogen, also auf handlungsentlastete Simulationssituationen. Eine Analyse der tatsächlichen Bewältigung der Jobs Potenziale diagnostizieren und Potenziale fördern im Rahmen der unterrichtlichen Praxis konnte dagegen im Rahmen dieses Dissertationsprojekts nicht durchgeführt werden. Da vielfältige Unterrichtsvideos vorliegen, bietet sich hier die Möglichkeit, eine weitere Studie anzuschließen. Die Analysen der dann nicht mehr handlungsentlasteten Situation der komplexen Unterrichtspraxis könnten weitere Einflussfaktoren auf die Praktiken der Lehrkräfte aufdecken.
- Die erfolgreiche Implementation des Kategorienangebots zum Beschreiben der kognitiven Aktivitäten in Explorationsprozessen bestätigte den engen Zusammenhang von abruf- und nutzbaren Denk- und Wahrnehmungskategorien und der daraus erwachsenden Möglichkeit zum differenzierteren Diagnostizieren. Insbesondere die Bekräftigung der Relevanz adäquater Sprachmittel

sowohl in kognitiver als auch in kommunikativer Hinsicht lässt vermuten, dass ähnlich strukturgebende Kategorienangebote auch die gegenstandsspezifische Diagnosekompetenz von Lehrkräften in anderen Zusammenhängen unterstützen könnte. Hier bietet sich eine entsprechende (Anschluss-) Studie auf Fortbildungs- oder aber auch auf Ausbildungsebene an.

- Die Lernerfolge der Lehrkräfte, bspw. im Hinblick auf die Erweiterung des Potenzialbegriffs, konnten ebenfalls durch qualitative Analysen dargelegt werden. Gleichzeitig ist anzumerken, dass sich hier lediglich die kurzfristigen Wirkungen im Rahmen des Fortbildungssettings nachzeichnen lassen. Über langfristige Effekte und nachhaltige Verbesserungen auch in der Unterrichtspraxis lässt sich zu diesem Zeitpunkt keine Aussage treffen. Der langfristige Transfererfolg (Kirkpatrick und Kirkpatrick 2010) müsste in einer Anschlussstudie sowohl durch Beforschung der unterrichtlich realisierten Diagnose- und Förderpraktiken erfolgen also auch idealerweise durch Erfassung der Wirksamkeit auf die Leistungen und Selbstkonzepte der Schülerinnen und Schüler.

- Durch die qualitativen Analysen der Gruppendiskussionen im Rahmen des Fortbildungssettings konnten sowohl kategoriale, explanative als auch präskriptive Theorieelemente generiert werden. Diese betreffen sowohl den Fortbildungsgegenstand selbst, als auch die Ausgestaltung der Fortbildungen zur mathematischen Potenzialförderung. Die erhobenen Daten, also die videographierten Fortbildungssitzungen und die dann transkribierten Diskussionen der teilnehmenden Lehrkräfte, ließen allerdings keine Rückschlüsse über *individuelle* Professionalisierungspfade zu, weil die einzelne Lehrkraft sich jeweils nicht ausführlich genug individuell äußerte. Hier könnten alternative Erhebungs- und Auswertungsmethoden z. B. durch eine Interviewstudie zu einer Erweiterung der Erkenntnisse über individuelle Professionalisierungswege führen.

Grenzen der Entwicklungsprodukte und mögliche Anschlussuntersuchungen
Die herausgearbeiteten Designelemente wurden bislang ausschließlich gegenstandsspezifisch beforscht, ihre Tragfähigkeit für andere Fortbildungsgegenstände sollte in Anschlussstudien untersucht werden.

- Das Designelement des Kategorienangebots zum Beschreiben der kognitiven Aktivitäten in Explorationsprozessen und ihre explizite Einübung zeigten eine substanzielle Wirkung für die kategoriengeleiteten, prozessbezogenen Diagnosen. Das gleiche Kategorienangebot (bzw. ein analog angepasstes) könnte auch für andere Fortbildungsgegenstände auf seine Wirkungen untersucht werden.

- Prediger und Zindel (2017) zeigten bereits die Wirkung von Fokusfragen zur Entwicklung der Diagnoseschärfe bei der Ausbildung von Lehramtsstudierenden auf. Ihre Wirkung im Rahmen der Lehrkräftefortbildung konnte auch in der vorliegenden Forschungsarbeit bekräftigt werden. Als weitere Entwicklungsprodukte kann eine gegenstandsspezifische Ausformulierung dieses Designelement für andere Aus- und Fortbildungsgegenstände erfolgen, gestützt durch eine entsprechende Begleitforschung.

9.3 Implikationen für die Aus- und Fortbildung von Lehrkräften und die Qualifizierung von Multiplikatorinnen und Multiplikatoren

Die Professionalisierung von Lehrkräften ist in den letzten Jahren auch für die Forschung ein wichtiger Gegenstand geworden (Prediger et al. 2017; Cramer et al. 2019). Dabei lag und liegt der Fokus häufig auf der Beforschung allgemeiner Bedarfe und Wirkungen. Darüber hinaus sind es aber gerade die Fragen nach dem *Was?* und dem konkreten *Wie?*, die für eine nachhaltige Fortbildung bedeutsam sind (Prediger et al. 2017).

Sowohl die Frage, was Lehrkräfte zur mathematischen Potenzialförderung lernen müssen, also auch jene, wie eine Fortbildung zu diesem Gegenstand ausgestaltet werden sollte, wird durch die vorliegende Forschungsarbeit erörtert. So wie aber auch eine Lehrkraft für potenzialförderlichen Unterricht fortgebildet werden sollte, gilt dies auch für die Multiplikatorinnen und Multiplikatoren, die eine solche Fortbildung anbieten und durchführen. Auch sie müssen für eine entsprechende Form der Fortbildung qualifiziert werden.

Für die Multiplikatorinnen und Multiplikatoren gilt es also, den Fortbildungsgegenstand an sich zu ergründen (vgl. Kapitel 2), aber auch auf Fortbildungsebene die Struktur der Lehrkräfteexpertise inklusive der entscheidenden Diagnose- und Förderpraktiken zu verstehen, und auf dieser fortbildungsdidaktischen Basis dann die gegenstandsspezifischen Designelemente zur Unterstützung der Professionalisierungsprozesse zu kennen und einzusetzen.

Durch die empirischen Analysen konnten drei Leitkategorien für Diagnose- und Förderpraktiken rekonstruiert werden. Sie alle kommen in der Praxis der Lehrkräfte vor und weisen eine inhärente Logik auf. Auch die Perspektiven der

Leitkategorie ‖Potenzialindikation‖ haben im komplexen Unterrichtsgeschehen eine nachvollziehbare innere Rationalität, weil sie besser zur Bewertungsaufgabe von Lehrkräften passt. Um nun dennoch das Professionalisierungsziel der Unterstützung der Leitkategorie ‖Potenzialstärkung‖ in den Blick zu nehmen und zu verfolgen, ist in einem ersten Schritt das Verständnis der einzelnen Komponenten des Expertisemodells und vor allem ihres Zusammenspiels innerhalb der einzelnen Praktiken bedeutsam. Denn bevor die Praktiken, insbesondere jene der Potenzialstärkung, im Rahmen der Fortbildung explizit und als Gesamtheit adressiert werden (vgl. Abschnitt 6.2.4), können bereits im Rahmen der vorgelagerten Aktivitäten und Inputs einzelne Komponenten der Praktiken, bspw. bestimmte Denk- und Wahrnehmungskategorien adressiert werden. Die Orientierung des <Prozessfokus> kann bspw. während aller Diagnoseaktivitäten unterstützt, noch bevor die unterschiedlichen Praktiken und ihre Auswirkungen auf einer Metaebene thematisiert werden. Dies könnte dann der flexibleren Aktivierung der Leitkategorie ‖Potenzialstärkung‖, aber auch der Leitkategorie ‖Aufgabenbewältigung‖ zugutekommen.

Wenn also Multiplikatorinnen und Multiplikatoren im Blick behalten, dass auch die Leitkategorien, die nicht in gleicher Weise mit dem Fortbildungsgegenstand konform sind, wie jene der ‖Potenzialstärkung‖, im Rahmen der beruflichen Praxis der Lehrkräfte von Belang und somit schlüssig sind, dann können Prozesse zur Ausweitung des Repertoires besser angeleitet werden. Wie die Forschung der vorliegenden Arbeit gezeigt hat, ist eine Unterstützung der Ausweitung der Leitkategorien neben der Simulation auch durch das Verständnis der unterschiedlichen Praktiken auf einer übergeordneten Ebene entscheidend.

Insgesamt leistet die vorliegende Dissertation sowohl im Hinblick auf das differenziertere Verständnis der gegenstandsspezifischen Expertise von Lehrkräften zur mathematischen Potenzialförderung als auch in Bezug auf deren Fortbildung substanzielle Erkenntnisse. Die Rekonstruktion der drei Leitkategorien und der damit zusammenhängenden Diagnose- und Förderpraktiken trägt entscheidend dazu bei, die gegenstandsspezifische Expertise und ihre Komponenten zu erfassen und begreifen. Diese Strukturierung und Spezifizierung ermöglichte die fortbildungsdidaktisch fundierte Entwicklung einer gegenstandsspezifischen Fortbildung zur mathematischen Potenzialförderung. Ihre Implementation im Fortbildungsprogramm des DZLM kann zukünftig dazu beitragen, eine Vielzahl von Lehrkräften für den partizipativen und dynamischen Potenzialbegriff zu sensibilisieren, ihre Diagnose- und Förderpraktiken in potenzialförderlicher Weise auszurichten und somit mehr Lernende in der Entwicklung ihrer mathematischen Potenziale zu unterstützen.

Literatur

Applebaum, M. & Leikin, R. (2007). Teachers´ Conceptions of Mathematical Challenges in School Mathematics. In J.-H. Woo, H.-C. Lew, K.-S. Park & D.-Y. Seo (Hrsg.), *Proceedings of the 31th Conference of the International Group for the Pschology of Mathematics Education* (S. 9–16). Seoul: PME.

Artelt, C. & Gräsel, C. (2009). Diagnostische Kompetenz von Lehrkräften. *Zeitschrift für Pädagogische Psychologie, 34*(23), S. 157–160. doi:https://doi.org/10.1024/1010-0652. 23.34.157.

Artigue, M. (1992). Didactical Engineering. In R. Douady & A. Mercier (Hrsg.), *Recherches en Didactique des mathématiques* (S. 41–70). Grenoble: La Pensée Sauvage.

Autorengruppe Bildungsberichterstattung (2020). *Bildung in Deutschland 2020. Ein indikatorengestützter Bericht mit einer Analyse zu Bildung in einer digitalisierten Welt.* (1. Aufl.). Bielefeld: wbv Media.

Bakker, A. & van Eerde, D. (2015). An Introduction to Design-Based Research with an Example From Statistics Education. In A. Bikner-Ahsbahs, C. Knipping & N. Presmeg (Hrsg.), *Approaches to qualitative research in mathematics education. Examples of methodology and methods* (S. 429–466). Dordrecht, Heidelberg, New York, London: Springer.

Bandura, A. (1977). Self-efficacy: Toward a unifying theory of behavioral change. *Psychological Review, 84*, S. 191–215.

Bandura, A. (1993). Perceived Self-Efficacy in Cognitive Development and Functioning. *Educational Psychologist, 2*(28), S. 117–148.

Barzel, B. & Selter, C. (2015). Die DZLM-Gestaltungsprinzipien für Fortbildungen. *Journal für Mathematik-Didaktik, 2*(36), S. 259–284. doi:https://doi.org/10.1007/s13138-015-0076-y.

Bauersfeld, H. (1993). Mathematische Lehr-Lern-Prozesse bei Hochbegabten—Bemerkungen zu Theorie, Erfahrungen und möglicher Förderung. *Journal für Mathematik-Didaktik, 3/4*(14), S. 243–267.

Bauersfeld, H. (2002). Das Anderssein der Hochbegabten. Merkmale, frühe Förderstrategien und geeignete Aufgaben. *Mathematica didactica, 1*(25), S. 5–16.

Baumert, J. & Kunter, M. (2006). Stichwort: Professionelle Kompetenz von Lehrkräften. *Zeitschrift für Erziehungswissenschaft, 4*(9), S. 469–520. doi:https://doi.org/10.1007/s11 618-006-0165-2.

Baumert, J. & Kunter, M. (2011). Das Kompetenzmodell von COACTIV. In M. Kunter, J. Baumert, W. Blum, U. Klusmann, S. Krauss & M. Neubrand (Hrsg.), *Professionelle Kompetenz von Lehrkräften. Ergebnisse des Forschungsprogramms COACTIV* (S. 29–53). Münster, New York, NY, München, Berlin: Waxmann.

Beck, C. & Maier, H. (1994). Mathematikdidaktik als Textwissenschaft. *Journal für Mathematik-Didaktik, 1–2*(15), S. 35–78. doi:https://doi.org/10.1007/BF03338800.

Beck, E. (2008). *Adaptive Lehrkompetenz. Analyse und Struktur, Veränderbarkeit und Wirkung handlungssteuernden Lehrerwissens.* Münster, New York, München, Berlin: Waxmann.

Benölken, R. (2011). *Mathematisch begabte Mädchen. Untersuchungen zu geschlechts- und begabungsspezifischen Besonderheiten im Grundschulalter.* Münster: WTM Verl. für wiss. Texte und Medien.

Benölken, R. (2014). Begabung, Geschlecht und Motivation. *Journal für Mathematik-Didaktik, 1*(35), S. 129–158. doi:https://doi.org/10.1007/s13138-013-0059-9.

Biehler, R., Lange, T., Leuders, T., Rösken-Winter, B., Scherer, P. & Selter, C. (Hrsg.) (2018). *Mathematikfortbildungen Professionalisieren. Konzepte, Beispiele und Erfahrungen des Deutschen Zentrums Für Lehrerbildung Mathematik.* Wiesbaden: Spektrum Akademischer Verlag.

Bikner-Ahsbahs, A. (2005). *Mathematikinteresse zwischen Subjekt und Situation. Theorie interessendichter Situationen, Baustein für eine mathematikdidaktische Interessentheorie.* Hildesheim: Franzbecker.

Blömeke, S., Gustafsson, J.-E. & Shavelson, R. J. (2015). Beyond Dichotomies. *Zeitschrift für Psychologie, 1*(223), S. 3–13. doi:https://doi.org/10.1027/2151-2604/a000194.

Boerst, T., Sleep, L., Ball, D. & Bass, H. (2011). Preparing Teachers to Lead Mathematics Discussions. *Teachers College Record, 12*(113), S. 2844–2877.

Bonsen, M. & Rolff, H.-G. (2006). Professionelle Lerngemeinschaften von Lehrerinnen und Lehrern. *Zeitschrift für Pädagogik, 2*(52), S. 167–184.

Bosse, M. (2017). *Mathematik fachfremd unterrichten.* Springer Fachmedien Wiesbaden.

Boyle, B., Lamprianou, I. & Boyle, T. (2005). A Longitudinal Study of Teacher Change: What makes professional development effective? Report of the second year of the study. *School Effectiveness and School Improvement, 1*(16), S. 1–27. doi:https://doi.org/10.1080/09243450500114819.

Bromme, R. (1992). *Der Lehrer als Experte. Zur Psychologie des professionellen Wissens.* Bern: Huber.

Bromme, R. (1995). Was ist "pedagogical content knowledge"? Kritische Anmerkungen zu einem fruchtbaren Forschungsprogramm. In S. Hopmann (Hrsg.), *Didaktik und/oder Curriculum. Zeitschrift für Pädagogik, Beiheft 33* (S. 105–113). Weinheim: Beltz Juventa.

Bromme, R. (1997). Kompetenzen, Funktionen und unterrichtliches Handeln des Lehrers. In F. E. Weinert (Hrsg.), *Psychologie des Unterrichts und der Schule. Enzyklopädie der Psychologie* (S. 177–212). Göttingen: Hogrefe.

Bromme, R. & Rambow, R. (2001). Experten-Laien-Kommunikation als Gegenstand der Expertiseforschung: Für eine Erweiterung des psychologischen Bildes von Experten.

In R. K. Silbereisen & M. Reitzle (Hrsg.), *Psychologie 2000. Bericht über den 42. Kongress der Deutschen Gesellschaft für Psychologie in Jena 2000* (S. 541–550). Lengerich: Pabst Science Publ.

Brunner, M., Anders, Y., Hachfeld, A. & Krauss, S. (2011). Diagnostische Fähigkeiten von Mathematiklehrkräften. In M. Kunter, J. Baumert, W. Blum, U. Klusmann, S. Krauss & M. Neubrand (Hrsg.), *Professionelle Kompetenz von Lehrkräften. Ergebnisse des Forschungsprogramms COACTIV* (S. 215–234). Münster, New York, NY, München, Berlin: Waxmann.

Cheng, P.-w. (1993). Metacognition and Giftedness: The State of the Relationship. *Gifted Child Quarterly, 3*(37), S. 105–112. doi:https://doi.org/10.1177/001698629303700302.

Clarke, D. M. (1994). Ten Key Principles from Research for the Professional Development of Mathematics Teachers. In D. B. Aichele & A. F. Coxford (Hrsg.), *Professional development for teachers of mathematics* (S. 37–48). Reston, Va.: National Council of Teachers of Mathematics.

Cobb, P., Confrey, J., diSessa, A., Lehrer, R. & Schauble, L. (2003). Design Experiments in Educational Research. *Educational Researcher, 1*(32), S. 9–13. doi:https://doi.org/10.3102/0013189X032001009.

Cramer, C., Johannmeyer, K. & Drahmann, M. (Hrsg.) (2019). *Fortbildungen von Lehrerinnen und Lehrern in Baden-Württemberg.* (1. Aufl.). Tübingen: Prof. Dr. Colin Cramer, Karen Johannmeyer und Dr. Martin Drahmann.

Diezmann, C. M. & Watters, J. J. (2001). The Collaboration of Mathematically Gifted Students on Challenging Tasks. *Journal for the Education of the Gifted, 1*(25), S. 7–31. doi:https://doi.org/10.1177/016235320102500102.

Dilger, B. (2007). *Der selbstreflektierende Lerner. Eine wirtschaftspädagogische Rekonstruktion zum Konstrukt der „Selbstreflexion."* Paderborn: Eusl-Verl.-Ges.

DIME – Diversity in Mathematics Education Group (2007). Culture, Race, Power, and Mathematics Education. In F. K. Lester (Hrsg.), *Second Handbook of Research on Mathematics Teaching and Learning* (2. Aufl.). Greenwich: Information Age Publishing.

Empson, S. & Jacobs, V. (2008). Learning to Listen to Children's Mathematics. In P. Sullivan & T. Wood (Hrsg.), *International Handbook of Mathematics Teacher Education (Vol. 1). Knowledge and beliefs in mathematics teaching and teaching development* (S. 257–281). Rotterdam: Sense Publ.

Erath, K. (2017). Mathematisch diskursive Praktiken des Erklärens. doi:https://doi.org/10.1007/978-3-658-16159-0.

Even, R. & Tirosh, D. (2002). Teacher Knowledge and Understanding of Students' Mathematical Learning. In L. D. English (Hrsg.), *Handbook of international research in mathematics education* (S. 219–240). Mahwah, NJ, Reston, Va.: LEA Lawrence Erlbaum Associates; NCTM National Council of Teachers of Mathematics.

Fives, H. & Buehl, M. M. (2012). Spring cleaning for the "messy" construct of teachers' beliefs: What are they? Which have been examined? What can they tell us? In K. R. Harris, S. Graham, T. C. Urdan, G. M. Sinatra & J. Sweller (Hrsg.), *APA educational psychology handbook* (1. Aufl., S. 471–499). Washington, DC: American Psychological Association.

Fuchs, M. (2006). *Vorgehensweisen mathematisch potentiell begabter Dritt- und Viertklässler beim Problemlösen.* Dissertation.

Glade, M. & Prediger, S. (2017). Students' Individual Schematization Pathways – Empirical Reconstructions for the Case of Part-of-Part Determination for Fractions. *Educational Studies in Mathematics, 94*(2), S. 185–203.

Goodwin, C. (1994). Professional Vision. *American anthropologist, 3*(96), S. 606–633.

Gräsel, C., Fussangel, K. & Parchmann, I. (2006a). Lerngemeinschaften in der Lehrerfortbildung. Kooperationserfahrungen und -überzeugungen von Lehrkräften. *Zeitschrift für Erziehungswissenschaft, 4*(9), S. 545–561. doi:https://doi.org/10.1007/s11618-006-0167-0.

Gräsel, C., Pröbstel, C. & Freienberg, J. (2006b). Anregungen zur Kooperation von Lehrkräften im Rahmen von Fortbildungen. In M. Prenzel & L. Allolio-Näcke (Hrsg.), *Untersuchungen zur Bildungsqualität von Schule. Abschlussbericht des DFG-Schwerpunktprogramms* (S. 310–329). Münster: Waxmann.

Gravemeijer, K. & Cobb, P. (2013). Design research from a learning design perspective. In T. Plomp & N. Nieveen (Hrsg.), *Educational design research – Part B: Illustrative cases* (S. 72–113). Enschede: SLO.

Hadamard, J. W. (1945). *Essay on the psychology of invention in the mathematical field.* Princeton: Princeton Universtiy Press.

Helmke, A. (1998). Vom Optimisten zum Realisten? Zur Entwicklung des Fähigkeitsselbstkonzepts vom Kindergarten bis zur 6. Klassenstufe. In F. E. Weinert (Hrsg.), *Entwicklung im Kindesalter* (S. 115–132). Weinheim: Psychologie Verlags Union.

Helmke, A. (2003). Diagnosekompetenz in Ausbildung und Beruf entwickeln. *Karlsruher pädagogische Beiträge, 55,* S. 15–34.

Henningsen, M. & Stein, M. K. (1997). Mathematical Tasks and Student Cognition: Classroom-Based Factors That Support and Inhibit High-Level Mathematical Thinking and Reasoning. *Journal for Research in Mathematics Education, 5*(28), S. 524–549. doi:https://doi.org/10.2307/749690.

Hiebert, J. & Grouws, D. A. (2007). The Effects of Classroom Mathematics Teaching on Students ' Learning. In F. K. Lester (Hrsg.), *Second Handbook of Research on Mathematics Teaching and Learning* (2. Aufl., S. 371–404). Greenwich: Information Age Publishing.

Holton, E. F., Bates, R. A. & Ruona, W. E. A. (2000). Development of a generalized learning transfer system inventory. *Human Resource Development Quarterly, 4*(11), S. 333–360. doi:https://doi.org/10.1002/1532-1096(200024)11:4<333::AID-HRDQ2>3.0.CO;2-P.

Höveler, K., Albersmann, N., Hoffmann, M., Eichholz, L. & Rösike, K.-A. (2017). Linking face-to-face and distance phases in professional teacher training – an explorative research. In S. Zehetmeier, B. Rösken-Winter & M. Ribeiro (Hrsg.), *Proceedings of the Third ERME Topic Conference on Mathematics Teaching, Resources and Teacher Professional Development* . Berlin: Humboldt-Universität zu Berlin.

Hußmann, S., Leuders, T. & Prediger, S. (2007). Schülerleistungen verstehen – Diagnose im Alltag. *Praxis der Mathematik, 15*(49), S. 1–8.

Hußmann, S., Thiele, J., Hinz, R., Prediger, S. & Ralle, B. (2013). Gegenstandsorientierte Unterrichtsdesigns entwickeln und erforschen. Fachdidaktische Entwicklungsforschung im Dortmunder Modell. In M. Komorek (Hrsg.), *Der lange Weg zum Unterrichtsdesign. Zur Begründung und Umsetzung fachdidaktischer Forschungs- und Entwicklungsprogramme* (S. 25–42). Münster: Waxmann.

Institut der Deutschen Wirtschaft (2020). *MINT-Frühjahrsreport 2020.* https://www.iwk oeln.de/fileadmin/user_upload/Studien/Gutachten/PDF/2020/MINT-Fruehjahrsreport_2 020.pdf.

Käpnick, F. (1998). *Mathematisch begabte Kinder. Modelle, empirische Studien und Förderungsprojekte für das Grundschulalter.* Zugl.: Greifswald, Univ., Habil.-Schr., 1997 u.d.T.: Käpnick, Friedhelm: Untersuchungen zu Grundschulkindern mit einer potentiellen mathematischen Begabung. Frankfurt am Main: Lang.

Kauffeld, S., Bates, R., Holton, E. F. & Müller, A. C. (2008). Das deutsche Lerntransfer-System-Inventar (GLTSI). Psychometrische Überprüfungder deutschsprachigen Version. *Zeitschrift für Personalpsychologie, 2*(7), S. 50–69. doi:https://doi.org/10.1026/1617-6391.7.2.50.

(2007). *Kernlehrplan Mathematik für das Gymnasium – Sekundarstufe I (G8) in Nordrhein-Westfalen.*

Kirkpatrick, D. L. & Kirkpatrick, J. D. (2010). *Evaluating training programs. The four levels.* (3. Aufl.). San Francisco: Berrett-Koehler.

Kirsch, A. (1980). Zur Mathematik-Ausbildung der zukünftigen Lehrer – im Hinblick auf die Praxis des Geometrieunterrichts. *Journal für Mathematikdidaktik, 4*(1), S. 229–256.

Krapp, A. (2005). Basic needs and the development of interest and intrinsic motivational orientations. *Learning and Instruction, 5*(15), S. 381–395. doi:https://doi.org/10.1016/j.lea rninstruc.2005.07.007.

Krapp, A. & Prenzel, M. (2011). Research on Interest in Science: Theories, methods, and findings. International Journal of Science Education, 33(1), 27–50. *International Journal of Science Education, 1*(33), S. 27–50. doi:https://doi.org/10.1080/09500693.2010.518645.

Krüger, K. (2000). *Erziehung zum funktionalen Denken. Zur Begriffsgeschichte eines didaktischen Prinzips.* Zugl.: Frankfurt (Main), Univ., Diss., 1999. Berlin: Logos-Verl.

Krutetskii, V. A. (1976). *The Psychology of Mathematical Abilities in Schoolchildren. Volume 1: Individual studies.* Chicago: University of Chicago Press.

Leikin, R. (2004). Towards High Quality Geometrical Tasks: Reformulation of a Proof Problem. In J. M. Hoines & A. B. Fuglestad (Hrsg.), *Proceedings of the 28th International Conference for the Psychology of Mathematics Education* (S. 209–216).

Leikin, R. (2007). Habits of Mind Associated with Advanced Mathematical Thinking and Solution Spaces of Mathematical Tasks. In , *The Fifth Conference of the European Society for Research in Mathematics Education – CERME-5* (S. 2330–2339).

Leikin, R. (2009a). Bridging research and theory in mathematics education with research and theory in creativity and giftedness. In R. Leikin, A. Berman & B. Koichu (Hrsg.), *Creativity in Mathematics and the Education of Gifted Students* (S. 383–409). Rotterdam: Sense Publishers.

Leikin, R. (2010). Teaching the Mathematically Gifted. *Gifted Education International, 2*(27), S. 161–175. doi:https://doi.org/10.1177/026142941002700206.

Leikin, R. (2011). The education of mathematically gifted students: Some complexities and questions. *The Mathematics Enthusiast, 1/2*(8), S. 167–188.

Leikin, R. (2015). Giftedness and High Ability in Mathematics. In S. Lerman (Hrsg.), *Encyclopedia of mathematics education* (S. 247–251). New York [New York], Boston, Massachusetts: Springer; Credo Reference.

Leikin, R., Berman, A. & Koichu, B. (Hrsg.) (2009b). *Creativity in Mathematics and the Education of Gifted Students.* Rotterdam: Sense Publishers.

Leikin, R., Koichu, B. & Berman, A. (2009c). Mathematical Giftedness as a Quality of Problem-Solving Acts. In R. Leikin, A. Berman & B. Koichu (Hrsg.), *Creativity in Mathematics and the Education of Gifted Students* (S. 115–127). Rotterdam: Sense Publishers.

Leikin, R. & Lev, M. (2007). Multiple solution tasks as a magnifying glass for observation of mathematical creativity. In J.-H. Woo, H.-C. Lew, K.-S. Park & D.-Y. Seo (Hrsg.), *Proceedings of the 31th Conference of the International Group for the Pschology of Mathematics Education* (S. 161–168). Seoul: PME.

Leuchter, M. (2009). *Die Rolle der Lehrperson bei der Aufgabenbearbeitung. Unterrichtsbezogene Kognitionen von Lehrpersonen.* Zugl.: Zürich, Univ., Diss., 2008. Münster: Waxmann.

Leuders, T. & Prediger, S. (2012). "Differenziert Differenzieren" – Mit Heterogenität in verschiedenen Phasen des Mathematikunterrichts umgehen. In R. Lazarides & A. Ittel (Hrsg.), *Differenzierung im mathematisch-naturwissenschaftlichen Unterricht. Implikationen für Theorie und Praxis* (S. 35–66). Bad Heilbrunn: Verlag Julius Klinkhardt.

Leuders, T. & Prediger, S. (2017). *Flexibel differenzieren und fokussiert fördern im Mathematikunterricht.* (2. Aufl.). Berlin: Cornelsen.

Lipowsky, F. & Rzejak, D. (2012). Lehrerinnen und Lehrer als Lernen – Wann gelingt der Rollentausch? Merkmale und Wirkungen wirksamer Lehrerfortbildungen. In D. Bosse, L. Criblez & T. Hascher (Hrsg.), *Reform der Lehrerbildung in Deutschland, Österreich und der Schweiz* (S. 235–253). Immenhausen: Prolog-Verlag.

Lompscher, J. & Gullasch, R. (1977). Entwicklung von Fähigkeiten. In A. Kossakowski, H. Kühn, J. Lompscher & G. Rosenfeld (Hrsg.), *Psychologische Grundlagen der Persönlichkeitsentwicklung im pädagogischen Prozeß* (S. 199–249). Köln: Pahl-Rugenstein.

Lubinski, D. & Humphreys, L. G. (1990). A broadly based analysis of mathematical giftedness. *Intelligence, 14*(3), S. 327–355.

Maier, H. & Beck, C. (2001). Zur Theoriebildung in der interpretativen mathematikdidaktischen Forschung. *Journal für Mathematik-Didaktik, 1*(22), S. 29–50. doi:https://doi.org/10.1007/BF03339314.

Maier, H. & Schweiger, F. (1999). *Mathematik und Sprache. Zum Verstehen und Verwenden von Fachsprache im Mathematikunterricht.* Wien: öbv.

Mayring, P. & Fenzl, T. (2019). Qualitative Inhaltsanalyse. In N. Baur & J. Blasius (Hrsg.), *Handbuch Methoden der empirischen Sozialforschung* (2. Aufl., S. 633–648). Wiesbaden: Springer Fachmedien Wiesbaden.

Milgram, R. M. & Hong, E. (2009). Talent Loss in Mathematics: Causes and Solutions. In R. Leikin, A. Berman & B. Koichu (Hrsg.), *Creativity in Mathematics and the Education of Gifted Students* (S. 149–163). Rotterdam: Sense Publishers.

Moschner, B. & Dickhäuser, O. (2010). Selbstkonzept. In D. H. Rost (Hrsg.), *Handwörterbuch Pädagogische Psychologie* (4. Aufl., S. 750–756). Weinheim: Psychologie Verlags Union.

National Council of Teachers of Mathematics (NCTM) (1995). Report of the Task Force on the Mathematically Promising. *NCTM News Bulletin, 32.*

National Council of Teachers of Mathematics (NCTM) (2000). *Principles and Standards for School Mathematics.* Reston, Va.: The Author.

Németh, A. & Skiera, E. (Hrsg.) (2012). *Lehrerbildung in Europa. Geschichte, Struktur und Reform.* (1. Aufl.). Frankfurt a.M: Peter Lang GmbH Internationaler Verlag der Wissenschaften.

OECD (2019). *Bildung auf einen Blick 2019. OECD-Indikatoren.* [Bielefeld]: wbv Media.

Olkin, I. & Schoenfeld, A. (1994). A Discussion of Bruce Reznick´s Chapter. In A. Schoenfeld (Hrsg.), *Mathematical Thinking and Problemsolving* . Hillsdale, New Jersy: Lawrence Erlbaum Associates Inc.

Pateman, N. A. & Lim, C. S. (2013). The Politics of Equity and Access in Teaching and Learning Mathematics. In M. (K.)A. Clements, A. J. Bishop, C. Keitel, J. Kilpatrick & F. K.S. Leung (Hrsg.), *Third International Handbook of Mathematics Education* (S. 243–263). Springer.

Pekrun, R., Frenzel, A. C., Goetz, T. & Perry, R. P. (2014). The Control-Value Theory of Achievement Emotions. In P. A. Schutz & R. Pekrun (Hrsg.), *Emotion in Education* (S. 13–36). Amsterdam: Elsevier.

Perkins, D. N. & Unger, C. (1999). Teaching and Learning for Understanding. In C. M. Reigeluth (Hrsg.), *Instructional Design Theories and Models. A new Paradigm of Instructional Theory* (2. Aufl., S. 91–114). Mahwah: Lawrence Erlbaum Associates Inc.

Philipp, K. (2013). *Experimentelles Denken. Theoretische und empirische Konkretisierung einer mathematischen Kompetenz.* Wiesbaden: Springer Fachmedien.

Philipp, R. A. (2007). Mathematics teachers' beliefs and affect. In F. K. Lester (Hrsg.), *Second Handbook of Research on Mathematics Teaching and Learning* (2. Aufl., 257–31). Greenwich: Information Age Publishing.

PIK AS (2019). *Sachinformation Haus 2.1: Summen aufeinander folgender Zahlen.* https://pikas.dzlm.de/pikasfiles/uploads/upload/Material/Haus_2_-_Kontinuitaet_von_Kla sse_1_bis_6/FM/Modul_2.1/Sachinformation/Sachinformation_RFZ.pdf. Zugegriffen: 20.02.2019.

Plomp, T. & Nieveen, N. (Hrsg.) (2013). *Educational design research – Part B: Illustrative cases.* Enschede: SLO.

Polya, G. (1973). *How to solve it.* Princeton: Princeton University Press.

Prediger, S. (2009). Quader bauen aus 24 Würfeln – Kinder auf dem Weg zur Volumenformel. *MNU-Primar, 1*(1), S. 8–12.

Prediger, S. (2010). How to develop mathematics-for-teaching and for understanding: the case of meanings of the equal sign. *Journal of Mathematics Teacher Education, 1*(13), S. 73–93. doi:https://doi.org/10.1007/s10857-009-9119-y.

Prediger, S. (2018). Design-Research in der gegenstandsspezifischen Professionalisierungsforschung – Ansatz und Einblicke in Vorgehensweisen und Resultate. In T. Leuder, M. Hemmer & F. Korneck (Hrsg.), *Fachdidaktische Forschung zur Lehrerbildung. Proceedings der GFD Tagung 2017 (ARBEITSTITEL)* . Waxmann.

Prediger, S. (2019a). Investigating and promoting teachers' expertise for language-responsive mathematics teaching. *Mathematics Education Research Journal, 3*(11), S. 263. doi:https://doi.org/10.1007/s13394-019-00258-1.

Prediger, S. (2019b). Theorizing in Didactical Design Research : Methodological Reflections on Developing and Connecting Theory Elements for Language-Responsive Mathematics Classrooms. *Avances de Investigación en Educación Matemática, 15*, S. 5–27.

Prediger, S. (2020a). Content-Specific Theory Elements For Explaining and Enhancing Teachers'Professional Growth in Collaborative G. In H. Borko & D. Potari (Hrsg.), *ICMI Study 25 Conference Proceedings* (S. 2–15). Lissabon: ICMI.

Prediger, S. (Hrsg.) (2020b). *Sprachbildender Mathematikunterricht in der Sekundarstufe. Ein forschungsbasiertes Praxisbuch.* (1. Aufl.). Berlin: Cornelsen.

Prediger, S., Barzel, B., Hußmann, S. & Leuders, T. (2013). *Mathewerkstatt 6.* (1. Aufl.). Berlin: Cornelsen Schulverl.

Prediger, S. & Buró, S. (2020). Selbstberichtete Praktiken von Lehrkräften im inklusiven Mathematikunterricht – Eine Interviewstudie. *Journal für Mathematik-Didaktik.* doi:https://doi.org/10.1007/s13138-020-00172-1.

Prediger, S., Gravemeijer, K. & Confrey, J. (2015a). Design research with a focus on learning processes: an overview on achievements and challenges. *ZDM, 6*(47), S. 877–891. doi:https://doi.org/10.1007/s11858-015-0722-3.

Prediger, S., Leuders, T. & Rösken-Winter, B. (2017). Drei-Tetraeder-Modell der gegenstandsbezogenen Professionalisierungsforschung: Fachspezifische Verknüpfung von Design und Forschung. In K. Zierer, M. Keller-Schneider, M. Gläser-Zikuda & M. Trautmann (Hrsg.), *Jahrbuch für allgemeine Didaktik* (S. 159–177). Baltmannsweiler: Schneider Verlag Hohengehren.

Prediger, S., Quasthoff, U., Vogler, A.-M. & Heller, V. (2015b). How to Elaborate What Teachers Should Learn? Five Steps for Content Specification of Professional Development Programs, Exemplified By "Moves Supporting Participation in Classroom Discussions". *Journal für Mathematik-Didaktik, 2*(36), S. 233–257. doi:https://doi.org/10.1007/s13138-015-0075-z.

Prediger, S., Roesken-Winter, B. & Leuders, T. (2019c). Which research can support PD facilitators? Strategies for content-related PD research in the Three-Tetrahedron Model. *Journal of Mathematics Teacher Education, 4*(22), S. 407–425. doi:https://doi.org/10.1007/s10857-019-09434-3.

Prediger, S. & Rösike, K.-A. (2019). Fortbildungsdidaktische Qualitätsentwicklung durch gegenstandsbezogene Design-Research-Prozesse – Einblicke am Beispiel-Gegenstand der Potentialförderung. In R. Körber & B. Groot-Wilken (Hrsg.), *Fortbildungsqualität* (147–170). Münster: Waxmann.

Prediger, S., Schnell, S. & Rösike, K.-A. (2016). Design Research with a focus on content-specific professionalization processes: The case of noticing students' potentials. In S. Zehetmeier, B. Rösken-Winter, D. Potari & M. Ribeiro (Hrsg.), *Proceedings of the Third ERME Topic Conference on Mathematics Teaching, Resources and Teacher Professional Development* (S. 96–105). Berlin: Humboldt-Universität zu Berlin/ HAL.

Prediger, S. & Zindel, C. (2017). Deepening prospective mathematics teachers' diagnostic judgments: Interplay of videos, focus questions and didactic categories. *European Journal of Science and Mathematics Education, 3*(5), S. 222–242.

Prediger, S. & Zwetzschler, L. (2013). Topic-specific Design Resarch with a Focus on Learning Processes: The Case of Unterstanding Algebraic Equivalence in Grade 8. In T. Plomp & N. Nieveen (Hrsg.), *Educational design research – Part B: Illustrative cases* (S. 407–424). Enschede: SLO.

Renzulli, J. S. (1978). What Makes Giftedness?: Reexamining a Definition. *Phi Delta Kappan, 3*(60), S. 180–261. doi:https://doi.org/10.1177/003172171109200821.

Reusser, K. (2006). Konstruktivismus – vom epistemologischen Leitbegriff zur Erneuerung der didaktischen Kultur. In M. Baer, M. Fuchs, P. Füglister, K. Reusser & H. Wyss (Hrsg.), *Didaktik auf psychologischer Grundlage. Von Hans Aeblis kognitionspsychologischer Didaktik zur modernen Lehr- und Lernforschungt* (1. Aufl., S. 151–168). Bern: h.e.p. verlag ag.

Reusser, K. & Pauli, C. (2014). Berufsbezogene Überzeugungen von Lehrerinnenund Lehre. In E. Terhart, H. Bennewitz & M. Rothland (Hrsg.), *Handbuch der Forschung zum Lehrerberuf* (2. Aufl., S. 642–661). Münster, New York: Waxmann.

Rösike, K.-A. (2016a). Wahrnehmung von Potenzialen in Bearbeitungsprozessen von Lernenden – Eine qualitative Studie zur Professionalisierung von Lehrkräften. In Institut für Mathematik und Informatik der Pädagogischen Hochschule Heidelberg (Hrsg.), *Beiträge zum Mathematikunterricht. Vorträge auf der 50. Tagung für Didaktik der Mathematik vom 07.03.2016 bis 11.03.2016 in Heidelberg* (S. 1435–1438). Münster: WTM Verl. für wiss. Texte und Medien.

Rösike, K.-A., Prediger, S. & Barzel, B. (2016b). *DZLM-Gestaltungsprinzipien für Fortbildungen von Lehrpersonen. Eine Handreichung zur Konkretisierung der Prinzipien.* https://dzlm.de/files/uploads/DZLM-Gestaltungsprinzipien-Konkretisierung_161 201.pdf. Zugegriffen: 09.09.2020.

Rösike, K.-A. & Schnell, S. (2017). Do math! – Lehrkräfte professionalisieren für das Erkennen und Fördern von Potenzialen. In J. Leuders, T. Leuders, S. Prediger & S. Ruwisch (Hrsg.), *Mit Heterogenität im Mathematikunterricht umgehen lernen. Konzepte und Perspektiven für eine zentrale Anforderung an die Lehrerbildung* (S. 223–233). Wiesbaden: Springer Fachmedien Wiesbaden.

Ryan, R. M. & Deci, E. L. (2002). Am Overview of Self-Determination Theory: An Organismic-Dialectical Perspective. In E. L. Deci & R. M. Ryan (Hrsg.), *Handbook of self-determination research* (S. 3–33). Rochester, NY: Univ. of Rochester Press.

Schelldorfer, R. (2007). Summendarstellungen von Zahlen. Ein Feld für differenzierendes entdeckendes Lernen. *Praxis der Mathematik, 17*(49), S. 25–27.

Schnell, S. & Prediger, S. (2017). Mathematics Enrichment for All – Noticing and Enhancing Mathematical Potentials of Underprivileged Students as An Issue of Equity. *EURASIA Journal of Mathematics, Science and Technology Education, 1*(13). doi:https://doi.org/ 10.12973/eurasia.2017.00609a.

Schoenfeld, A. (1992). Learning to think mathematically: Problem solving, metacognition, and sense making in mathematics. In D. A. Grouws (Hrsg.), *Handbook of research on mathematics teaching and learning. A project of the National Council of Teachers of Mathematics* (S. 334–370). New York: Macmillan.

Schoenfeld, A. H. (2010). *How we think. A theory of goal-oriented decision making and its educational applications.* New York: Routledge.

Schulministerium NRW (2018). *Schulgesetz für das Land Nordrhein-Westfalen (Schulgesetz NRW – SchulG).*

Schwätzer, U. & Selter, C. (1998). Summen von Reihenfolgezahlen — Vorgehensweisen von Viertkläßlern bei einer arithmetisch substantiellen Aufgabenstellung. *Journal für Mathematik-Didaktik, 2–3*(19), S. 123–148. doi:https://doi.org/10.1007/BF03338865.

Shade, D. D. (1991). Developmentally appropriate software. Day Care and Early Education. *Day Care and Early Education, 18*(4), S. 34–36.

Sheffield, L. J. (1999). Serving the Needs of the Mathematically Promising. In L. J. Sheffield (Hrsg.), *Developing mathematically promising students* (S. 43–55). Reston, Va.: National Council of Teachers of Mathematics.

Sheffield, L. J. (2003). *Extending the challenge in mathematics. Developing mathematical promise in K-8 students.* Thousand Oaks, CA: Corwin Press.

Sheffield, L. J., Bennet, J., Berriozábal, M., DeArmond, M. & Wertheimer, R. (1995). Report of the task force on the mathematically promising. *NCTM News Bulletin, 32.*

Sherin, M. & van Es, E. A. (2009). Effects of Video Club Participation on Teachers' Professional Vision. *Journal of Teacher Education, 1*(60), S. 20–37. doi:https://doi.org/10.1177/0022487108328155.

Sherin, M. G. & Dyer, E. B. (2017). Teacher self-captured video. *Phi Delta Kappan, 7*(98), S. 49–54. doi:https://doi.org/10.1177/0031721717702632.

Sherin, M. G., Jacobs, V. R. & Philipp, R. A. (2011). Situating the Study of Teacher Noticing. In M. G. Sherin, V. R. Jacobs & R. A. Philipp (Hrsg.), *Mathematics teacher noticing. Seeing through teachers' eyes* (2011. Aufl., S. 3–13). New York, London: Routledge.

Shulman, L. (1986). Those who understand: Knowledge growth in teaching. *Educational Researcher, 2*(15), S. 4–14.

Shulman, L. (1987). Knowledge and Teaching: Foundations of the New Reform. *Harvard Educational Review, 1*(57), S. 1–23. doi:https://doi.org/10.17763/haer.57.1.j463w79r5 6455411.

Shulman, L. (1991). Von einer Sache etwas verstehen: Wissensentwicklung bei Lehrern. In E. Terhart (Hrsg.), *Unterrichten als Beruf. Neuere amerikanische und englische Arbeiten zu Berufskultur und Berufsbiographie von Lehrern und Lehrerinnen* (S. 145–160). Köln, Wien: Böhlau.

Smit, J. & van Eerde, D. (2011). A teacher's learning process in dual design research: learning to scaffold language in a multilingual mathematics classroom. *ZDM, 6–7*(43), S. 889–900. doi:https://doi.org/10.1007/s11858-011-0350-5.

Stanat, P., Schipolowski, S., Mahler, N., Weirich, S. & Henschel, S. (Hrsg.) (2019). *IQB-Bildungstrend 2018. Mathematische und naturwissenschaftliche Kompetenzen am Ende der Sekundarstufe I im zweiten Ländervergleich.* (1. Aufl.). Münster: Waxmann.

Subotnik, R. F., Pillmeier, E. & Jarvin, L. (2009). The psychosocial dimensions of creativity in mathematics: Implications for gifted education policy. In R. Leikin, A. Berman & B. Koichu (Hrsg.), *Creativity in Mathematics and the Education of Gifted Students* (S. 165–179). Rotterdam: Sense Publishers.

Suh, J. M. & Fulginiti, K. (2011). Developing Mathematical Potential in Underrepresented Populations through Problem Solving, Mathematical Discourse and Algebraic Reasoning. In B. Sriraman & K. H. Lee (Hrsg.), *The Elements of Creativity and Giftedness in Mathematics* (S. 67–79). Rotterdam: SensePublishers.

Sylvester, J. J. (1882). A constructive theory of partitions, arranged in three acts, an interact and an exodin. *American Journal of Mathematics*(5), S. 251–330.

Taskinen, P. (2010). *Naturwissenschaften als zukünftiges Berufsfeld für Schülerinnen und Schüler mit hoher naturwissenschaftlicher und mathematischer Kompetenz.* https://macau.uni-kiel.de/servlets/MCRFileNodeServlet/dissertation_derivate_00003501/diss_taskinen.pdf.

van den Akker, J., Gravemeijer, K., McKenney, S. & Nieveen, N. (Hrsg.) (2006). *Educational design research.* London: Routledge.

van der Meer, E. (1985). Mathematisch-naturwissenschaftliche Hochbegabung. *Zeitschrift für Psychologie, 193*(3), S. 229–258.

Van Es, E. & Sherin, M. G. (2006). How Different Video Club Designs How Different Video Club Designs Support Teachers in "Learning to Notice". *Journal of Computing in Teacher Education, 4*(22), S. 125–135.

Vergnaud, G. (1996). The theory of conceptual fields. In L. P. Steffe, P. Nesher, P. Cobb, B. Sriraman & B. Greer (Hrsg.), *Theories of Mathematical Learning* (S. 219–240). Mahwah, NJ: Lawrence Erlbaum Associates Inc.

Vergnaud, G. (1998). A comprehensive theory of representation for mathematics education. *The Journal of Mathematical Behavior, 2*(17), S. 167–181. doi:https://doi.org/10.1016/S0364-0213(99)80057-3.

Vergnaud, G. (2009). The Theory of Conceptual Fields. *Human Development, 2*(52), S. 83–94. doi:https://doi.org/10.1159/000202727.

Vorsamer, B. (2013). Derdiedas Blog über Frauen: In Mathe bin ich Deko. *Süddeutsche Zeitung* vom 8.3.2013.

Weinert, F. E. (2000). Lehren und Lernen für die Zukunft. *Pädagogische Nachrichten Rheinland-Pfalz.*

Weinert, F. E. (2001). Concept of competence: A conceptual clarification. In D. S. Rychen & L. H. Salganik (Hrsg.), *Defining and selecting key competencies* (S. 45–66). Göttingen: Hogrefe.

Wessel, L. (2015). *Fach- und sprachintegrierte Förderung durch Darstellungsvernetzung und Scaffolding. Ein Entwicklungsforschungsprojekt zum Anteilbegriff.* Spektrum Akademischer Verlag Gmbh.

Wittmann, E. (1974). *Grundfragen des Mathematikunterrichts.* Wiesbaden: Vieweg+Teubner Verlag.

Wittmann, E. C. (1995). Mathematics education as a 'design science'. *Educational Studies in Mathematics, 4*(29), S. 355–374. doi:https://doi.org/10.1007/BF01273911.

Wittmann, E. C. (1996). Offener Mathematikunterricht in der Grundschule – vom FACH aus. *Grundschulunterricht*(43), S. 3–7.

Woodworth, R. S. & Thorndike, E. L. (1901). The influence of improvement in one mental function upon efficiency of other functions. *Psychological Review*(8), S. 247–261.

Zawojewski, J., Chamberlin, M., Hjalmarson, M. A. & Lewis, C. C. (2008). Developing Design Studies in Mathematics Education Professional Development. Studying Teachers´ Interpretive Systems. In A. E. Kelly, R. A. Lesh & J. Y. Baek (Hrsg.), *Handbook of design research methods in education. Innovations in science, technology, engineering, and mathematics learning and teaching* (S. 219–245). New York: Routledge; Routledge Taylor & Francis Group.

Zech, F. (1996). *Grundkurs Mathematikdidaktik. Theoretische und praktische Anleitungen für das Lehren und Lernen von Mathematik.* (8. Aufl.). Weinheim: Beltz.

Zwetzschler, L., Rösike, K.-A., Prediger, S. & Barzel, B. (2016). *Professional Development Leaders´ Priorities of Content and their Views on Participant-Orientation. Paper presented in TSG 50 at ICME 13, Hamburg.* https://www.mathematik.uni-dortmund.de/~prediger/veroeff/16-ICME-Facilitators-Zwetzschler-etal.pdf. Zugegriffen: 09.09.2020.

Printed in the United States
by Baker & Taylor Publisher Services

Printed in the United States
by Baker & Taylor Publisher Services